新视野电子电气科技丛书

CASE COLLECTION
OF QUADROTOR AIRCRAFT DEVELOPMENT
AND APPLICATION TRAINING

四旋翼飞行器
开发与应用实训案例集萃

丁晓青　王瑞　编著

清华大学出版社

北　京

内 容 简 介

本书从实际开发和应用入手,详细阐述了自主设计四旋翼飞行器的原理、硬件框架、常用模块及其性能和用法、自主开发的软件系统设计,以及飞行控制程序的开发与实践。同时,展示了四旋翼飞行器的组装过程,提供了平稳飞行的实用调试经验。本书列举了多项实际应用案例,包括送货无人机、无人机救灾指挥系统、空中交警、灭火飞行器、目标识别飞行器、激光打靶飞行器、自主跟踪飞行器等。

本书适合作为大学生参加各类无人机竞赛的学习参考用书,也可供四旋翼飞行器爱好者参考借鉴。

图书在版编目(CIP)数据

四旋翼飞行器开发与应用实训案例集萃/丁晓青,王瑞编著. —北京:清华大学出版社,2020.10
(新视野电子电气科技丛书)
ISBN 978-7-302-56166-8

Ⅰ. ①四… Ⅱ. ①丁… ②王… Ⅲ. ①旋翼机－程序设计 Ⅳ. ①TP368.1

中国版本图书馆 CIP 数据核字(2020)第 143482 号

责任编辑:文 怡
封面设计:王昭红
责任校对:梁 毅
责任印制:丛怀宇

出版发行:清华大学出版社
      网 址:http://www.tup.com.cn, http://www.wqbook.com
      地 址:北京清华大学学研大厦 A 座   邮 编:100084
      社 总 机:010-62770175   邮 购:010-83470235
      投稿与读者服务:010-62776969, c-service@tup.tsinghua.edu.cn
      质量反馈:010-62772015, zhiliang@tup.tsinghua.edu.cn
      课件下载:http://www.tup.com.cn,010-83470236
印 装 者:三河市铭诚印务有限公司
经 销:全国新华书店
开 本:185mm×260mm   印 张:24.5   字 数:595 千字
版 次:2020 年 11 月第 1 版   印 次:2020 年 11 月第 1 次印刷
印 数:1～1500
定 价:79.00 元

产品编号:083021-01

目录

CONTENTS

## 第1章

引　言

1.1　四旋翼飞行器

四旋翼飞行器是一种无人驾驶、体型小、灵活性高且能实现自主飞行的飞行器。与普通飞行器相比较，四旋翼飞行器的结构简单、成本低，能够在空中完成许多高难度的动作，且在稳定性和控制性方面优于两旋翼飞行器。

四旋翼飞行器可以在人类不易到达的环境或者危险的环境下工作，在军事和生活中都有较大的利用价值。虽然飞行器在空间具有六个自由度，但驱动仅由位于十字交叉末端的四个旋翼提供，所以强耦合、多变量、欠驱动是其主要特点，也是实现闭环控制的难点。目前国际上著名的四轴飞行器研发公司有中国大疆创新公司、法国 Parrot 公司、德国 AscTec 公司和美国 3D Robotics 公司等。

1.2　国内外研究现状

在 2011 年巴黎车展上，一家奥地利研究公司推出了一款概念飞行器——D-Dalus（见图 1.1），它使用了滚翼机旋翼，螺旋桨不是水平旋转的，而是绕一个水平轴线旋转的。

图 1.1　D-Dalus

随着社会的发展，人们对生活品质越来越重视，AirDog(见图 1.2)能通过戴在用户手腕上的控制器来进行目标的跟踪，控制器内置有 GPS 和各种传感器，于是这款 AirDog 形成了一套成熟的跟拍录像系统。

图 1.2   AirDog

随着科技的进步，对多旋翼飞行器的研究也逐步深入，其飞控、通信、导航等各种子系统也在逐渐完善，在军事、自然、民用领域具有巨大的发展应用前景。

(1) 军事领域。负责完成军事中其他机械无法完成的任务。

(2) 自然领域。可用于对自然地形的勘探、环境监测、灾情收集、物资输送等。

(3) 民用领域。最常见的就是广告摄影航拍。

小型四旋翼飞行器(见图 1.3)主要应用于玩具、航模及航拍。它具有很大的灵活性，可以自由地实现悬停和空间中的自由移动。因为小型的特点使其结构简单、机械稳定性好，所以其成本低廉，性价比很高。

图 1.3   小型四旋翼飞行器

对于航拍器来说，大疆精灵 3 四旋翼飞行器(见图 1.4)全新设计的镜头系统中拥有非球面镜片的小型 4K 相机，这款相机支持 4K、30fps、60Mbps 码率的超高清高速视频录制。精灵 3 采用了视觉识别＋超声波定位技术，这项技术的工作原理是通过感知地面纹理和相对高度，实现无 GPS 信号情况下的空中定点悬停功能，有效识别高度为 30～300cm，悬停误差半径在 0.5m 以内。首次应用 GPS 和 GLONASS 双卫星导航系统让精灵 3 的搜星和定位速度大大提升，DJI Pilot App 上的实时地图可以随时显示飞行器的飞行姿态、位置及航向，同时还会自动记录起飞点，实现自动返航和一键降落。LightBridge 高清数字图传画面清晰、信号稳定,在航拍过程中可以通过监视画面轻松调整构图和控制飞行姿态。

图 1.4　大疆精灵 3 四旋翼飞行器

2012 年以后,四旋翼飞行器的飞行姿态控制已经不再是学术研究问题,而是一种成熟的技术。学术研究的方向转向了基于四旋翼飞行器进行智能导航或多飞行器的编队飞行控制。智能导航就是利用机器视觉技术、人工智能技术让四旋翼飞行器能在复杂环境中像人一样自由活动。多飞行器的编队飞行控制就是控制多个飞行器同时起飞,自主编队飞行,可以完成灯光秀表演。

2017 年 12 月,亿航智能在广州创造了 1180 架无人机全自动飞行编队表演世界纪录,凭借更加先进精准的厘米级定位,更加多元丰富的空间动态造型,更加自主智能的飞行调度系统,向世人呈现了中国智造的魅力。与单机飞行相比,无人机多机协同要复杂得多,除了要具备单机必需的飞行和姿态控制系统外,还要考虑多机通信组网和感知协调问题,如编队飞行控制策略、任务配合、航迹规划、队形的动态调整、信息交互,以及飞行扰动引起的编队重构和避碰技术。无人机编队表演如图 1.5 所示。

图 1.5　无人机编队表演

1.3　四旋翼飞行器的典型应用

为了改善农业决策、优化投入和最大化产量,一家专注于农业自动化的工业无人机开发商 American Robotics 已宣布推出其旗舰产品 Scout。这是一款自动充电、自我管理的无人机系统,包括带有可视和多光谱相机的自动无人机和防风雨无人机站,可处理外壳、充电、数据处理和数据传输,能够自动执行每日侦察任务。一旦安装在农民的田地里,就无须人工干预,将健康报告和分析无缝地发送给农民。该系统已经部署在美国各地的农业地区。图1.6所展示的是让一组多架无人机互相配合,有效地覆盖大面积农田区域并进行信息交互与协同监测,通过机载机器视觉设备可精确找到作物中的杂草并绘制杂草地图。

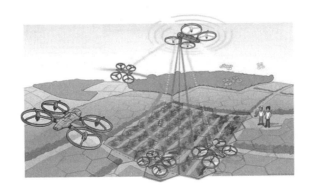

图1.6　无人机运用于自动化精准农业

交警部门使用无人机快速获得现场整体的实时动态影像,空中抓拍交通违法行为,起到快速灵活的高空监测、巡逻和指挥调度作用,如图1.7所示。在区域广泛且警力无法完全覆盖的交通枢纽路段,无人机可以进行空中视频巡查,宏观了解路面交通情况,并把侦察到的情况实时传输到交通指挥中心,指挥人员可根据路面情况进行研判,以便及时下达指令,巡查纠违、疏通拥堵、勘察事故等,就近安排交警开展处置。

图1.7　无人机交通巡查

经济的高速发展必然伴随着电力行业的快速发展,高架输电线路杆塔也越来越多,但地形复杂、气象条件复杂多变、巡线距离长,使得人工输电线路传统作业巡检面临工作人员劳动强度大、工作条件艰苦、劳动效率低等问题,输电线路巡检自动化已成为电力系统维护的必然趋势和发展方向。利用无人机进行电力线巡检具有环境适应性强、准确性高、效率高、成本低的优势,如图1.8所示。

图1.8 无人机电力线巡检

京东公司研发的送货无人机(见图1.9)是专门为农村设计的,因为农村的送货成本要高于城镇,应用无人机能完美地解决成本问题同时还能缩短送货的时间。京东末端配送无人机正在6个省份开展常态化配送,飞行距离超过16万千米,三级智能物流体系的建设可以有效降低仓储、配送成本,缩短货品运送时间,提升效率。随着技术的突破和场景的积累,无人机的应用范围将被大大拓展,包括海岛物流、应急救援等更多应用领域。

图1.9 送货无人机

在2020年的新冠肺炎疫情阻击战中,无人机被用于宣传喊话、巡查监督、喷洒消毒、媒体报道等,在全国多个地区成为防疫工作的好帮手,打通了防疫宣传的最后一千米,如图1.10所示。用无人机搭载喊话器,在空中进行广播,减少基层管理调度中人与人之间的近距离接触频率,还能高效拓展防疫宣传覆盖面,在疫情防控中大大节省了人力资源。

随着5G时代的来临以及人工智能的不断发展,无人机在民用方面的应用越来越多,高智能化的各种四旋翼飞行器将广泛应用在公共安全、应急搜救、农林、环保、交通、通信、气象、影视航拍、媒体新闻等多个领域。四旋翼飞行器将成为极度智能、行动敏捷的电子警察、电子消防员和电子保安员。

图 1.10　无人机用于宣传防疫

## 第2章

常 用 模 块

2.1 运动传感器

2.1.1 MPU-6050 六轴传感器

MPU-6050 对加速度计和陀螺仪分别采用 3 个 16 位的模数转换器,将它们测量出的模拟量转换成数字量并输出。用户可以控制传感器的测量范围,其中陀螺仪的可测范围是 $\pm250/\pm500/\pm1000/\pm2000°/s$;加速度计的可测范围是 $\pm2/\pm4/\pm8/\pm16g$,这样的可控范围是为了更精确地跟踪快速和慢速的运动。MPU-6050 功能示意图如图 2.1 所示。

MPU-6050 模块电路板通过处理器读取 MPU-6050 的测量数据并通过串口输出,免去了用户自行开发复杂的 I^2C 协议的麻烦,同时 PCB 布局和工艺保证了 MPU-6050 受到外界的干扰最小,测量的精度最高。模块内部自带电压稳定电路,可以兼容 3.3V/5V 的嵌

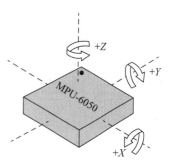

图 2.1 MPU-6050 功能示意图

入式系统,连接方便。模块保留了 MPU-6050 的 I^2C 接口,以满足高级用户希望访问底层测量数据的需求。模块采用先进的数字滤波技术,能有效降低测量噪声,提高测量精度。模块内部集成了姿态解算器,配合动态卡尔曼滤波算法,能够在动态环境下准确输出模块的当前姿态,姿态测量精度为 $0.01°$,稳定性极高,性能甚至优于某些专业的倾角仪。

MPU-6050 模块性能参数如下。

(1) 电压:3~6V。

(2) 电流:小于 10mA。

(3) 体积:15.24mm×15.24mm×2mm。

(4) 焊盘间距:上下 100mil(2.54mm),左右 600mil(15.24mm)。

(5) 测量维度:加速度三维,角速度三维,姿态角三维。

(6) 量程:加速度 $\pm16g$,角速度 $\pm2000°/s$。

（7）分辨率：加速度 $6.1 \times 10^{-5}g$，角速度 $7.6 \times 10^{-3}°/s$。

（8）稳定性：加速度 $0.01g$，角速度 $0.05°/s$。

（9）姿态测量稳定度：$0.01°$。

（10）数据输出频率：100Hz（波特率 115200）/20Hz（波特率 9600）。

（11）数据接口：串口（TTL 电平），I^2C（直接连 MPU-6050，无姿态输出）。

2.1.2　MPU-9150 九轴传感器

MPU-9150 为系统级封装，整合了两个芯片：一是 MPU-6050，含三轴陀螺仪和三轴加速器，内置可处理复杂的九轴运动的感测融合算法，可连接所有内部的传感器，收集整组感测数据。此传感器为 $4mm \times 4mm \times 1mm$ 的 LGA 包装，是 MPU-6050 整合型六轴运动感测追踪组件的兼容升级版，提供简单的升级路径，易于安装在空间受限的板子上。二是 AK8975，是三轴数字电子罗盘。为了精准追踪快速与慢速的动作，此产品内含陀螺仪的可程控全格感测范围为 $\pm 250/\pm 500/\pm 1000/\pm 2000°/s$，加速度计可测范围为 $\pm 2/\pm 4/\pm 8/\pm 16g$，电子罗盘的全格感测范围为 $\pm 1200\mu T$，MPU-9150 模块电路板的性能参数如表 2.1 所示。

表 2.1　MPU-9150 模块性能参数

电压	$3 \sim 6V$
电流	小于 10mA
体积	$15.24mm \times 15.24mm \times 2mm$
焊盘间距	上下 100mil（2.54mm），左右 600mil（15.24mm）
测量维度	加速度：三维，角速度：三维，姿态角：三维
量程	加速度：$\pm 16g$，角速度：$\pm 2000°/s$
分辨率	加速度：$6.1 \times 10^{-5}g$，角速度：$7.6 \times 10^{-3}°/s$
稳定性	加速度：$0.01g$，角速度：$0.05°/s$
姿态测量稳定度	$0.01°$
数据接口	I^2C（直接连 MPU-9150，无姿态输出）

2.1.3　MPU-9250 九轴传感器

MPU-9250 是一个 QFN 封装的复合芯片，如图 2.2 所示。它由两部分组成：一部分是三轴加速度和三轴陀螺仪；另一部分是三轴磁力计。所以 MPU-9250 是一款九轴运动跟踪装置，它在 $3mm \times 3mm \times 1mm$ 的封装中融合了三轴加速度、三轴陀螺仪以及数字运动处理器并且兼容 MPU-6515。MPU-9250 具有 3 个 16 位加速度 AD 输出、3 个 16 位陀螺仪 AD 输出、3 个 6 位磁力计 AD 输出，通过 I^2C 协议可以直接输出九轴的全部数据。

六轴传感器一般是指三轴陀螺仪以及三轴加速度计，常用的有 MPU-6050。

九轴传感器一般是指三轴陀螺仪、三轴加速度计和三轴地磁计，也有六轴加速度传感器加三轴陀螺仪，还有六轴陀螺仪加三轴加速度计。MPU-9150 可将加速度计、陀螺仪、地磁计的原始输出值，融合成单一的感测数据流，软件开发者可轻易将运动感测界面功能运用到开发程序中，开发出各式各样的应用程序。MPU-9150 只支持 I^2C，MPU-9250 支持 SPI/I^2C 两种方式。它们内部的传感器也是不同的，MPU-9150 内部是 MPU-6050＋AK8975，而 MPU-9250 内部是 MPU-6500＋AK8963，这两个传感器组合不同，前者性能更好一些，后者主打低功耗,各种参数要略低一些,比如唤醒速度等。

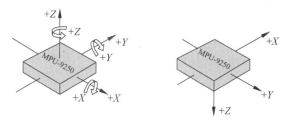

图 2.2 MPU-9250 九轴传感器

2.2 超声波传感器

2.2.1 超声波传感器 US-100

US-100 超声波传感器(见图 2.3),测距为 2~450cm,自带温度传感器对测量距离结果进行矫正。US-100 的输入电压具有 2.4~5.5V 的宽幅,同时具有 GPIO、串口等通信方式,工作稳定可靠,其电气参数见表 2.2。

图 2.3 US-100 超声波传感器

表 2.2 超声波 US-100 电气参数

参 数	数 值
工作电压	DC 2.4~5.5V
静态电流	2mA
工作温度	−20℃~+70℃
输出方式	电平或 UART(跳线帽选择)
感应角度	小于 15°
探测距离	2~450cm
探测精度	0.3(1+1%)cm

2.2.2 超声波传感器 KS-109

KS-109 是一款高性能超声波传感器(见图 2.4),可以通过 I^2C 和 TTL 串口输出高度数据。该超声波可以使用 I^2C 指令控制其降噪模式和测试模式(改变测量距离、波束角和温度补偿模式)。

正面   背面

图 2.4   KS-109 超声波传感器

该模块电气性能参数如下。

(1) 工作电压：3.0～5.5V，推荐使用 5.0～5.5V。

(2) 工作时瞬时最大电流：100mA。

(3) 工作电流：10.8mA。

(4) 休眠时最大耗电量：400μA（串口模式时不休眠）。

2.3   光流传感器

光流传感器是通过视觉芯片对区域内暗点和光点经过速度的变化来检测图像移动速度的。限制单一方向的测量，可以得到传感器周围物体移动的速度大小和方向，之后便可用于测量物体在平面移动距离。飞行器越靠近地面，相对地面移动速度越快，当飞行器速度不变时，传感器就能通过感知得到地面的移动速度，从而也能测量当前高度。

2.3.1   CJMCU-110

CJMCU-110 光流传感器（见图 2.5）的工作电压是 5V。ADNS-3080 芯片是由新加坡 Avago 高科技公司生产的，是一种高性能大众化的光学鼠标传感器，能进行高速运动的检测，编程速度可达 6400 帧/s，具有串口快速数据传输的性能。ADNS-3080 规格见表 2.3，引脚图如图 2.6 所示，SPI 接口引脚定义如表 2.4 所示。

正面   背面

图 2.5   CJMCU-110 光流传感器

表 2.3   ADNS-3080 规格

工作电压	3.3V
高速运动检测	20 英寸/s
编程速度	6400 帧/s
分辨率	400×1600
像素	30×30

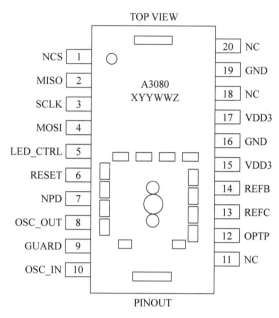

图 2.6 ADNS-3080 引脚图

表 2.4 ADNS-3080 的 SPI 接口引脚定义

引　　脚	引脚定义	功　　能
1	NCS	SPI 使能,高电平有效
2	MISO	SPI 输出
3	SCLK	SPI 时钟
4	MOSI	SPI 输入

通电后,单片机首先要通过 RESET 引脚发出一个脉冲,将 ADNS-3080 进行复位,然后升高 NPD,使 ADNS-3080 进入工作状态。

光流传感器主要借助数字光电技术,通过摄像头照射在物体表面,利用 CMOS 传感器每隔一定时间进行一次快照,从而获取图像信息,再通过数字信号处理器(DSP)分析处理所得图片的特性,以此得出坐标位置的移动方向及数值,通过 SPI 将数据读入微控器中,由微控器接收数据并处理,最后完成对四旋翼飞行器的控制。

2.3.2 PX4Flow

PX4Flow 是一款智能光流传感器,如图 2.7 所示。传感器拥有原生 752×480 像素的分辨率,计算光流的过程中采用 4 倍分级和剪裁算法(4×4 分级图像算法),光流运算速度为 120Hz(室内)～250Hz(室外);高感光度,有 24×24 像素。光流结构图如图 2.8 所示,通过 UART 口与飞行控制板连接,然后通过 USB 口连接计算机调试。光流引脚图如图 2.9 所示。

PX4Flow 调试平台为 Qgroundcontrol,安装好驱动后便可以与计算机连接。Qgroundcontrol 是专门为 PX4Flow 设计的地面站软件,通过该软件可以直观地看到修改 PX4Flow 参数的效果。

图 2.7　PX4Flow 光流传感器

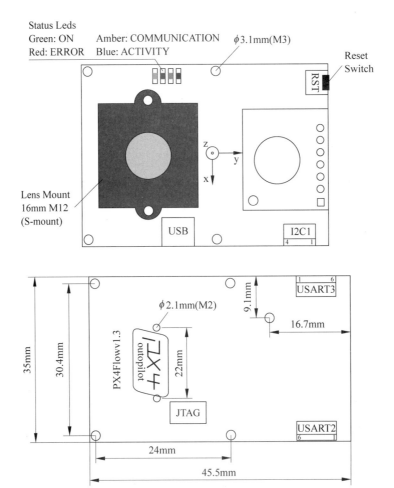

图 2.8　光流结构图

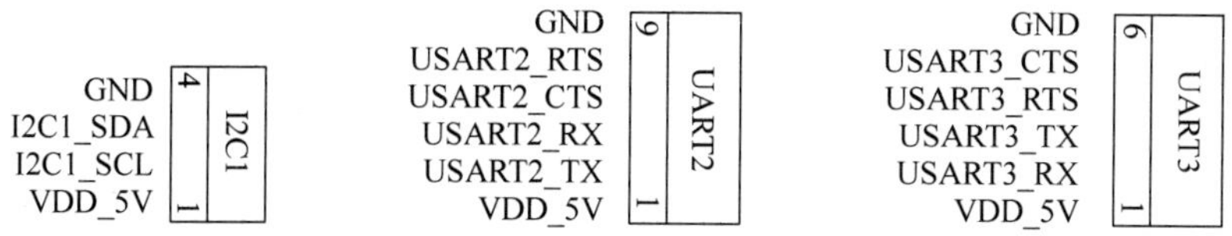

```
        ┌──┐ 4              ┌──┐ 6              ┌──┐ 6
    GND │  │              GND │  │           GND │  │
 I2C1_SDA │  │ I2C1    USART2_RTS │  │ UART2 USART3_CTS │  │ UART3
 I2C1_SCL │  │      USART2_CTS │  │      USART3_RTS │  │
   VDD_5V │  │ 1      USART2_RX │  │      USART3_TX │  │
        └──┘       USART2_TX │  │ 1    USART3_RX │  │ 1
                      VDD_5V │  │         VDD_5V │  │
                           └──┘              └──┘
```

图 2.9 光流引脚图

PX4Flow 可调参数如表 2.5 所示。

表 2.5 PX4Flow 可调参数

名　　称	默认值	连　接	注　释
BFLOW_F_THLD	30	RW	这个参数是一个特征阈值，限制底层光流计算图形的质量。如果数值较低（如 10），则几乎所有的图形都要被用来计算；如果数值较高（如 100），则只有重要的图形会被用来计算
BFLOW_V_THLD	5000	RW	这个参数是图形相关阈值，用来过滤较差的图形匹配。较低的值代表只有很好相关性的图形可以被接收使用
BFLOW_HIST_FIL	0	RW	1：光流直方图滤波开启；0：关闭
BFLOW_GYRO_COM	1	RW	1：陀螺仪补偿开启；0：关闭
BFLOW_LP_FIL	0	RW	1：光流输出的低通滤波器开启；0：关闭
BFLOW_W_NEW	0.3	RW	光流低通滤波器增益
DEBUG	1	RW	1：调试信息开启；0：关闭
GYRO_SENS_DPS	250	RW	陀螺仪敏感度：250、500、2000(dps)
GYRO_COMP_THR	0.01	RW	陀螺仪补偿阈值（dps）：陀螺仪数据低于此阈值，不会补偿来防止漂移
IMAGE_WIDTH	64	R	图像宽度（像素）
IMAGE_HEIGHT	64	R	图像高度（像素）
IMAGE_L_LIGHT	0	RW	1：图像传感器低光照模式开启；0：关闭
IMAGE_NOISE_C	1	RW	1：图像噪声补偿；0：关闭
IMAGE_TEST_PAT	0	RW	1：阴影测试模式开启；0：关闭
LENS_FOCAL_LEN	16	RW	透镜焦距（mm）
POSITION	0	RW	0：只有位置 0 被使用
SONAR_FILTERED	0	RW	1：声呐输出的卡尔曼滤波开启；0：关闭
SONAR_KAL_L1	0.8461	RW	声呐卡尔曼增益 L1
SONAR_KAL_L2	6.2034	RW	声呐卡尔曼增益 L2

续表

名　　称	默认值	连　接	注　　释
SYS_ID	81	RW	MAVLink 系统 ID
SYS_COMP_ID	50	RW	MAVLink 组件 ID
SYS_SENSOR_ID	77	RW	MAVLink 传感器 ID
SYS_TYPE	0	RW	MAVLink 系统类型
SYS_AP_TYPE	1	RW	MAVLink Autopilot 类型
SYS_SW_VER	13XX	R	软件版本
SYS_SEND_STATE	1	RW	1：发送 MAVLink Heartbeat； 0：不发送
USART_2_BAUD	115200	R	USART 2 波特率
USART_3_BAUD	115200	R	USART 3 波特率（数据输出）
USB_SEND_VIDEO	1	RW	1：通过 USB 发送视频； 0：不发送
USB_SEND_FLOW	1	RW	1：通过 USB 发送光流； 0：不发送
USB_SEND_GYRO	1	RW	1：通过 USB 发送陀螺仪数据； 0：不发送
USB_SEND_FWD	0	RW	1：通过 USB 发送转发光流； 0：不发送
USB_SEND_DEBUG	1	RW	1：通过 USB 发送调试信息； 0：不发送
VIDEO_RATE	150	RW	视频传输中的图像间隔时间（ms）
VIDEO_ONLY	0	RW	1：高分辨图像模式开启； 0：关闭

　　PX4Flow 通过 USB 和串口输出 MAVLink 数据包，通过读取这个数据包，可以得到想要的数据，用来控制飞行器的飞行。其中 MAVLink 通信协议是一个为微型飞行器设计的信息编组库，它通过串口高效地封装 C 结构数据，并将数据包发送至地面站。

　　1. PX4Flow 光流原理

　　光流系统结构如图 2.10 所示。

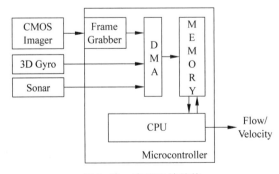

图 2.10　光流系统结构

光流图像数据来自于 CMOS 机器视觉传感器,它与 ARM Cortex M4 处理器的专用图像接口相连,以便微处理器能实时处理图像。帧捕获模块将抓取到的图像数据存在处理器的存储器中,光流模块通过连续的两帧图像计算光流数据。通过细化获取的子像素和陀螺仪角速度对计算结果进行进一步处理,最后将计算结果转换为以米为单位的信息。

图像数据通过并口发送到微处理器。处理器帧捕获模块在像素时钟的控制下获取像素数据,并通过 DMA 发送到存储器。DMA 设定了两个缓冲区,交替接收图像数据。存储器中只需存储当前和上次采集到的图像即可。

光流由连续的两帧图像数据进行计算,采用 SAD 匹配算法(Sum of Absolute Differences,绝对误差和)。SAD 算法的基本流程如下。

(1) 构造一个类似于卷积核小窗口。

(2) 用窗口覆盖左边的图像,选择出窗口覆盖区域内的所有像素点。

(3) 同样用窗口覆盖右边的图像并选择出覆盖区域的像素点。

(4) 左边覆盖区域减去右边覆盖区域,并求出所有像素点差的绝对值的和。

(5) 移动右边图像的窗口,重复(3)、(4)的动作(这里有一个搜索范围,超过这个范围跳出)。

(6) 找到这个范围内 SAD 值最小的窗口,即找到了左边图像的最佳匹配的像素块。

通过对比当前图像和前一帧图像特定区域的 SAD 值,找出最接近的 SAD 值作为光流运算结果。为了支持不同的应用,搜寻范围和模板大小可以进行配置。

计算出匹配数据后,通过双线性插值(计算相邻两个像素点的平均值作为子像素)获取的子像素进行进一步查询匹配,使精度达到亚像素级。陀螺仪角速度数据可以用来补偿纠正由于旋转引起的光流移动,使计算结果真实反映水平的移动。

SAD 算法将图像分成大小为 8×8 的特征模板,每次会搜寻正负 4 个像素的数据进行匹配运算,每个采样点会和 81 个四周的像素点进行 SAD 运算,并将值最小的作为匹配点,每帧处理 64 个采样点。

在基于像素点计算出最好的光流数据后,通过子像素进行进一步细分。子像素通过双线性插值获得,通过子像素在各个方向上的进一步匹配,结合基于像素计算的数据,一起作为最终的匹配结果。

光流所用镜头接口为 M12,焦距为 16mm,FOV(视场角)为 21°,有红外过滤功能。摄像头采用镁光 MT9V034,像素点大小为 $6\mu m$,最大分辨率为 752H×480V。最大分辨率下的最高帧率为 60fps,有 binning(是一种图像读出模式,将相邻像元感应的电荷加在一起,以一个像素的模式读出)功能,在 4 倍 binning 下,分辨率为 188H×120V,最高帧率可到 250fps。binning 功能由摄像头自己完成,4 倍 binning 时,输出的图像每个像素点对应的为 4×4 个原始像素的均值。图像处理器采用 32 位的 STM32F407ZGT6,处理器采用 Cortex M4F 内核,168MHz 主频,192KB RAM,有浮点运算单元。陀螺仪选用 L3GD20,16 位的分辨率,最大测速到 2000°/s。此外,还有 EEPROM 用以存储光流参数。

ARM Cortex M4F 微处理器提供了一个可配置尺寸和像素深度的图像获取接口。采用 8bit 每个像素的分辨率,以便于使用 ARM 一次可以处理 32bit 的指令,每次处理 4 个像素点。图像接口通过 DMA 将图像数据存放在处理器内部的存储空间中。Cortex M4 专门的整数向量指令在一个 CPU 时钟里一次可以并行处理 4 个像素的数据。

2. MAVLink 数据协议

MAVLink 通信协议是一个为微型飞行器设计的信息编组库。它通过串口高效地封装 C 结构数据,并将数据包发送至地面站。该协议被 PX4、PIXHAWK、APM 和 AR.Drone 平台广泛测试并在以上的项目中作为和地面站链路通信间的主干通信协议。MAVLink 最初由 LorenzMeier 根据 LGPL 许可在 2009 年年初发表。

以一个 MAVLink 数据包为例,PX4 光流数据的输出格式如表 2.6 所示。

表 2.6　PX4 光流数据的输出格式

0xFE		起始标志位
26 或 44		数据包长度(信息包编号以下部分)
0～255		序列号,放于 flow_state[0]
0x51		设备号,放于 flow_state[1]
0x32		设备单元号,放于 flow_state[2]
0x64(无陀螺仪修正)	0x6A(陀螺仪修正)	信息包编号,放于 flow_state[3]
8 字节 time_sec	8 字节 time_usec	
4 字节 x 浮点	4 字节 time_us	
4 字节 y 浮点	4 字节 x	
4 字节 h 浮点	4 字节 y	数据包部分
2 字节 x	4 字节 xgyro	放于 flow_buf[]
2 字节 y	4 字节 ygyro	
1 字节 id	4 字节 zgyro	光流每次连续发送完整的两包数据
1 字节品质 0x87	4 字节 h_us	第一包 flow_state[3]＝ 0x64
	4 字节 h	第二包 flow_state[3]＝ 0x6A
	2 字节温度	
	1 字节 id	
	1 字节品质	
共 26 字节	共 44 字节	收到一帧数据标志位 get_one_fame

2.3.3　PWM3901

光流激光模块 ATK-PMW3901 是 ALIENTEK 推出的一款超轻、多功能、低功耗的光流模块,此模块集成一个高精度、低功耗光学追踪传感器 PMW3901 和一个高精度激光传感器 VL53L0X,可实现 3D 定点,其参数如下。

(1) 通信接口: I^2C＋SPI。

(2) 测距范围: 3～200cm。

(3) 定点范围: 8～400cm。

(4) 测距速率: 30Hz(长距离)。

(5) 定点速率: 100Hz。

(6) 光照环境: ≥60Lux。

(7) 工作电流: 20mA。

(8) 工作电压: 3.3～4.2V。

(9) 模块尺寸: 27.5mm×16.5mm。

（10）模块质量：1.6g。

ATK-PMW3901 光流模块使用 PMW3901 光流传感器，定点范围宽，光照要求低，输出速率高，适合各类四旋翼飞行器，如图 2.11 所示。

图 2.11 PWM3901 光流模块

ATK-PMW3901 光流模块通过两排 2.0 间距的排母与外部连接，用于给模块供电，并通过 I²C/SPI 输出数据。光流模块通过双排母和 MiniFly 飞控板连接，通过融合光流，激光定高，气压定高，使用串级 PID 控制可轻松实现高精准悬停。

2.4 2.4G 无线通信模块 NRF24L01

NRF24L01 模块由 NRF24L01P＋PA＋LNA、功率 PA 和 LNA 芯片、射频开关、带通滤波器等组成了专业的全双向的射频功放，使得有效通信距离得到极大拓展。模块采用 GFSK 调制，工作在 2400～2483MHz 的国际通用 ISM 频段，最高调制速率可达 2MBps。模块集成了所有与 RF 协议相关的高速信号处理功能，如自动重发丢失数据包和自动产生应答信号等，模块的 SPI 可以利用单片机的硬件 SPI 连接或用单片机 I/O 口模拟 SPI 连接，内部有 FIFO 可以与各种高低速微处理器接口，便于使用低成本单片机。

NRF24L01 模块的大小为 32mm×15.2mm，2.54mm 间距的双排插针接口，使用内置 PCB 天线设计，在开阔地带，1MBps 速率下，收发 10 字节的数据量测试距离最远约为 70m。

由于链路层完全集成在了模块上，所以非常便于开发。同时它还具有自动重发、自动检测、重发丢失的数据包等功能，其重发时间和次数可通过软件控制，自动存储未收到应答信号的数据包，收到有效的数据后，模块会自动发送应答信号，不需要另行用编程载波检测。NRF24L01 模块见图 2.12。

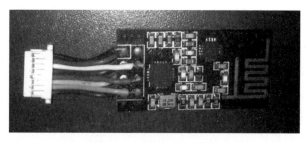

图 2.12 NRF24L01 模块

NRF24L01 模块由 CE 和寄存器内部 PWR_UP、PRIM_RX 共同控制，具有收发、配置、空闲、关机 4 种工作模式，如表 2.7 所示。

表 2.7　NRF24L01 工作模式

模　式	PWER	PRIM_RX	CE	FIFO 寄存器状态
接收模式	1	1	1	—
发射模式	1	0	1	数据在 TX FIFO 寄存器中
发射模式	1	1	1→0	停留在发射模式,直到数据发送完毕
待机模式Ⅱ	1	0	1	TX FIFO 为空
待机模式Ⅰ	1	—	0	没有正在传输的数据
掉电模式	0			

NRF24L01 模块的基本电气特性如表 2.8 所示。

表 2.8　NRF24L01 模块的基本电气特性

参　　数	数　　值	单　位
供电电压	1.9～3.6	V
最大发射功率	0	dBm
最大数据传输率	2000	kbps
发射模式下电流消耗(0dBm)	11.3	mA
接收模式下电流消耗(2000kbps)	12.3	mA
温度范围	-40～+85	℃

2.5　飞行控制芯片

飞控板是四轴飞行器的飞行控制核心,负责飞行器姿态、高度、移动、悬停的控制。飞控板上基本配置有单片机最小系统、稳压电路、姿态传感器、气压计、通信电路、电机控制接口以及各种传感器接口。其中飞行控制单片机芯片的选择必须考虑其具备强大的运算能力以及庞大的外设功能,另外还要考虑对该芯片的熟悉程度,而且知识储备要足够深入,能更好地发挥它的性能和提升开发速度。

下面介绍几款适合的芯片。

TM4C123G 整合了 Cortex-M4 处理单元和浮点处理单元的构架(C28x＋FPU)。ARM构架整合了 DSP 和微控制器的最佳特性,能在一个指令周期内对任何内存地址进行读写、修改操作。另外,还有 TI 公司以 32 位 ARM Cortex-M4F 为内核的 TM4C129X 和MSP432 芯片,工作频率在 100MHz 以上,集成了类型丰富的通信功能,TI 公司提供了完整的能够实现快速开发的解决方案,包括评估和开发板、白皮书和应用说明、易于使用的外设驱动程序库以及强大的技术支持。

意法半导体公司出产的 STM32F427VIT6 芯片提供最高工作频率为 180MHz 的Cortex-M4 内核的性能,当从 Flash 存储器执行时,若是工作在 180MHz 的工作频率下,STM32F427VIT6 能够提供 225DMIPS 的性能,相当于 1.25DMIPS/MHz,并带有 DSP 指令功能。在存储能力方面,该芯片具有高达 2Mb 的 Flash 内存,并且分为双区,支持 RWW(Read While Write)功能,同时该芯片还具有 256Kb 的 SRAM。STM32 系列的例程资料详细丰富,STM32 全系列芯片还具有图形化配置工具 STM32CubeMX,用户使用图形化向导就可生成底层 C 初始化代码,可以大大减轻开发工作量,提高开发效率。

2.6 舵机

现在市面上的舵机种类很多,如 M0300、SG90、LF20MG 等。它们都已投入无人机领域使用,LF20MG 具有强度大、防水溅的特点;M0300 可达到自由度为 360°的旋转。

2.6.1 舵机的工作原理

舵机是由 PWM(脉冲宽度调制)信号的宽度来调整转动角度的,能够非常简单地实现其与数字系统的相连。

舵机的工作原理分为以下几个步骤。首先,直流电机将接收到的 PWM 信号转换成一定量的直流偏置电压输出。其次,舵机内部会产生一个周期为 20ms、宽度为 1.5ms 的基准信号。再次,将基准电压与产生的直流偏置电压相减,输出两者的电压差。最后,控制电路会根据输出电压差的数值大小与正负符号来驱动电机的转动方向与转动角度。当电压差为零时,电机就会静止不动,其控制原理如图 2.13 所示。

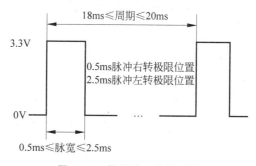

图 2.13 舵机的工作原理图

舵机的转动速度由 PWM 信号的速率决定,而舵机的位置则由 PWM 信号的占空比决定。硬件要求 PWM 信号的脉宽为 0.5~2.5ms,它们线性对应舵机转动位置的 0°~180°。脉冲信号的输出可以由定时器完成,通过改变定时器的溢出时间来控制 PWM 信号的脉宽。也可以利用单片机本身固有的功能来产生 PWM 信号并对其通过寄存器进行调整控制。

2.6.2 SG90 舵机

SG90 舵机适合用于微型飞行器,其质量为 9g,因此也称 9g 舵机,能在 3.5~6.0V 的电压下正常工作,死区设定时间为 5μs,无负载速度可以达到 0.12s/60°,其性能参数如表 2.9 所示。

表 2.9 SG90 舵机性能参数表

产品名称	9g 舵机
尺寸	约 22.5mm×22.5mm×12.5mm
电压	3.5~6V
线长	25cm

产品名称	9g 舵机
重量	9g
4.8V 扭矩	1.6kg/cm
死区设定	5μs
无负载操作速度	0.12s/60°(4.8V)；0.10s/60°(6.0V)

SG90 舵机如图 2.14 所示。

图 2.14　SG90 舵机

2.7　电源系统

电池为整个系统提供能量,是系统的动力来源。为了给系统提供足够的能量,真空杯电机的飞行器常用 3.7V 的 1200mA·h 锂电池为整个系统供电,无刷电机的飞行器常用 7.4V 和 11.1V 的更高容量锂电池。

1. 3.7V 电池

3.7V 电池如图 2.15 所示,其性能参数如表 2.10 所示。

表 2.10　3.7V 电池参数表

产品型号	1S25C-1200
电池容量	1200mA·h
电芯数量	1S/3.7V
持续倍率	25C
质量	28.3g
尺寸	54mm×29mm×9mm
充电线长	40mm
充电插头	51005 插头/JST 插头

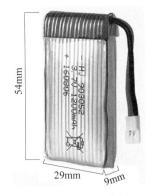

图 2.15　3.7V 电池

2. 7.4V 电池

7.4V 电池如图 2.16 所示,其性能参数如表 2.11 所示。

表 2.11　2S 系列 1300mA·h 25C 7.4V 电池参数表

容量	1300mA·h
持续放电倍率	25C
电压	7.4V
建议充电电流	2.6A(2C)
最大充电电流	6.5A(5C)
持续放电	32.5A
尺寸	14mm×34.00mm×70.44mm
重量	86g
放电插头及出线	T 插 16♯ 100mm
充电插头及出线	JST-XHR-3P 反向 22♯ 65mm

图 2.16　7.4V 电池

3.11.1V 电池

11.1V 电池如图 2.17 所示,其性能参数如表 2.12 所示。

表 2.12　3S 系列 11.1V 电池参数表

容量	2200mA·h
放电倍率	25C
电压	11.1V
最大充电电流	16.5A(5C)
充电截止电压	12.6V
持续放电	55A
尺寸	106mm×34mm×21.5mm
重量	165g
放电插头及出线	T 线 14♯100mm
充电插头及出线	JST-XHR-4P 反向 22♯ 65mm

图 2.17　11.1V 电池

2.8　电调驱动

航模电调是航空模型电子调速器的简称,见图 2.18。目前的航模电子调速器一般都是无刷电机电子调速器。

其主要特性如下。

功能强大、高性能 MCU 处理器,用户可以针对自身需求设置使用功能,充分体现产品的智能特点;支持无刷电机无限制最高转速和定速功能;精心的电路设计,抗干扰性超强;启动方式可设置,油门响应速度快,并具有非常平稳的调速线性,兼容固定翼飞行器及直升飞行器;低压保护阈值可

图 2.18　无刷电机电子调速器

设置；内置 SBEC，带舵机负载功率大、功耗小；具备多种保护功能：输入电压异常保护、电池低压保护、过热保护、油门信号丢失降功率保护；通电安全性能好；过温保护：电子调速器工作时温度到达 100℃时功率输出会自动降低一半，低于 100℃时功率输出自动恢复；设置报警音，判断通电后工作情况。电调连接线说明如图 2.19 所示。为避免短路和漏电，连接处均使用热缩导管绝缘。

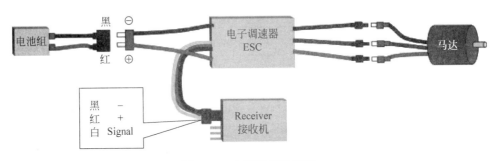

图 2.19　电调连接线说明

2.9　电机选型

无刷电机如图 2.20 所示，其参数如表 2.13 所示。

图 2.20　无刷电机

表 2.13　无刷电机参数表

输出能力	持续电流 12A，短时电流 15A(不少于 10s)
电源输入	2～4 节锂电池组或 5～12 节镍氢/镍镉电池组
BEC 输出	Fentium-12A：1A (线性稳压模式-Linear mode) Fentium-12A-E：2A (线性稳压模式-Linear mode)
最高转速	2 极马达 210000r/min，6 极马达 70000r/min，12 极马达 35000r/min
尺寸	Fentium-12A：32mm(长)×24mm(宽)×8mm(高) Fentium-12A-E：32mm(长)×24mm(宽)×10mm(高)
重量	Fentium-12A：12g(含散热片) Fentium-12A-E：13g(含散热片)

2.10 分压板

分压板如图2.21所示,其参数如表2.14所示。

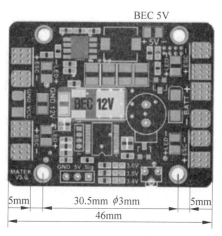

图 2.21 分压板

表 2.14 分压板参数表

尺　寸	36mm×46mm,9g	尺　寸	36mm×46mm,9g
F1,分电板	PCB两侧,成对分开	F3,LED	5V LED 灯条
PCB	2盎司,4层板	F4&F5	追踪器,低电压报警,两者相同
F2,BEC	2路,5V 3A 和 12V 500mA		

＊1盎司≈28.35g。

分压板的作用:将电池输出的电压经过分压板降压或分路后输出给电机、飞控板以及各种传感器。

2.11 四旋翼电池、电机、螺旋桨搭配选型

1. 电机

电机外部图形如图2.22所示,内部结构如图2.23所示。

图 2.22 电机外部图形

图 2.23 电机内部结构

1) 电机 KV 值

KV 值是每 1V 的电压下电机每分钟空转的转速,例如 KV800,在 1V 的电压下空转转速是 800r/min,在 10V 的电压下空转转速则是 8000r/min。

绕线匝数多的,KV 值低,最高输出电流小,但扭力大,适合大的桨。

绕线匝数少的,KV 值高,最高输出电流大,但扭力小,适合小的桨。

KV 值越小,同等电压下转速越低,扭力越大,可带更大的桨。KV 值越大,同等电压下转速越高,扭力越小,只能带小桨。相对来说 KV 值越小,效率就越高。航拍要选用低 KV 电机配大桨,转速低,效率高,低转速电机的振动也小。

2) 电机型号

电机型号,如 2212、3508、4010 等,这些数字表示电机定子的直径和高度。前面两位是定子直径,后面两位是定子高度,单位是 mm。定子直径越大,扭力越大。

3) 电机效率

效率的标注方式是 g/W(克/瓦),电机的功率和拉力并不是呈正比的,例如 500W 时拉力为 450g,1000W 时就不是 900g 了,可能只有 700g,具体效率要参照电机的效率表。大多数的电机在 3～5A 的电流下效率是最高的。

一般正常飞行时,效率保持在合理的范围内,能够很好地保证续航能力。

以朗宇 X3508S-700KV 电机(见图 2.24)为例,配 APC1147 桨,4S 电池,工作在 5A 电流时,效率 8.1g/W,产生推力为 600g,有四个旋翼,共产生 2.4kg 推力。对于 4S 5000mA·h 电池,考虑各种影响因素,性能减半,推测续航时间应该在 30min。

此时,电机工作刚好工作在最大推力(1500g)的 2/5 处,飞行性能较优。

推荐道具(英寸)			APC11×4.7	APC12×3.8		推荐螺旋桨规格
支柱	电压	电流	推力(g)	瓦数(W)	效率(g/W)	全油门负载温度
inch	V	A				
APC1147	14.8	1	180	14.8	12.16216216	
		2	310	29.6	10.47297297	
		3	400	44.4	9.009009009	
		4	510	59.2	8.614864865	
		5	600	74	8.108108108	
		6	670	88.8	7.545045045	
		7	750	103.6	7.239382239	
		8	810	118.4	6.841216216	
		9	860	133.2	6.456456456	
		10	940	148	6.351351351	
		12	1060	177.6	5.968468468	
		14	1170	207.2	5.646718147	
		16	1280	236.8	5.405405405	
		19.6	1500	290.08	5.170987314	60°

图 2.24　电机的效率表

4) 整机重量应小于电机最大动力的 2/5

例如,2212 电机最大拉力为 830g,4 个电机共有 3320g 拉力,四旋翼的升力除了把自身抬起来外还要用一部分力来前进后退、左右横滚和抗风,要保证做这些动作建议保留 3/5 的升力,而且也是为了电池电压降低后不至于升力不足而坠机。所以 2212 电机 4 个最大拉力是 3320g,整机重量不要超过最大拉力的 2/5,也就是 1328g。如果超过这个界限,那么电机就是超负荷运行,导致效率变低,电机振动变大,影响飞控自稳。

5) 电机的选择

四旋翼用的电机基本都是外转子结构,内部绕线圈的是定子。不要购买动平衡差、效率低、一致性差、工作不稳定的电机。电机对于航拍来说很重要。一定要购买知名品牌的电机,以保证质量。品质较好的品牌有 Tiger-MOTO、JFRC 飓风、朗宇、银燕等。

基本上 1000KV 以内的电机只要不出现磁饱和,带同一个桨的力效基本是相同的,只有内阻发热带来的很小的区别。不同 KV 的电机带同一只桨,在转速一样时,电机的磁滞与涡流损耗是一样的,差别只有内阻发热功耗。因为有效功率一样,因而总输入功率基本相同。在线径一样情况下,KV 越小的电机发热就越小,不能选择 KV 太高的电机,因为 KV 太高了,电流很大,内阻发热显著。

首先确定每个电机所需要的最大拉力;其次看哪个电机在这个最大拉力下基本上还没有磁饱和。在这个最大拉力下,磁场强度 B 越小越好,这样磁饱和以及涡流损耗就很小。电机在线圈磁场强度很小时就能产生很大的力矩,就要选择转子和定子之间气隙小、定子直径与高度乘积越大越好、铁芯磁导率好的电机。

在磁滞损耗和涡流损耗没有明显增大的前提下,选择不需要减速就可以带大桨的电机。大桨会让电机转速降低,反电动势减小,线圈上有效电压增大,电流增大,能输出很大的功率,一旦电机的磁滞损耗明显增大,电机的输出功率就会明显减低。在电机没有明显磁饱和时,带的桨越大越好,越大的桨力效越高。

2. 电调

电调全称为"电子调速器",作用就是将飞控板的控制信号转换为电流的大小,以控制电机的转速。因为电机的电流是很大的,因此如果没有电调的存在,飞控板无法直接驱动无刷电机。

3. 螺旋桨

螺旋桨如图 2.25 所示。螺旋桨的规格一般由 4 位数字表示,前两位表示直径,后两位表示螺距。以 1060 桨为例,10 表示桨的直径是 10 英寸(1 英寸≈2.54cm),60 表示桨角,即螺距二 6.0 英寸,也就是 152.4mm,假设把一个螺旋桨放在一种不能流动的介质中旋转,每转一圈就会向前进一个距离,桨叶旋转一圈所形成的螺旋的距离就称为桨距。

图 2.25 螺旋桨

　　螺旋桨从材质区分有 APC、木制和碳纤维。航拍需要的是稳定和效率,选择 APC 桨效率高,大载重的可以选择碳纤维桨。木桨振动小,平衡完美。

　　相同的电机,不同的 KV 值,用的螺旋桨也不一样,每个电机都会有一个推荐的螺旋桨。相对来说螺旋桨配得过小,不能发挥最大推力;螺旋桨配得过大,电机会过热,会使电机退磁,造成电机性能下降。

　　四旋翼航拍电机桨搭配推荐如下:

　　3S 电池 1.8kg 以下可用 2216KV800 电机搭配 APC1147 桨;

　　3S 电池 2kg 以下可用 2810KV750 电机搭配 APC1238 桨;

　　3S 电池 2.5kg 以下可用 2814KV700 电机搭配 APC1340 桨;

　　4S 电池 2.5kg 以下可用 2814KV600 电机搭配 APC1340 桨;

　　3110KV650 电机搭配 APC1238 桨;

　　3508KV580/KV700 电机搭配 DJI1555/APC1540 桨;

　　4108KV480/KV600 电机搭配 APC1447/APC1540 桨;

　　6S 电池 3kg 以下可用 3508KV380 电机搭配 DJI1555 桨;

　　4108KV380 电机搭配 DJI1555 桨;

　　4010KV320 电机搭配 DJI1555 桨;

　　4008KV400 电机搭配 APC1447 桨。

　　搭配种类实在太多,就不一一列举了。

　　4. 电池

　　(1) 电池容量。例如 5200mA·h,意味着以 5.2A 电流放电,可以放 1 小时。

　　(2) 放电能力。30C 电池,指电池的放电能力,持续放电最大电流为:电池容量×放电 C。

　　例如,5200mA·h,30C 电池,最大的持续电流＝5.2×30＝156A。

　　但如果该电池长时间在 156A 电流下工作,电池的寿命会变短。

　　根据飞行器重量选择电池容量,太大飞行效率低,太小续航时间短。

　　5. 机架

　　机重 2kg 以下可以选玻纤机架;2kg 以上选择 3K 碳纤维,机架尺寸计算公式如下:

$$机架轴距 ＝ (桨的英寸×25.4/0.8/1.414)×2$$
$$桨的尺寸(英寸) ＝ (机架轴距/2)×1.414×0.8/25.4$$

　　下面是一些桨和轴距的搭配建议:

- 10 寸桨搭配轴距 450mm 机架;
- 11 寸桨搭配轴距 500mm 机架;
- 12 寸桨搭配轴距 550mm 机架;
- 13 寸桨搭配轴距 600mm 机架;
- 14 寸桨搭配轴距 650mm 机架;
- 15 寸桨搭配轴距 680mm 机架;
- 16 寸桨搭配轴距 720mm 机架;
- 17 寸桨搭配轴距 780mm 机架;
- 18 寸桨搭配轴距 820mm 机架;

- 19 寸桨搭配轴距 860mm 机架;
- 20 寸桨搭配轴距 900mm 机架。

高脚机架重心高,降落没低脚架稳定,如果重心偏离很大,落地时很容易翻机。可通过调整电池安装位置纠偏。

2.12 图像处理板模块

1. OpenMV nano 板

OpenMV nano 是一款小巧、低功耗、低成本的电路板,它基于 STM32F765VI 芯片 ARM Cortex M7 处理器,最快可达到 216MHz,并且拥有 512KB RAM 和 2MB Flash,其正面图如图 2.26 所示。

图像处理功能主要分为两种模式,即调试模式与正常飞行模式。调试模式中,图传模块连接计算机可显示采集图像,通过观察计算机上显示的图像来确定图像分割参数,实现对目标的位置确定。正常飞行模式中,不连接计算机,识别到目标位置并发送给飞控板,使目标保持于画面中,结合传感器返回的飞行器高度,可计算出目标与飞行器相对位置,通过光流传感器引导飞抵目标正上方。

STM32F765VI 所有的 I/O 引脚都可定义为 GPIO 口且 5V 耐受。这个处理器有以下接口。

(1) 全速 USB(12Mbs)接口,连接到计算机,当接上 OpenMV 摄像头后,计算机会出现一个虚拟 COM 端口和一个 U 盘。

(2) 一个 SPI 总线高达 54Mbs,允许简单地把图像流数据传给 LCD 扩展板、WiFi 扩展板或者其他控制器。

(3) 一个 I^2C 总线、CAN 总线和一个异步串口总线 (TX/RX),用来连接其他控制器或者传感器。

图 2.26 OpenMV 正面图

(4) 一个 12bit ADC 和一个 12bit DAC。

(5) 板子上有 10 个 I/O 引脚,都可以用于中断和 PWM 波输出。

(6) 一个 RGB LED(三色),两个高亮的 850nm IR LED(红外)。

OV2640 摄像头模块采用 1/4 寸的 200 万像素 CMOS 传感器制作,具有高灵敏度、高灵活性、体积小、工作电压 3.3V、支持 JPEG/RGB565 格式输出、通过 SCCB 总线控制等特点。模块尺寸为 27mm×27mm。

OV2640 的 UXGA 图像最高达到 15 帧/s(SVGA 可达 30 帧/s,CIF 可达 60 帧/s)。用户可以完全控制图像质量、数据格式和传输方式,所有图像处理功能过程包括伽马曲线、白平衡、对比度、色度等,都可以通过 SCCB 接口编程。

OV2640 的特点如下。

(1) 高灵敏度、低电压适合嵌入式应用。

(2) 标准的 SCCB 接口,兼容 I^2C 接口。

(3) 支持 RawRGB、RGB(RGB565/RGB555)、GRB422、YUV(422/420)和 YCbCr (422)输出格式。

（4）支持 UXGA、SXGA、SVGA 以及按比例缩小到从 SXGA 到 40×30 的任何尺寸。

（5）支持自动曝光控制、自动增益控制、自动白平衡、自动消除灯光条纹、自动黑电平校准等自动控制功能,同时支持色饱和度、色相、伽马、锐度等设置。

（6）支持闪光灯。

（7）支持图像缩放、平移和窗口设置。

（8）支持图像压缩,即可输出 JPEG 图像数据。

2．自制图像处理模块

为了实现飞行器更多的任务,图像处理板模块部分除通信端口外,还需设计蜂鸣器、激光笔、摄像头 FPC 连接器、WiFi 通信模块。主控采用 STM32F765 处理器,蜂鸣器和激光笔进行声光交互。摄像头 FPC 连接器用于连接摄像头,使摄像头可以更换不同型号,实际使用中往往需要不同的摄像头模组,例如室内用短焦、室外用长焦或鱼眼广角镜头。WiFi 模块用于提供与手机通信的无线连接,为组网提供硬件支持。

图像处理板的硬件整体结构设计如图 2.27 所示,主控芯片与 WiFi 模块以 SPI 相连,用 UART 串口预留接口用于与飞控板相连。I/O 口与激光笔蜂鸣器相连,DCMI 与摄像头 OV7725 相连。综合考虑整体布局、模块间距和电气稳定性,其中摄像头的 24 根排线走线最为复杂,还要考虑电源模块的构图布局和电源芯片选型。

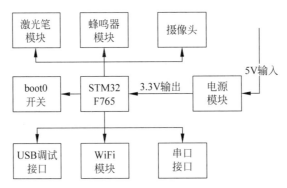

图 2.27　硬件整体结构框图

1）OpenMV 主板

用 Altium Designer 绘制 OpenMV 模块电路时,选择 ARM Cortex M7 为内核的 STM32F765VI 处理器,速度最快可达到 216MHz,并且拥有 512KB RAM 和 2MB Flash,OpenMV 主芯片电路如图 2.28 所示。

该 OpenMV 主要使用了 USB、UART 等外设,其中 USB 主要用于下载程序和固件升级,UART 用于与飞控板进行通信。此外,还加入了激光模块和蜂鸣器模块,以便于在识别任务中用声光表示识别情况。

2）UART 接口

OpenMV 通过串口和飞控板进行通信,接口电路如图 2.29 所示。

TX、RX 端口与飞控板上串口的 RX、TX 对应相连,配合通信协议即可以实现接收或发送数据。

3）激光、蜂鸣器和 LED 接口

OpenMV 板载了一个激光、一个蜂鸣器和一个双色 LED,电路如图 2.30 所示。

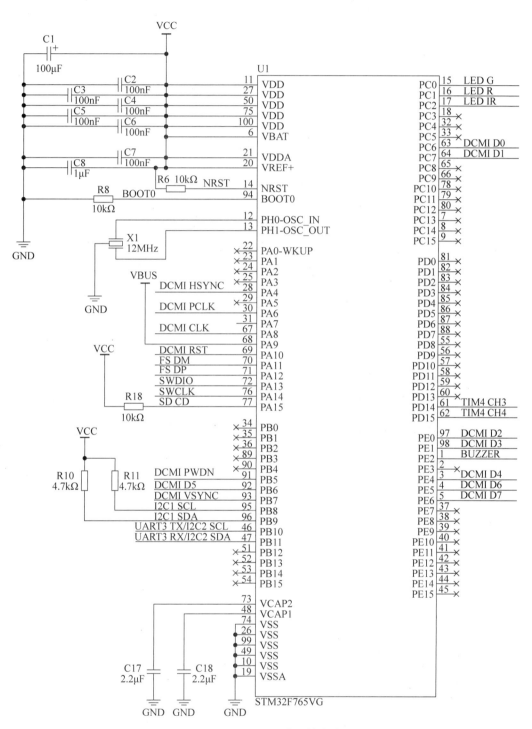

图 2.28　OpenMV 主芯片电路

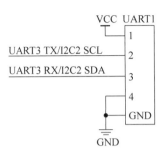

图 2.29　UART 接口

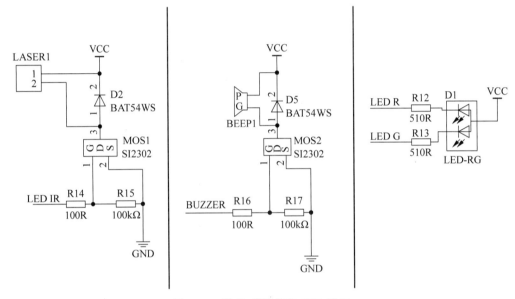

图 2.30　激光、蜂鸣器和 LED 接口

LED 部分是一个双色 LED 灯,会发出红光或绿光,分别用 LED_R 和 LED_G 接口控制,低电平有效,可以显示图像识别情况,或可以通过它调试检查程序是否运行正常。

激光笔和蜂鸣器用来指示图像识别情况:若识别到所找的目标,蜂鸣器发出响声,并发射激光打在目标上。

4) 电源和 USB 接口

OpenMV 板载的电源和 USB 接口部分的电路图如图 2.31 所示。

该板子利用分压板供电。左边部分是电源接口,与分压板上预留出的 5V 供电口相连,实现独立稳定的供电。在下载程序时,也可用 USB 口来进行供电和下载。此外,还使用了 3.3V 稳压芯片,将电源的 5V 稳到 3.3V,供给电路板中主芯片和其他部分。

5) 摄像头接口

摄像头接口电路如图 2.32 所示。图像传感器是摄像头的核心部件,640×480 三十万像素的 OV7725 感光元件处理 8 位灰度图或者 16 位 RGB565 彩色图像,可以达到 60fps;当分辨率低于 320×240 可以达到 120fps。大多数简单的算法可以运行 60fps 以上。

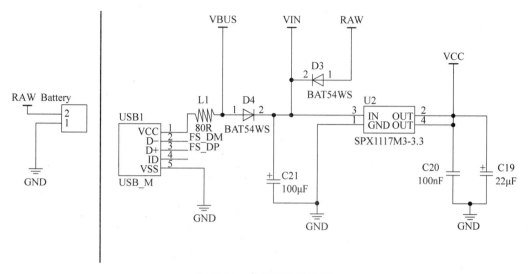

图 2.31 电源和 USB 接口

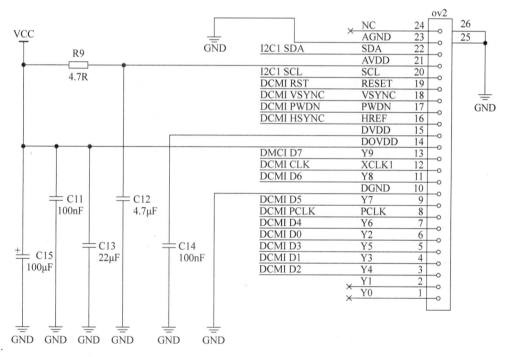

图 2.32 摄像头接口

该接口位于电路板的反面,使用了 OV7725FPC 摄像头与该接口相连,摄像头固定在板子的正面,使飞行时摄像头朝向地面。

6)PCB 制作

制作 PCB 文件时,在规则设置中,最小间隙(minimum clearance)采用 0.254mm,最小线宽(minimum width)采用 0.254mm,首选线宽(preferred width)采用 0.254mm,最大线宽(max width)采用 1.27mm。走线时使用 45°拐角。PCB 板采用双层板结构,分别为顶层

（top layer）和底层（bottom layer）。

布局时按照优先摆放电路功能块的核心元件及体积较大的元件原则，接插件放置在 PCB 板的边缘。电路板中的电流较大的走线采用较粗的线宽，尤其是电源线使用了 1.27mm 线宽。在 12MHz 晶振的附近，加了一圈打地孔，避免耦合。

OpenMV 的 PCB 图及 PCB 三维视图分别如图 2.33 和图 2.34 所示。OpenMV 的实物图如图 2.35 所示。

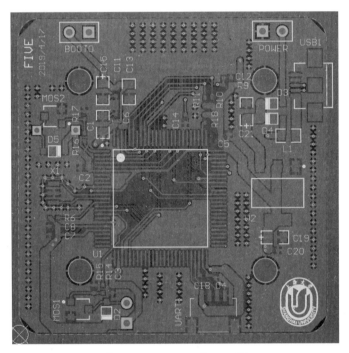

图 2.33 OpenMV 的 PCB 图

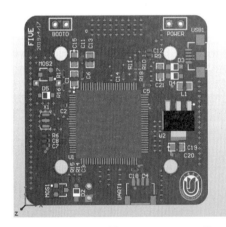 

图 2.34 OpenMV 的 PCB 三维视图（正、反面）

图 2.35 OpenMV 的实物图(正、反面)

## 第3章

四旋翼飞行器的原理

3.1 基本原理

四旋翼飞行器通过 4 个螺旋桨的相互配合,利用力的合成和分解原理,可以实现各种飞行动作,四旋翼飞行器通常被设计为两种模式,如图 3.1 中的"×"字模式和"十"字模式。

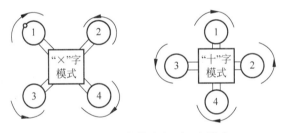

图 3.1 "×"字模式和"十"字模式

为了抵消旋翼在旋转过程中产生的反扭矩,例如 1 号位置的旋翼逆时针旋转时,空气会产生推动飞行器逆时针旋转的反扭矩,飞行器的相邻旋翼需要有不同的转向,即 1、4 号电机顺时针旋转而 2、3 号电机逆时针旋转,这样空气推动飞行器旋转的反扭矩刚好抵消,使得飞行器能够平稳飞行。由于飞行器的 4 个桨在旋转的过程中都要提供向上的升力,而相邻电机转向相反,因此在相邻电机上还要使用形状不同的螺旋桨,分别称为正桨和反桨,通常 1、4 号电机顺时针旋转搭载正桨,2、3 号电机逆时针旋转搭载反桨。

3.2 四旋翼飞行器的 6 个基本飞行动作

四旋翼飞行器可以沿着升降方向、前进后退方向和左右方向平移运动,以及沿着 3 个轴旋转运动,共 6 个基本飞行动作。

3.2.1 升降运动

升降运动的实质就是四旋翼飞行器沿着 Z 轴的两个方向运动,如图 3.2 所示。只要 4 个电机转速同时增加,使飞行器的升力大于重力和阻力的和之后,就可以上升,反之,4 个电机的转速同时下降,就可以使飞行器下降,当升力和重力达到平衡之后,飞行器就能实现空中悬停,在实际飞行中,悬停是一个动态稳定的过程,即使在悬停中,升力也是不断进行调整的。

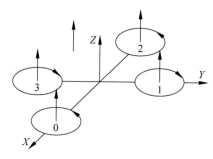

图 3.2　升降运动

3.2.2　俯仰运动

假定 X 轴是飞行器的正方向,俯仰运动就是绕 Y 轴的旋转运动;而若飞行器在空中自由飞行,那么俯仰运动就伴随着前进和后退的运动;若飞行器绕 Y 轴正方向逆时针旋转,飞行器就会向前运动,反之就会向后运动。保持 1、3 号电机的转速不变,增大 0 号电机的转速,减小 2 号电机的转速,飞行器就会绕 Y 轴顺时针旋转,这个动作称为仰;反之,飞行器会绕 Y 轴逆时针旋转,称为俯。俯仰运动如图 3.3 所示。

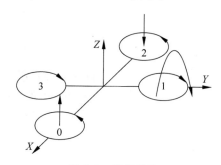

图 3.3　俯仰运动

3.2.3　横滚运动

横滚运动的原理和俯仰运动的原理相同,即保持 0 号和 2 号电机的转速不变,改变 1、3 号电机的转速,使飞行器绕 X 轴进行旋转,称为横滚运动,如图 3.4 所示。

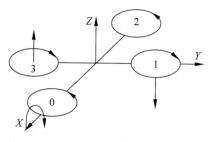

图 3.4　横滚运动

3.2.4　偏航(自旋)运动

偏航运动又被称为自旋运动,是飞行器绕 Z 轴旋转的运动,如图 3.5 所示。在一个螺旋桨旋转时,飞行器会受到一个反扭矩的影响,导致飞行器沿螺旋桨转向的相反方向旋转,而四旋翼飞行器采用了 4 个螺旋桨,其中 2 个顺时针旋转,另外 2 个逆时针旋转抵消了这种反扭矩。那么,为了让飞行器能够产生自旋运动,只要让由于 4 个电机旋转受到的反扭矩无法自相抵消即可。当 0、2 号电机的转速上升,1、3 号电机的转速下降,飞行器就会沿 Z 轴顺时针旋转,反之,则会沿 Z 轴逆时针旋转。通常在进行偏航运动时,为了保证飞行器升力不变,其中两个电机下降的转速和另外两个电机上升的转速相同。

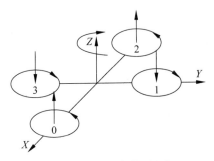

图 3.5　偏航(自旋)运动

3.3　姿态解算

姿态解算是飞行器正常飞行的基础,只有飞行器能够正确掌握飞行姿态,飞行器才能够通过动态平衡调节保持飞行的稳定性。要进行姿态解算,需要对传感器获取的多种不同的数据进行滤波和融合,选择合适的方式描述飞行器的姿态,以及用一种方法让飞行器的姿态与姿态数据一一对应。

3.3.1　姿态表示

欧拉角是一种最为常用的描述旋转的办法,它用三次旋转来表示一个物体的姿态,分别是章动角 φ、旋进角 θ 以及自旋角 ψ,三次旋转的顺序有多种选择,飞行器的姿态描述中,多用 zyx 的旋转顺序进行描述。

zyx 的取法又被称为航空次序欧拉角,分为 Roll(横滚角)、Pitch(俯仰角)和 Yaw(偏航角),如图 3.6 所示。坐标系首先绕 Z 轴旋转 ψ,将 ψ 称为偏航角再绕 Y 轴旋转 θ,将 θ 称为俯仰角;最后绕 X 轴旋转 φ,将 φ 称为横滚角。

为了保证旋转描述的一致性,俯仰角被限制在 $-90°\sim$ $90°$,其他两个角度则被限制在 $-180°\sim 180°$。

欧拉角描述法存在明显的不足。首先在俯仰角大小接近 $90°$ 时会出现奇点,具体的现象有当俯仰角在 $90°$ 时横滚

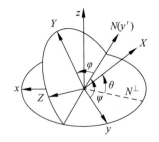

图 3.6　航空次序欧拉角

角与俯仰角会发生突变,以及在奇点附近,可能出现某一自由度的角速度分量很大甚至无穷大的问题。另外,欧拉角仅可以用于描述一次旋转,当进行第二次旋转时,很有可能产生万向节死锁问题,具体表现为,考虑第一次旋转时,俯仰角旋转了 90°,另外两个角度均为 0°,如果在此基础上实现第二次旋转,绕最初的 Z 轴转动一个角度,这是无法实现的,因为第一次旋转后,横滚角与偏航角的转轴重合,即系统丢失了一个自由度,只剩下两个自由度。鉴于欧拉角姿态描述中这种无法回避的奇异现象的存在,采用四元素与欧拉角的相互转换构建姿态控制率比较适合工程应用。

3.3.2 数据滤波

数据滤波是去除噪声、还原真实数据的一种数据处理技术。

1. 维纳滤波

维纳滤波是一种平稳随机过程的最佳滤波理论,换句话说就是在滤波过程中系统的状态参数(或信号的波形参数)是稳定不变的。维纳滤波仅在理论上有意义,在实际应用中有局限性,其表现在:不适用于非平稳随机过程的滤波;要用到所有时刻的采样数据,需要的数据存储容量大;求解维纳-霍夫方程时要用到高阶数矩阵的求逆运算,计算量大,而且实际数据下的维纳-霍夫方程可能无解。

2. 卡尔曼滤波

卡尔曼滤波不仅适用于平稳随机过程,也适用于非平稳随机过程。它将系统的状态迁移用状态方程来表述,并用固定维数的矩阵运算递推式代替了维纳滤波解维数大的线性方程组。克服了维纳滤波的一系列局限性而获得了成功应用。在应用中,卡尔曼滤波区别于递归加权最小二乘法的关键是考虑了系统噪声和测量噪声,建立了包括状态方程和观测方程在内的准确加权融合系统模型。

3.3.3 数据融合

在传感器获取一系列数据后,通过数据融合一系列具有不同特性的、存在误差的数据经过计算,得到最接近实际的值。

对于姿态解算而言,需要将陀螺仪获得的三轴角速度数据和加速度计获得的三轴加速度数据进行融合,获取飞行器的姿态角数据。

陀螺仪测得的数据是三轴的角速度数据,将角速度进行积分,就可以获取三轴的角度数据。陀螺仪受飞行器振动的影响较小,噪声较低,但由于使用的是积分的方法,时间久以后容易产生累积误差,且无法修复,对飞行器的姿态控制影响较大。

加速计测得的数据是重力加速度和飞行器本身的加速度在三轴上的分量。当飞行器静止时,利用测得的三轴加速度数据可以唯一确定角度,求出的是一组绝对量,不存在累积误差。但在飞行器实际飞行的过程中,电机的振动会让加速度计的数据包含大量的噪声,难以滤除,同时,由于飞行器自身的加速度造成的角度计算偏差,也是加速度计本身无法排除的。

因此,可见通过陀螺仪计算出的角度数据瞬时比较准,长时间会产生累积误差,而通过加速度计算出的角度值瞬时误差较大,长时间则比较稳定,因此,需要通过一定的算法将这两种数据进行融合,以获得更接近真实角度的角度值。

常用于加速度计和陀螺仪数据融合的算法有一阶互补滤波算法、二阶互补滤波算法和卡尔曼滤波算法。

1. 一阶互补滤波

一阶互补滤波指的是对加速度计和陀螺仪计算而得的角度数据进行简单加权。实现一阶互补滤波的程序代码如下：

```
K = 0.075;     //对加速度计取值的权重
float A = K / (K + dt);
Com_angle = A * (Com_angle + omega * dt) + (1 - A) * angleA;
//Com_angle 为融合角度值,omega 为角速度,dt 为采样间隔,angleA 为加速度计求得角度
```

2. 二阶互补滤波

二阶互补滤波则是将加速度信号作为参考值,将融合计算得到的角度与加速度计算出的角度的偏差量加入积分之中。代码实现如下：

```
K = 0.5;
float x1 = (angleA - Com2_angle) * K * K;
y1 = y1 + x1 * dt;
float x2 = y1 + 2 * K * (angleA - Com2_angle) + omega;
Com2_angle = Com2_angle + x2 * dt;
```

3. 卡尔曼滤波

卡尔曼滤波针对各种随机过程都十分有效。相比维纳滤波,卡尔曼滤波能够用于非平稳随机过程,克服了其局限性。

卡尔曼滤波器被称为最优化自回归数据处理算法,对于很多应用,它是最好的方法,效率可以说是最高的。它是一个迭代预测器,每次只需输入上一时刻的数据,就能预测下一时刻的数据,在利用加速度值计算出角度后得到后验估计误差,从而不断迭代修正,得出最优解。

从理论上来说,卡尔曼滤波器能得到最好的结果,但对于飞行器而言,由于在飞行过程中振动十分剧烈,会对卡尔曼滤波器的预测产生很大的影响,从而导致在手持飞行器进行测试时,卡尔曼滤波器具有最好的表现,一阶互补滤波效果较差,而二阶互补滤波器数据比较平滑,但收敛较慢,角度跟踪性能差。但在实际飞行时,二阶互补滤波器飞行最为稳定。

3.3.4　姿态解算

对于飞行器的姿态解算,通常采用获取陀螺仪和加速度计的数据,利用这些数据进行四元数运算,直接求出航空次序欧拉角。四元数相对于其他各种旋转描述法有着明显的优势。

（1）巧妙的设计避免了处理缓慢的三角函数计算,运算效率提升。

（2）四元数在全角范围内无奇点,没有万向节死锁问题。

常用的旋转描述有矩阵法、欧拉角以及四元数。

1. 矩阵法

（1）绕 Z 轴旋转,如图 3.7 所示。

$$x' = x\cos t - y\sin t$$
$$y' = x\sin t + y\cos t$$
$$z' = z$$

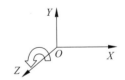

图 3.7　绕 Z 轴旋转

矩阵表示为：

$$
(x' \quad y' \quad z' \quad 1) = (x \quad y \quad z \quad 1)
\begin{bmatrix}
\cos\gamma & \sin\gamma & 0 & 0 \\
-\sin\gamma & \cos\gamma & 0 & 0 \\
0 & 0 & 1 & 0 \\
0 & 0 & 0 & 1
\end{bmatrix}
\qquad 绕\ Z\ 轴旋转
$$

(2) 绕 X 轴旋转，如图 3.8 所示。

$y' = y\cos t - z\sin t$

$z' = y\sin t + z\cos t$

$x' = x$

矩阵表示为：

$$
(x' \quad y' \quad z' \quad 1) = (x \quad y \quad z \quad 1)
\begin{bmatrix}
1 & 0 & 0 & 0 \\
0 & \cos\alpha & \sin\alpha & 0 \\
0 & -\sin\alpha & \cos\alpha & 0 \\
0 & 0 & 0 & 1
\end{bmatrix}
\qquad 绕\ X\ 轴旋转
$$

(3) 绕 Y 轴旋转，如图 3.9 所示。

$z' = z\cos t - x\sin t$

$x' = z\sin t + x\cos t$

$y' = y$

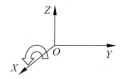

图 3.8　绕 Y 轴旋转

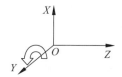

图 3.9　绕 Z 轴旋转

矩阵表示为：

$$
(x' \quad y' \quad z' \quad 1) = (x \quad y \quad z \quad 1)
\begin{bmatrix}
\cos\beta & 0 & -\sin\beta & 0 \\
0 & 1 & 0 & 0 \\
\sin\beta & 0 & \cos\beta & 0 \\
0 & 0 & 0 & 1
\end{bmatrix}
\qquad 绕\ Y\ 轴旋转
$$

矩阵法计算量最大，既要计算三角函数，计算三维旋转要用到四阶的矩阵运算，在实际使用中并不常用。

2. 四元数

欧拉角是一种最直观的描述旋转的方法，它以三次旋转的合成来描述空间任意旋转。但如 3.3.1 节所述欧拉角姿态描述中存在无法回避的奇异现象，需要结合四元素法构建姿态算法。

四元数是简单的超复数，一个实部，三个虚部。

四元数一般定义如下：

$$q = w + x\mathrm{i} + y\mathrm{j} + z\mathrm{k}$$

其中，w、x、y、z 是实数。同时，有

$$i * i = -1$$
$$j * j = -1$$
$$k * k = -1$$

四元数也可以表示为：

$$q = [\boldsymbol{v}, w]$$

其中，$\boldsymbol{v} = (x, y, z)$ 是矢量，w 是标量，虽然 $\boldsymbol{v}$ 是矢量，但不能简单地理解为三维空间的矢量，它是四维空间中的矢量。

通俗地讲，一个四元数(quaternion)描述了一个旋转轴和一个旋转角度。创建这个旋转轴和这个角度可以通过 Quaternion::ToAngleAxis 转换得到，它可以返回一个绕轴线 axis 旋转 angle 角度的四元数变换。当然也可以随意指定一个角度一个旋转轴来构造一个四元数。这个角度是相对于单位四元数而言的，也可以说是相对于物体的初始方向而言的。

四元数项对于其他各种旋转描述法有着明显的优势。

(1) 虽然较欧拉角表示法多了一个参量，但是四元数的运算却巧妙地绕开了复杂耗时的三角函数运算，有更高的运算效率。

(2) 四元数在全角范围内无奇点，不会出现死锁问题。

3.3.5 PID 平衡算法

PID 是在自动控制领域非常常用的一种算法。在飞行器的控制中，PID 控制非常重要，使用在对飞行器姿态角的控制、飞行器的定高控制、定点悬停控制等。

1. PID 算法的理解

如果要让飞行器从地面起飞在空中某一高度悬停，就要有向上的升力来克服地球引力，这个力是需要控制的量，飞行器高度有它现在的"当前值"，也有期望的"目标值"，当两者差距较大时，就让电机开足马力，尽快让飞行器到达目标高度附近，而当飞行器接近目标高度时，就让电机稍稍用力即可。这就是 P 的作用，P 就是比例的意思。实际写程序时，就让偏差(目标值减去当前值)与调节装置的"调节力度"建立一个一次函数的关系，就可以实现最基本的"比例"控制了。P 越大，调节作用越激进，P 调小会让调节作用更缓慢。

有了 P 的作用后会发现，只有 P 好像不能让飞行器稳定，飞行器总是在某一高度处上下波动。设想一个弹簧挂一重物，现在在平衡位置上拉一下然后松手，这时它会振荡起来。因为阻力很小，它可能会振荡很长时间，才会重新停在平衡位置。要是它浸没在水里，同样拉它一下，那么重新停在平衡位置的时间就短得多。所以需要一个控制作用，让被控制的物理量的"变化速度"趋于 0，即类似于"阻尼"的作用。当比较接近目标时，P 的控制作用就比较小了，越接近目标，P 的作用越小。但还是有惯性让飞行器冲过目标高度，D 的作用就是让物理量的速度趋于 0，只要这个量具有了速度，D 就向相反的方向用力，尽力抑制这个变化。D 参数越大，向速度相反方向刹车的力就越强。

飞行器加上 P 和 D 两种控制作用，如果参数调节合适，飞行器就应该可以悬停在空中了。但看了一眼返回的高度值可能会发现一个不好的情况，稳定的高度值实际还没达到目标值，也许飞行器太重，这时上升的动力和重力已经相等了，这可怎么办？P 认为和目标已经很近了，只需要轻轻加力就可以了，D 认为高度没有波动，好像没我什么事了，于是高度永远也到不了目标值。根据常识知道，应该进一步增加上升动力，于是就要引入参数 I 了。增加一个积分量,只要高度偏差存在,就不断地对偏差进行积分(累加),并反映在调节力度上。这样一来,即使高度相差不太大,但是随着时间的推移,只要没达到目标高度,这个积分量就不断增加。系统就会慢慢意识到:还没有到达目标高度,该增加功率了。到了目标高度后,假设高度没有波动,积分值就不会再变动。这时,上升动力仍然等于重力,但高度是稳稳地定在了目标值上。I 的值越大,积分时乘的系数就越大,积分效果越明显。所以,I 的作用就是减小静态情况下的误差,让受控物理量尽可能接近目标值。I 在使用时还有个问题:需要设定积分限制,以防止在刚开始上升时就把积分量积得太大,之后难以控制。

2. PID 算法的使用

在飞行器的控制中采用数字式 PID,数字 PID 控制算法主要有位置式 PID 和增量式 PID 两种。位置式 PID 控制的基本算法框图如图 3.10 所示。

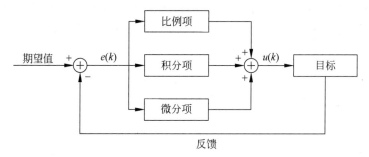

图 3.10 PID 基本算法框图

计算公式为:

$$u(k) = K_P \left[e(k) + \frac{T}{T_i} \sum_{j=0}^{i} e(j) + \frac{T_d}{T} (e(k) - e(k-1)) \right] \tag{3.1}$$

其中,$e(k)$ 代表的是设定目标和当前值的偏差值,若 $e(k)$ 是设定当前横滚角和设定横滚角的差值,那么 $u(k)$ 指的就是横滚方向的电机输出量。

将式(3.1)展开,可以分为比例项、微分项和积分项。

比例项控制是十分直接的控制,根据差值立即对油门输出量作出改变,将飞行器向差值的反方向调整就行。通过调整比例项的参数,可以让飞行器的角度在一定范围内等幅摆动。

微分项使用的变量是上一次和本次的差值之差,以横滚为例就是横滚方向的转动速度,在比例项的基础上加上微分项参数,主要是为了限制飞行器旋转的速度,通过比例项和微分项的联合作用,可以让飞行器在该角度上形成动态稳定的结果。

积分项的存在是为了消除稳态误差,如果飞行器存在重心的偏差,或者飞行器的电机动力有所不同,那么飞行器通过比例项和微分项维持稳定之后,有可能和设定目标有一个固定的误差,通过加入积分项,可以消除这种稳态误差。

$$u(k) = K_P \left[e(k) + \frac{T}{T_i} \sum_{j=0}^{k} e(j) + \frac{T_d}{T} (e(k) - e(k-1)) \right] \tag{3.2}$$

$$u(k-1) = K_P \left[e(k-1) + \frac{T}{T_i} \sum_{j=0}^{k-1} e(j) + \frac{T_d}{T} (e(k-1) - e(k-2)) \right] \tag{3.3}$$

数字式 PID 调节还有一种增量式 PID 调节,由上面两式,根据递推原理可以得到:

$$A = K_P \left(1 + \frac{T}{T_i} + \frac{T_d}{T} \right)$$

$$B = K_P \left(1 + \frac{2T_d}{T} \right)$$

$$C = K_P \frac{T_d}{T}$$

增量式 PID 求出的是油门的增量,与当前的油门值叠加,就可以实现对飞行器的控制,增量式 PID 相对于位置式 PID 具有以下优点。

(1) 因为 PID 的输出是油门增量,因此短暂出现错误动作、错误数据时影响较小,需要时还能够用逻辑判断消除。

(2) 计算公式中没有积分量,输出量只和最近几次采样的数据有关,方便程序进行处理,没有积分的累积误差。

## 第4章

四旋翼飞行器的调试平台

4.1 四旋翼飞行器调试平台的总体设计

四旋翼飞行器调试系统包括机架电机桨、飞行控制板、地面站、上位机,以及飞行控制板外围所接的通信模块、传感器等。调试系统硬件框图如图4.1所示。

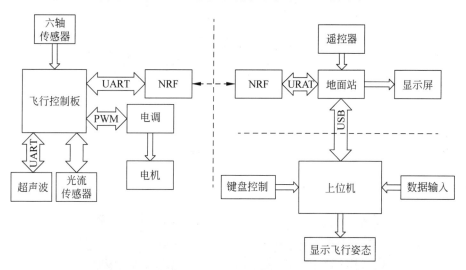

图 4.1 调试系统硬件框图

飞行控制部分主要负责接收控制命令,进行数据处理,保持平稳飞行和执行控制命令,以及传回飞行姿态数据。地面站主要负责遥控飞行器以及飞行器姿态数据显示。上位机则是通过地面站发送飞行器调试控制命令,发送 PID 调节数据以及显示飞行器飞行姿态的功能。

4.2 调试平台的硬件设计

四旋翼飞行器的调试平台主要由地面站、上位机以及飞行器三部分组成。

4.2.1 地面站

飞行器调试时,地面站能观察飞行数据和遥控飞行器功能,整个地面站系统硬件主要由7个模块组成。

(1) 以 STM32F103VET6 为主控芯片的开发板。

(2) 稳压电路。稳压电路的作用是对地面站系统提供电源。

(3) 遥控器。

(4) ADXL345 加速度传感器。主要是对飞行器进行飞行遥控。

(5) LCD 液晶显示屏主要是对飞行器及遥控器的各项数据进行显示和分析。

(6) NRF 模块主要是实现与飞行器的通信。

(7) SD 卡主要是为了存储中文字库,以便在地面站上显示文字。

系统模块框图如图 4.2 所示。

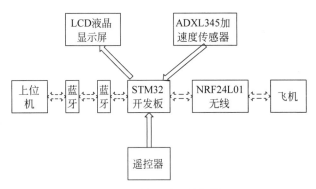

图 4.2 地面站系统框图

地面站系统的实物图如图 4.3 所示。

图 4.3 地面站系统的实物图

4.2.2　飞行控制板

飞行控制板采用德州仪器的 TM4C123G 为主芯片,连接超声波、光流、六轴或九轴传感器获取姿态信息,通过 PID 算法对飞行器进行高度控制、姿态调节等稳定控制调节,通过融合算法控制输出四路 PWM 波调节 4 个电机转速,实现对四旋翼飞行器运动状态的控制;并与上位机、地面站建立实时的交互数据通信,实现四旋翼飞行器的定高、悬停以及完成各种飞行动作指令。

飞行控制板的主要功能如下。

(1) 飞行器传感器数据采集及处理,包括六轴传感器的姿态数据、超声波模块测量到的高度数据、光流传感器的位移数据。

(2) 通过电机驱动程序控制输出四路 PWM 波,调节 4 个电机的转速实现对四旋翼飞行器运动状态的控制。

(3) 与地面站的交互通信,接收地面站发送来的遥控器数据以及其他控制命令,同时向地面站反馈自身各项状态数据。

飞控板相关器件:MPU-6050、超声波传感器 US-100、光流传感器 CJMCU-110、NRF 通信模块等。

4.2.3　四旋翼飞行器的调试原则

四旋翼飞行器的调试原则主要包括以下三方面。

(1) 用平衡架固定住四轴飞行器,只留一个方向的自由度,来调整左右摆动(roll)和前后仰俯(pitch)的 PID 参数。

(2) 先将 I 和 D 都设为 0,调整 P。P 太大则左右晃动会很大,P 太小则每次调整到平衡位置会很慢,所以先把 P 整定在一个既能很快调整到平衡又左右晃动幅度不太大的位置。然后微调 D,使得左右晃动幅度进一步缩小,直到稳在某个位置基本不动了,再调整 I 到水平位置,若调 D 时已经到了水平位置,则 I 就不需要调了。

(3) 若用了二级串联 PID,则第一级是计算当前的"角度"和目标的差值,做 PID 运算得出一个"调整值",可以看作需要转动的"加速度";第二级是将这个"加速度"当作目标值,当前测定值作为实际值,再次进行 PID 调节,算出最终输出的"电机马力"调整值。

4.3　调试平台软件设计

4.3.1　地面站软件设计

1. 地面站系统组成与图形化的界面操作设计

地面站的 LCD 屏上显示的内容如图 4.4 所示。

(1) 显示遥控数据。通过引脚中断和时钟计数,测出遥控器传来 PPM 信号的数据。遥控器型号为 8 通道 WFT08X-2.4G,其数据格式中第一个数据是帧头,检测到帧头后把后面相应的数据保存在相应的数组中。显示的数据分别为高度油门值、横滚油门值、俯仰油门值和偏航油门值。

(2) 显示飞行器控制板传回来的数据。通过 SPI 读取 NRF 无线模块的数据包,数据分别为俯仰角（pitch）、横滚角（roll）、偏航角（yaw）、飞行高度（height）、飞行器当前坐标（即光流值）。

（3）显示地面站和四旋翼的解锁状态。包括飞行器是否解锁、ADXL345 是否连接、遥控模式是传感器还是遥控器、NRF 无线模块与地面站的通信是否正常、遥控器与地面站连接是否正常。

（4）波形显示模块。将最近的飞行状态绘制成曲线显示，分别有高度、横滚、俯仰和偏航 4 种。

2. 通信协议

为了实现飞行控制板、地面站以及 PC 上位机三者之间的稳定、可靠、快速地进行通信，地面站与上位机使用特定的数据帧格式进行通信，地面站与飞行器通过 NRF 进行无线通信。地面站与遥控器是通过 I/O 口读取特定的 PPM 数据帧格式进行通信的。

图 4.4　地面站界面显示

1）地面站与上位机

地面站通过识别帧头来判断数据的类型，从而做出相应的反应。数据帧格式如表 4.1 所示，地面站与上位机通信协议如表 4.2 和表 4.3 所示，帧数据共 32 字节。

表 4.1　数据帧格式

数据帧	帧头长度	数据类型长度	数据内容长度	校验位长度	说　　明
	2 字节	1 字节	28 字节	1 字节	一帧数据长度共 32 字节

表 4.2　地面站与上位机通信协议表 I*

地面站接收上位机数据	
数据类型	意　　义
0x23	Roll 方向平衡 PID 参数值 P 值
	Roll 方向平衡 PID 参数值 I 值
	Roll 方向平衡 PID 参数值 D 值
	Pitch 方向平衡 PID 参数值 P 值
	Pitch 方向平衡 PID 参数值 I 值
	Pitch 方向平衡 PID 参数值 D 值
	Yaw 方向平衡 PID 参数值 P 值
	Yaw 方向平衡 PID 参数值 I 值
	Yaw 方向平衡 PID 参数值 D 值
0x24	高度 PID 参数值 P 值
	高度 PID 参数值 I 值
	高度 PID 参数值 D 值
	X 方向悬停 PID 参数值 P 值
	X 方向悬停 PID 参数值 I 值
	X 方向悬停 PID 参数值 D 值
	Y 方向悬停 PID 参数值 P 值

---

* 表中 pitch 指的是俯仰，roll 指的是横滚，yaw 指的是偏航。

续表

地面站接收上位机数据	
数据类型	意　义
0x24	Y方向悬停PID参数值 I 值
	Y方向悬停PID参数值 D 值
0x25	NRF发送数据包
0x90	测试飞行(高度、前后、左右)
0x91	向前后飞行控制量
0x92	向左右飞行控制量
0x93	偏航飞行控制量

表 4.3　地面站与上位机通信协议表 Ⅱ

地面站发送数据至上位机		
帧　头	数据类型	意　义
0x9c 0x5f	0x02	发送飞行器的 Pitch 值
		发送飞行器的 Roll 值
		发送飞行器的 Yaw 值
		发送飞行器的高度值
		发送飞行器的光流数据 X 方向值
		发送飞行器的光流数据 Y 方向值
	0x1c	发送遥控器横滚值
		发送遥控器俯仰值
		发送遥控器油门值
		发送遥控器偏航值
	0x04	Roll 方向平衡PID参数值 P 值
		Roll 方向平衡PID参数值 I 值
		Roll 方向平衡PID参数值 D 值
		Pitch 方向平衡PID参数值 P 值
		Pitch 方向平衡PID参数值 I 值
		Pitch 方向平衡PID参数值 D 值
		Yaw 方向平衡PID参数值 P 值
		Yaw 方向平衡PID参数值 I 值
		Yaw 方向平衡PID参数值 D 值
	0x05	高度PID参数值 P 值
		高度PID参数值 I 值
		高度PID参数值 D 值
		X方向悬停PID参数值 P 值
		X方向悬停PID参数值 I 值
		X方向悬停PID参数值 D 值
		Y方向悬停PID参数值 P 值
		Y方向悬停PID参数值 I 值
		Y方向悬停PID参数值 D 值

2) 地面站与遥控器

航模 WFT08X 遥控器的 PPM(Pulse Position Modulation,脉冲位置调制)信号是航模遥控器输出的一种标准信号,从 PPM 信号中可以获取 8 个通道的遥控指令数据。控制一架四轴飞行器至少需要分别控制油门、俯仰、横滚、偏航四个通道,通常一个 PWM 脉冲用来控制一个通道,其中用高电平控制舵机转动的大小,范围在 $500\sim2500\mu s$。将多个通道的一系列 PWM 波串在"一根线"上进行传输就构成了 PPM 信号,就是说一个完整的 PPM 信号帧包含了多个通道的 PWM 值。

PPM 信号没有"波特率",其"同步脉冲"可以作为"帧头"来使用,只要判断一个脉冲宽度大于通道的"正常值",那么接下来的一个脉冲就是 1 通道的数据。要解算它实质就是要把这些脉冲一个一个地采集进来。地面站与遥控器的通信是通过 GPIO 引脚以中断方式和时钟计数读取数据帧,后续按协议取相应的控制数据值保存到相应的数组中,测出遥控器传过来的各种类型数据值。通信数据如表 4.4 所示。

表 4.4 遥控器与地面站通信数据表

地面站接收遥控器数据	
ppmData[0]	帧头
ppmData[1]/accData[1]	横滚值
ppmData[2]/accData[2]	俯仰值
ppmData[3]/accData[3]	油门值
ppmData[4]/accData[4]	偏航值
ppmData[5]/accData[5]	遥控设备解锁/开锁值

从表中可以看到有 ppmData[]和 accData[]两种类型的数组,前者表示遥控器的脉冲计数,后者表示经过遥控器脉冲计数值与加速度传感器所得出的经过线性转换后的遥控值。

3) 飞行器与地面站

飞行器与地面站是通过 NRF 进行数据传输的,飞行器定时发送和接收数据包,发送的数据数组大小为 12 字节,其中用最后 1 字节表示传输数据类型。通信协议表如表 4.5 和表 4.6 所示。

表 4.5 地面站接收飞行器数据通信协议表

地面站接收飞行器数据	
最后 1 字节数据值	意　义
16	接收飞行器 Pitch 值
	接收飞行器 Roll 值
	接收飞行器 Yaw 值
	接收 X 方向光流值
	接收 Y 方向光流值
17	高度 PID 参数值 P 值发送至上位机
	高度 PID 参数值 I 值发送至上位机
	高度 PID 参数值 D 值发送至上位机
	X 方向悬停 PID 参数值 P 值发送至上位机

续表

地面站接收飞行器数据	
最后 1 字节数据值	意　义
17	X 方向悬停 PID 参数值 I 值发送至上位机
	X 方向悬停 PID 参数值 D 值发送至上位机
	Y 方向悬停 PID 参数值 P 值发送至上位机
	Y 方向悬停 PID 参数值 I 值发送至上位机
	Y 方向悬停 PID 参数值 D 值发送至上位机
18	Roll 方向平衡 PID 参数值 P 值发送至上位机
	Roll 方向平衡 PID 参数值 I 值发送至上位机
	Roll 方向平衡 PID 参数值 D 值发送至上位机
	Pitch 方向平衡 PID 参数值 P 值发送至上位机
	Pitch 方向平衡 PID 参数值 I 值发送至上位机
	Pitch 方向平衡 PID 参数值 D 值发送至上位机
	Yaw 方向平衡 PID 参数值 P 值发送至上位机
	Yaw 方向平衡 PID 参数值 I 值发送至上位机
	Yaw 方向平衡 PID 参数值 D 值发送至上位机

表 4.6　地面站与飞行器通信协议表

地面站发送数据至飞行器	
最后 1 字节数据值	意　义
12	发送 Roll 方向平衡 PID 参数值 P 值
	发送 Roll 方向平衡 PID 参数值 I 值
	发送 Roll 方向平衡 PID 参数值 D 值
	发送 Pitch 方向平衡 PID 参数值 P 值
	发送 Pitch 方向平衡 PID 参数值 I 值
	发送 Pitch 方向平衡 PID 参数值 D 值
	发送 Yaw 方向平衡 PID 参数值 P 值
	发送 Yaw 方向平衡 PID 参数值 I 值
	发送 Yaw 方向平衡 PID 参数值 D 值
13	发送遥控设备 Pitch 值
	发送遥控设备 Roll 值
	发送遥控设备油门值
	发送遥控设备偏航值
	发送遥控设备开锁解锁模式值
	发送向前后飞行控制量
	发送向左右飞行控制量
	发送偏航飞行控制量
	发送测试飞行(高度、前后、左右)指令值
14	高度 PID 参数值 P 值
	高度 PID 参数值 I 值
	高度 PID 参数值 D 值

续表

地面站发送数据至飞行器	
最后 1 字节数据值	意　义
14	X 方向悬停 PID 参数值 P 值
	X 方向悬停 PID 参数值 I 值
	X 方向悬停 PID 参数值 D 值
	Y 方向悬停 PID 参数值 P 值
	Y 方向悬停 PID 参数值 I 值
	Y 方向悬停 PID 参数值 D 值
15	NRF 发送数据包

4.3.2　上位机软件设计

1. 软件功能

1）基本收发功能

打开上位机软件，可以看到如图 4.5 所示的界面。用 USB 连上地面站和计算机，在计算机的设备管理器的端口项中查看被分配到的串口号，在串口界面的下拉框中找到这个 COM 口，选中这个串口之后，单击"打开串口"按钮。这时如果正确打开，那么"打开串口"按钮的颜色会变成沉浸式的蓝色。如果失败，则会跳出提示框，提示选择正确的波特率和串口。

当正确打开串口之后，可以选择基本收发或数据帧收发两种模式。

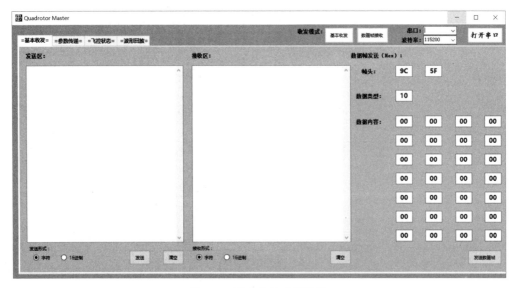

图 4.5　基本收发功能截图

2）飞行控制参数设置功能

如图 4.6 所示，在这里可以设置 7 个 PID 控制器的 P、I、D 参数，更改飞行目标高度，修改俯仰、横滚、偏航的附加偏置修正参数，以保证飞行器能垂直起飞。

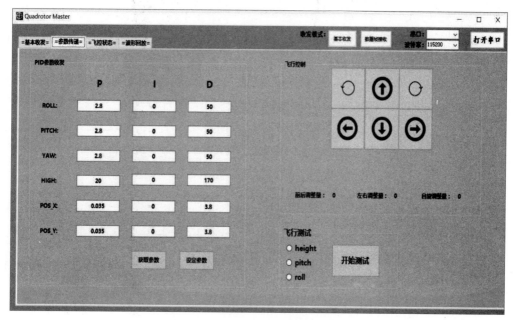

图 4.6　飞行控制参数设置功能截图

左边部分为 PID 参数收发窗,主要用于快速无线设置飞控的各种 PID 参数。这部分功能是将设置好的 PID 参数,通过串口发送给地面站,再由地面站无线发送给飞控板。PID 参数修改后,单击"设定参数"按钮,发送数据,地面站接收到数据后无线发送给飞控板,即完成在线修改 PID 参数,飞行器立即按新的参数控制飞行器,同时飞控程序将接收到的数据写入主控芯片的 EEPROM 中,当飞行器断电重启之后,也能获得新设定的参数。

右上部分为飞行控制部分,这部分是基于飞行器悬停位置的操作,具体作用是改变飞行器的悬停点,使飞行器往相关方向飞行。

右下部分为 PID 飞行测试模块,这部分是先选择将要测试的飞行动作,然后单击"开始测试"按钮,飞行器会自动按设定好的测试轨迹飞行,飞行 10s 之后,飞行器会飞回原来位置,此时会弹出对话框,提示飞行器的 PID 测试是否通过。如果不符合稳定收敛标准,则会给出建议的 PID 修改方案。

3）飞行控制状态显示功能

如图 4.7 所示,利用 OpenGL 开源图形库绘制的动态三维模型,可以形象地显示出飞行器的动态姿态以及码表指针显示的具体数据。动态模型的右边"飞行状态"组合框中显示飞行器的传感器数据及姿态数据;"遥控器"一栏显示当前遥控器的遥控值;左下方波形显示选择的姿态变化曲线,并可保存图形;组合框中还显示飞行器高度、光流位移信息、解锁状态以及飞行时间的统计。

当飞行器实时飞行时,左侧的飞行器模型和仪表盘以及高度进度条会实时地根据真实飞行器的参数变化而改变,仪表盘在左右两侧加上了红色区域,目的是提醒飞行器的危险状态。右下方的飞行器数据参数波形显示部分在飞行器起飞之后,数据就会依次以点连接的方式,在绿色的框图上形成波形,这时可以选择保存位置和采样间隔,然后单击"开始保存数据"按钮,那么数据就会实时保存在 Excel 表格中,以便以后回放波形。

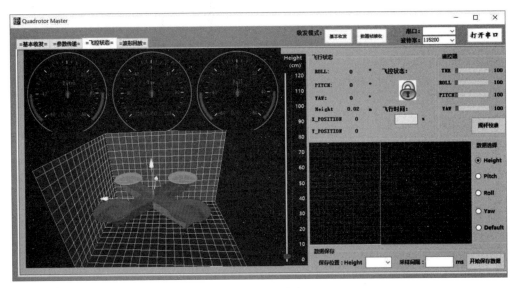

图 4.7 飞行控制状态显示

4）波形显示功能

如图 4.8 所示，该功能能够将飞行器的高度及姿态数据以波形的方式动态显示出来，以便观察高度变化的规律。

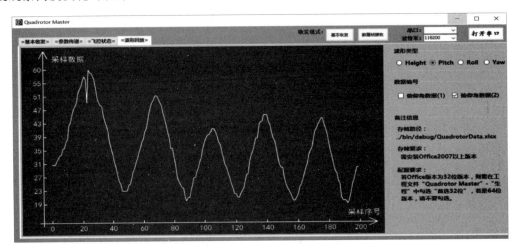

图 4.8 波形显示功能截图

2. 软件实现

上位机程序流程框图如图 4.9 所示。

1）通信模块

上位机软件由四部分组成，第一个模块为通信测试模块，主要用于串口通信测试，流程框图如图 4.10 所示。

通过下拉菜单设置串口端口号和波特率，串口在打开时，首先执行判断操作，如果串口或波特率没有设置，那么会出现错误提示框，提醒设置串口和波特率。在打开串口之后，可以选择数据收发模式。模式由枚举变量 Mode_Statue 设定：

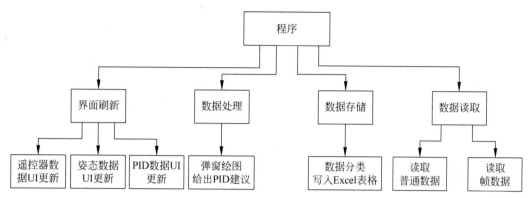

图 4.9　上位机程序流程框图

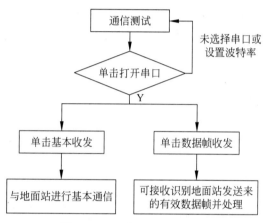

图 4.10　通信测试流程框图

```
enum Mode_Statue
    {
        None,
        Normal_Mode,
        Frame_Mode,
        Wave_Mode,
        Pic_Mode,
    }
```

如果选择基本收发模式,就可以使用此界面上的数据发送和清空按钮,通过串口发送数据给地面站,地面站收到后返回发送的数据这一过程来判断数据接收是否成功。

一般情况下,选择数据帧收发模式,然后进入参数传递流程,流程图如图 4.11 所示。

下面介绍参数传递模块中各个控件的作用。

(1) TextBox 控件: 显示此时的 PID 数据。

(2) Button 控件。

① 获取参数 Button。串口发命令给地面站,让地面站读取飞行器此时的 PID 数据并发回到上位机。

② 设定参数 Button。将所有设定好的 PID 参数发送到串口,地面站接收到命令和数据时,将 PID 数据发送给飞行器,更新 PID 数据并保存到 EEPROM 中。

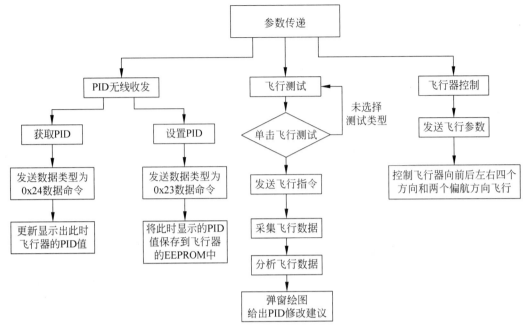

图 4.11　参数传递流程框图

③ 方向控制 Button。单击之后设定飞行器的定点位置，实现飞行器向定点位置的飞行。同时可以调节飞行器的偏航。

④ 开始测试 Button。单击之后识别 radio button 的 checked 值，从而进行飞行测试。

2）飞行测试模块

飞行测试模块的控制按钮有三个 radio button 按钮和一个测试按钮。当选择了要进行测试的模式后，单击测试按钮，会给飞行器发送一个测试飞行指令，飞行器会按照事先编好的飞行动作进行飞行。飞行器在进行这个动作飞行过程中，上位机实时地读取它的飞行参数值，并存储到 Excel 表中。

```
DataSet QuadrotorData = new DataSet();
QuadrotorData = LoadDataFromExcel("QuadrotorData.xlsx");
button18.Invoke(new EventHandler(delegate { button18.Text = "正在采集数据"; }));
for(int i = 0; i < 200; i++)
{
  switch(test_flag)
  {
case 1: b[i] = height += 1;   QuadrotorData.Tables["Sheet1"].Rows[i]["F" + (1)] = height;
break;
case 2: b[i] = x_pos;   QuadrotorData.Tables["Sheet1"].Rows[i]["F" + (1)] = x_pos; break;
case 3: b[i] = y_pos; QuadrotorData.Tables["Sheet1"].Rows[i]["F" + (1)] = y_pos; break;
  }
  Thread.Sleep(50);
}
```

按以上方式存储好之后，将存储在数组里的 200 个数据进行分析，首先取出最大值和最小值，相减计算出最大峰-峰值。然后将存储在数组 _max 和 _min 中的波形峰值比较判断，算出相邻波峰波谷之间的差值,判断差值走向,并且算出波形个数,最后建立如下 4 个模型。

（1）正常平稳飞行控制（见图 4.12）。若觉得平稳速度较慢,可以略微调大 D,但如果 D 超过一个临界值,则飞行器会出现剧烈抖动,需要再调节回来,最终找到一个最合适的 D。如果平稳速度较快,也可不用再调节 D。

（2）系统渐变到不稳定（见图 4.13）。说明 P 参数过大,将 P 调小至小幅振荡,再调节 D 参数,若出现系统稳定收敛性高于本次,则继续往同一方向调 D 参数,若无明显效果,则向反方向调节。

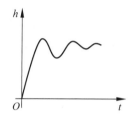

图 4.12　正常平稳飞行控制图

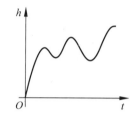

图 4.13　系统渐变到不稳定

（3）系统直接处于不稳定状态（见图 4.14）。说明 P 参数过大导致过调,现在应该减小 P 参数,再进行观察。

（4）系统开始高频率振荡（见图 4.15）。说明 D 参数过大,此时调小 D 再进行观察。

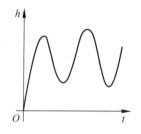

图 4.14　正常平稳飞行控制

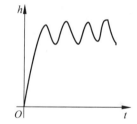

图 4.15　系统渐变到不稳定

建立 4 个模型之后,通过数据和波形的拟合,能够大体判断出 PID 参数调节的方向,给调试者一个提示。下面给出两幅实际采样图片,该图是 PID 参数调整较为成熟后的飞行器高度变化曲线,如图 4.16 所示。

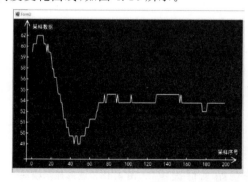
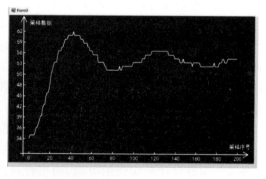

图 4.16　PID 参数修改前后的实际采样片

3）飞行控制状态模块

这个模块的作用主要是显示飞行器姿态数据、飞行状态、遥控器的数字等。程序流程框图如图 4.17 所示。下面先介绍控件。

（1）pictureBox 控件。用于绘制仪表盘,并根据数据实时刷新显示飞行器参数值,在指针下面显示对应值。

（2）OPENGL 控件。用于绘制飞行器模型和三维空间,实时描绘飞行器的姿态。

（3）progressBar 控件。使用进度条来显示遥控器的值,能够更加生动直观地反映出遥控器的控制量。

（4）statusChart 控件。通过选择右侧的 radio button 按钮来选择所要显示的波形数据,当数据开始变化时,控件会实时绘制出选择的数据类型波形,通过下拉框选择保存的位置和采样频率后,单击"保存"按钮,即可保存随后采样的 200 个数据点,用于之后的数据回放和处理分析。

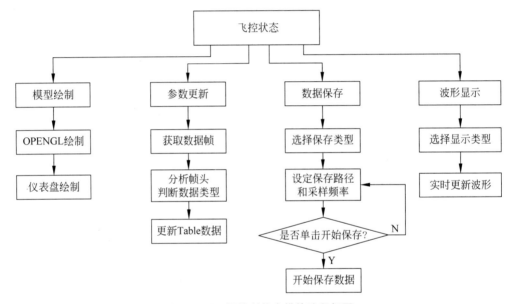

图 4.17 飞行控制状态模块流程框图

4）波形显示模块

波形显示模块流程框图如图 4.18 所示。

此模块的主体是 usercontrol 控件模块,是单独自定义的一个模块。该模块通过选择波形类型和数据编号,可以调用存储在 Excel 表的数据,绘制成波形,用来显示之前存储的数据,并绘画出最佳刻度值范围。如果勾选两种数据,则用不同颜色的线条绘出曲线,从而方便比较两次飞行的好坏程度。

本章主要探讨四旋翼飞行器在初次组装完成之后,在一套完整的调试环境下完成 PID 调节及飞行测试的过程,以及此套软件各部分功能设计和实现的方法,为飞行器的初始飞行提供一个完整的测试平台。

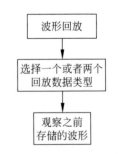

图 4.18 波形显示模块
流程框图

## 第5章

四旋翼飞行器的飞行控制

5.1 飞行控制板控制系统总体框架

本章的系统硬件主要由三部分构成：Android 手机客户端、WR703N 路由器的图像采集传输和飞行控制板及传感器，其总体构架如图 5.1 所示。

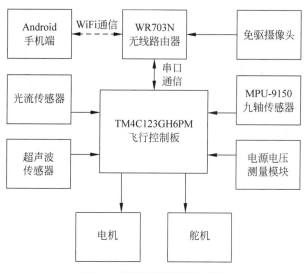

图 5.1 系统总体框架结构图

5.2 所用器件

飞行器的各种零部件及开发调试器件如图 5.2 所示。

电源选用 1200mA·h 锂电池为整个系统供电，惯性器件选用 MPU-6050，高度传感器选用 US-100 超声测距模块（自带温度传感器对测距结果进行校正，同时具有 GPIO、串口等多种通信方式，内带看门狗，工作稳定可靠，使用 GPIO 通信模式）。NRF 无线通信模块，电调,无刷电机(飞行器采用配套的无刷电机电子调速器驱动),螺旋桨选用 6045 桨,处理器选用 TI 公司的 TM4C123G,光流传感器 PX4Flow,9g 舵机,相影 HD720P 高清网络摄像头,WR703N 无线路由器。

图 5.2　飞行器零部件示意图

摄像头安装在舵机上,手机端发送指令,通过路由器接收控制舵机的运动,摄像头就可以从不同方向拍摄画面,拍摄到的图像由路由器发送到手机端。

摄像头和路由器的重量越小越好,所以选型上挑选重量较小的 HD720P 高清网络摄像头和 WR703N 无线路由器,分别如图 5.3 和图 5.4 所示。

图 5.3　相影 HD720P 高清网络摄像头

图 5.4　WR703N 无线路由器

图 5.5 和图 5.6 列出了摄像头和路由器的参数。

技术参数

即插即用免驱(UVC)	成像距离:30cm～∞
免驱(UVC)硬件动态像素:HD720(1280×720)	白平衡:自动
系统默认:640×480	曝光调节:自动
软件最大动态影像像素:1600×1200	光照要求:10Lux
软件最大照片影像像素:4000×3000	电压频率:50Hz/s
色彩压缩格式:YUY2(UVC默认),RGB24(Driver)	影像静态存储格式:BMP/JPEG
适应接口:USB2.0,USB1.1	影像动态存储格式:AVI
显示帧率:QVGA/JPEG下最快60帧/s	HD720P时整机最大功耗:≤120MA

图 5.5　相影 HD720P 高清网络摄像头的性能参数

主要参数			
产品类型	3G无线路由器	网络标准	无线标准：IEEE 802.11n、IEEE 802.11g、IEEE 802.11b，有线标准：IEEE 802.3、IEEE 802.3u
最大传输速率(Mbps)	150	WAN接口	1个10/100Mbps LAN/WAN复用接口

主要参数 ┃ 3G功能 ┃ VPN支持 ┃ WDS无线网桥 ┃

产品类型	3G无线路由器	网络标准	无线标准：IEEE 802.11n、IEEE 802.11g、IEEE 802.11b，有线标准：IEEE 802.3、IEEE 802.3u
最大传输速率(Mbps)	150	WAN接口	1个10/100Mbps LAN/WAN复用接口
天线类型	内置天线	安全系统	无线MAC地址过滤 无线安全功能开关 64/128/152位WEP加密 WPA-PSK/WPA2-PSK、WPA/WPA2安全机制
管理系统	远程Web管理，配置文件导入与导出，Web软件升级	其他性能	频段带宽可选：20MHz、40MHz，自动
信道数	1～13		

图 5.6　WR703N 无线路由器的主要参数

5.3　四旋翼飞行器的组装

5.3.1　飞行器的整体组成

飞行器有以下部件：上下两块碳纤维机架，4 个无刷电机，4 个电调，1 个超声波模块，1 个 PX4Flow 光流传感器，9g 舵机和相影 HD720P 高清网络摄像头，1 个路由器，1 对正桨，1 对反桨，1 块飞控板，1 块电池，1 条固定电池的魔术贴，连接机架之间的零件若干，固定机架的螺丝若干。

5.3.2　飞行器的组装步骤

（1）首先将 4 个无刷电机通过螺丝固定在底板的机架上。注意：必须是一条对角线装正丝，另一条对角线装反丝。

（2）在飞行器正方向的一边装两个相同且醒目颜色的桨，以此在操控飞行器时作为飞行器正方向的参照物。

（3）适当剪短无刷电机 3 根导线与配套电调的 3 根导线的长度，套上适当长度热缩管。

（4）将 3 对香蕉头分别与一对电机和电调对接的导线焊接。

（5）将热缩管套入无刷电机的导线内和电调的导线内，对齐后用热风机吹缩固定。

（6）按照同一步骤完成另外 3 个无刷电机与电调之间的连接。

（7）将 4 个电调连电池的正极导线选出，适当剥去外层胶皮后，一起套入较大热缩套内，然后与一根短粗导线焊接，焊锡完全包裹住导线后，移动热缩套至焊接处遮挡，用热风机吹缩后完成。

（8）对于 4 个电调的 4 根负极导线采取相同的方法连接电池的负极。

（9）将以上的电调总正负极线焊接到分压板的电池电压输出脚上，注意红色导线对应正极，黑色对应负极。

（10）将分压板上电池电压输入脚上焊接上 XT60 插座，将分压板安装于机架中心置于机架层中部。

（11）电池的正负极线焊接上 XT60 插头，同样注意正负极对应的颜色。

（12）将螺柱通过螺丝固定在机架上方，然后将另一块机架用螺丝盖在螺柱上固定。

（13）在上机架的中心通过 4 组短螺柱固定飞控板，此时注意飞控板的摆放的正方向。

（14）将 4 根电调上连接飞控板的双口导线按照顺序插在飞控板上。

（15）用尺子和划刀裁剪出 4 块大小合适并且相同的泡沫塑料，通过黑胶布固定在机架上，作为飞行器的起落架。

（16）装好飞行器之后，先对电机第一次运转进行初始化的过程。用事先编好的电调初始化程序下载入飞控板运行一次，设置 4 个电机最大最小转速。

（17）调整电机的旋转方向。电机对角的转向相同，相邻的转向相反，这样才能抵消飞行器的自旋。0 号电机和 2 号电机是顺时针方向，1 号电机和 3 号电机是逆时针方向。注意调整转向时，一定要拆下桨。把遥控油门开到最低，接通电源，遥控器解锁，电机以最低转速开始工作，观察其顺逆方向，从 0 号（正方向的左上位置）电机开始，关注一个标志点来判断方向，开关操作两至三次验证。若与预期方向相反，则把电机和电调对接的三个信号线中任意两根信号线交叉对接即可。

5.4　地面站

地面站的主要功能如下。

（1）实时采集遥控器数据，采集遥控器的 PPM 信号并解析成真正的遥控数据，实现遥控器对四旋翼飞行器的控制。

（2）实现飞控板之间的交互通信，包括传送遥控数据和控制命令数据，接收飞行器的状态数据，例如超声波传送的高度数据。

（3）在 LCD 屏幕上动态显示飞行器的飞行状态数据。地面站实物如图 5.7 所示。

图 5.7　地面站实物图

5.5　飞行控制板的功能

飞行控制板的主要功能如下。

（1）通过电机驱动程序控制飞控板输出四路 PWM 波，调节 4 个电机的转速来实现对四旋翼飞行器运动状态的控制。

（2）传感器数据的采集与处理。包括超声波模块的高度数据、光流传感器的位移数据等。

（3）与地面站的交互通信。接收地面站发送来的遥控数据以及其他控制命令，同时向地面站反馈自身各项状态数据。

飞行器正反面见图 5.8 和图 5.9。

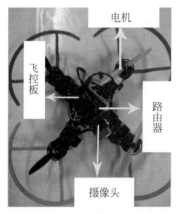

图 5.8　四旋翼飞行器的正面图

图 5.9　四旋翼飞行器的反面图

5.6　软件结构

5.6.1　飞行控制板软件结构

飞控板控制软件对于实时性的要求非常高，通常采用 C 语言进行系统软件的编程，在主程序中先执行各类硬件和软件的初始化函数，初始化完成后进入主循环。除了数据通信和超声波定高以外，其余飞控板所要执行的任务均在 400Hz 的定时中断中依次进行。数据通信模块利用端口触发接收中断处理，超声波模块则在循环数据采集到之后触发中断将数据存入变量。采用一个主定时中断，免去了对于中断优先级复杂的设置，重要的处理程序不会被其他中断所打断，易于确认每一次中断是否在下一次中断到来前执行完毕，方便了系统的设计，也确保了飞控系统的实时处理的稳定性。

5.6.2　通信数据帧格式

飞行器与地面站之间采用 NRF24L01 进行无线通信。在发送数据时，自动加上字头和 CRC 校验码。在接收数据时，又自动把字头和 CRC 校验码移去。NRF24L01 还有自动应答及自动重发机制,故大大提高了数据通信的可靠性。可简化自定义的通信协议,帧长度固定,数据以先入先出的方式读取,高字节在前,低字节在后,空数据以00H代替。通信协议见表5.1。

表 5.1 飞行器与地面站通信协议

飞行器与地面站双方通信数据包格式		
	字节数	数据内容
字头	1	01010101 和 10101010 交替发送
接收方地址	5	0x11,0x23,0x58,0x13,0x58
数据	32	
crc 校验	2	0xFFFF

飞行器发送地面站数据内容(飞行状态数据)				
int16[0]	int16[1]	int16[2]	int[3]	int[4]
Pitch	Roll	Yaw	高度(cm)	SumX(cm)
int[5]	int[6]	(地面站通过 16 来判断是否为飞行器端发送的数据,是则显示数据在 LED 上,否则不执行)		
SumY(cm)	16			

地面站发送飞行器数据内容(控制飞行器飞行数据)				
int16[0]	int16[1]	int16[2]	int16[3]	int16[4]
Pitch	Roll	Throttle	Yaw	Mod
int16[5]	(飞行器收到数据,判断是否为 13,是则执行飞行控制命令,Mod 为解锁闭锁指令)			
13				

上位机通过串口与地面站连接,再通过地面站发送指令给飞行器。上位机发送的数据低字节在前,高字节在后。上位机与地面站通信协议如表5.2所示。

表 5.2 上位机与地面站通信协议

	帧头	数据类型	数据内容	校验位	说明
	2 字节	1 字节	28 字节	1 字节	
数据长度	一帧数据总共 32 字节				
帧头	0x9c 0x5f				帧头
数据内型		0x23			让飞行器写入上位机发送的 PID1 值,roll/pitch/yaw
		0x24			让飞行器写入上位机发送的 PID2 值,high/POS X/POS Y
数据内容					未写入为 00H
校验位					第 0~30 位相加

地面站收到数据内型 0x23 时发送给飞行器数据					
int16	int16	int16	int16	int16	int16
Roll 方向平衡 PID 参数值 P 值	Roll 方向平衡 PID 参数值 I 值	Roll 方向平衡 PID 参数值 D 值	Pitch 方向平衡 PID 参数值 P 值	Pitch 方向平衡 PID 参数值 I 值	Pitch 方向平衡 PID 参数值 D 值
int16	int16	int16	int16		
Yaw 方向平衡 PID 参数值 P 值	Yaw 方向平衡 PID 参数值 I 值	Yaw 方向平衡 PID 参数值 D 值	12	飞行器判别 12 执行写入 PID1 数据	
地面站收到数据内型 0x24 时发送给飞行器数据					
int16	int16	int16	int16	int16	int16
高度平衡 PID 参数值 P 值	高度平衡 PID 参数值 I 值	高度平衡 PID 参数值 D 值	X 方向悬停 PID 参数 P 值	X 方向悬停 PID 参数 I 值	X 方向悬停 PID 参数 D 值
int16	int16	int16	int16		
Y 方向悬停 PID 参数 P 值	Y 方向悬停 PID 参数 I 值	Y 方向悬停 PID 参数 D 值	14	飞行器判别 14 执行写入 PID2 数据	

5.7 光流传感器

5.7.1 PX4Flow 光流传感器

PX4Flow 是一款智能光学流动传感器。传感器拥有原生 752×480 像素分辨率,计算光流的过程中采用了 4 倍分级和剪裁算法(4×4 分级图像算法),光流运算速度为 120Hz(室内)~250Hz(室外),高感光度,有 24×24 高像素。通过 UART 口与飞行控制板连接,通过 USB 口连接计算机调试。

PX4Flow 调试平台为 Qgroundcontrol,安装好驱动后便可以与计算机连接。Qgroundcontrol 是专门为 PX4Flow 设计的地面站软件,通过该软件可以直观地看到修改 PX4Flow 参数的效果。

PX4Flow 可调参数参见第 2 章。

PX4Flow 通过 USB 和串口输出 MAVLink 数据包。通过读取这个数据包,可以得到 x、y 相对位移数据,用来控制飞行器的飞行。其中 MAVLink 通信协议是一个为微型飞行器设计的信息编组库。它通过串口高效地封装 C 结构数据,并将数据包发送至地面站。

5.7.2 Qgroundcontrol 软件的使用

主要使用 Qgroundcontrol 软件的 Analyze 功能,对光流输出数据进行观察,把光流调节到最合适的工作状态,然后再安装到飞行器上使用。

通过 video downlink 功能,能接收到摄像头传输的实时图像。调试显示界面如图 5.10 所示,控制参数设置如图 5.11 所示,修改完参数后,通过 set 键使修改的参数作用在波形上。调试平台能观察许多参数的波形,如光流到地面的高度,x 与 y 方向的光流值,其中通过观察 integrated_x、integrated_y、integrated_xgyro 和 integrated_ygyro 来确认目前光流是否已经达到了可以正常使用的状态。integrated_x、integrated_y 分别表示 x 和 y 方向上的位移量,integrated_xgyro 和 integrated_ygyro 表示 x、y 在三轴陀螺仪补偿后的位移量。

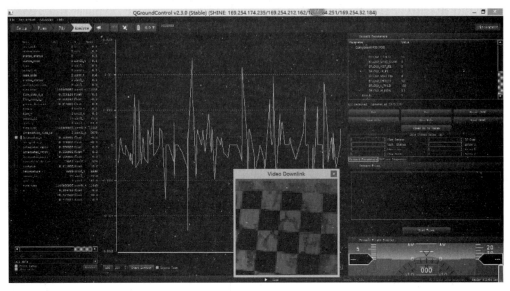

图 5.10　调试显示界面

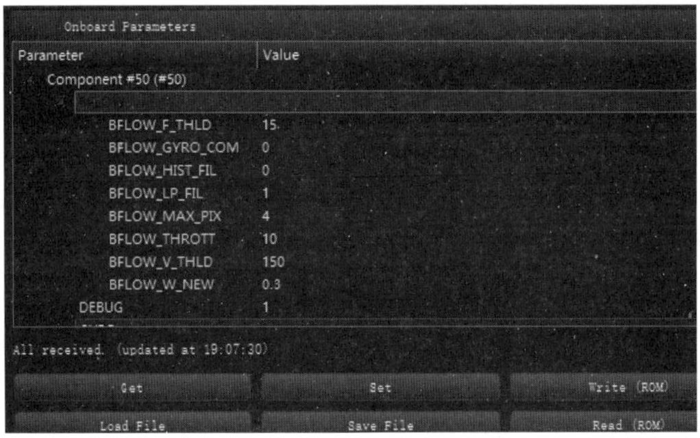

图 5.11　控制参数设置

5.7.3　PX4Flow 光流调试

调试 PX4Flow 主要通过修改参数完成,可修改参数已经在第 2 章列出,这里简述调试方法。

进入 Qgroundcontrol 软件,单击 Pixhawk on comX(根据实际串口选择)后,再单击 Connect 按钮,进入操作界面。

为了调试有好的效果,准备一张 60cm×60cm 大小的马赛克图案纸铺在地面。首先调整镜头焦距。单击 Video Downlink 按钮,可以显示出摄像头拍摄画面,画面清晰则说明焦距正确。摄像头得到的图像以及调试用的马赛克地面如图 5.12 所示。

图 5.12　清晰的图像及调试用的马赛克地面

在马赛克地面上能更加准确地看到光流波形的变化,更便于调试,在普通地面可能效果并不理想,这与地面的材质、花纹、反光程度都有关系。调节参数是希望在普通地面也能达到与马赛克地面一样的效果,两种地面的实测效果图见图 5.13 和图 5.14。图中是integrated_x(表示 x 方向上的位移量)在传感器上下移动时的波形。

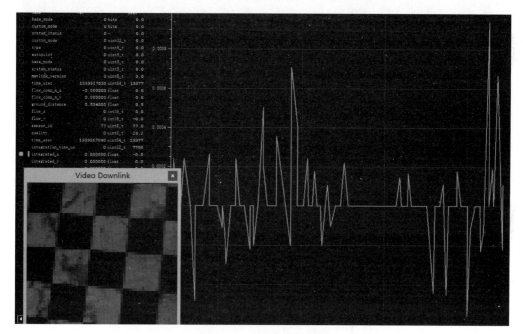

图 5.13　马赛克地面波形

在马赛克地面只有少量毛刺,普通地面抖动严重,并不理想。

经过测试发现,BFLOW_F_THLD、BFLOW_V_THLD 对波形影响较大,BFLOW_W_NEW 对波形影响较小,LENS_FOCAL_LEN 对陀螺仪输出波形有影响,其他参数对输出没有影响。

BFLOW_F_THLD 参数是一个特征阈值,定义了底层光流计算图形的质量。原值为30,测试发现,把值调小至 15 后波形更为敏感,微小的移动偏量也会被探测到。

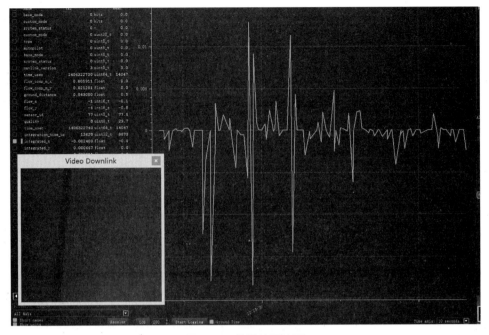

图 5.14　普通地面波形

BFLOW_V_THLD 参数是图形相关阈值，用来过滤较差的图形匹配。原值为 5000，基本所有图像都被用来计算，所以误差会很大，调低至 150，效果较为理想。

BFLOW_W_NEW 位光流低通滤波器增益，原值为 0.3，调至 0.1 有微小变化，基本影响不大。

LENS_FOCAL_LEN 为透镜焦距（mm），此数值要与所使用镜头相对应。焦距对应时则陀螺仪输出波形在偏移时与 x 拟合理想，如图 5.15 所示。图中是 integrated_x 与 integrated_xgyro（表示 x 在三轴陀螺仪补偿后的位移量），两条曲线的重合程度越好，表示光流参数越理想。

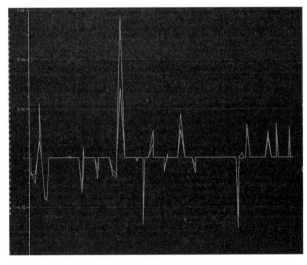

图 5.15　xgyro 与 x 波形对比

通过观察 x、y 的正负值关系,可以确定光流的 x 与 y 方向,见图 5.16。

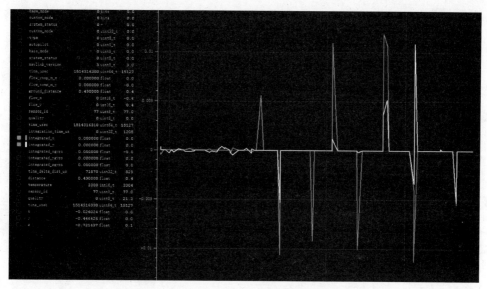

图 5.16 x 与 y 位移量波形图

值得注意的是,PX4Flow 对光照极为敏感。经测试发现,在夜晚、光照不好、日光灯照射下,光流工作状况并不理想,比较效果见图 5.17 和图 5.18。

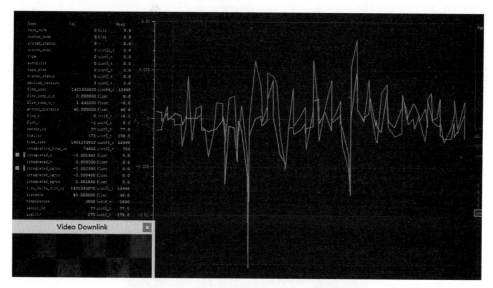

图 5.17 日光灯下光流波形有大量毛刺

光流在光照条件好的情况下,以 250Hz 速度处理图像,日光灯光照为 50Hz,对图像处理有极大干扰。所以光流应工作在明亮的室内环境,不可使用有频闪的日光灯。

试验表明,焦距相同镜头像素越高,x 与 y 的位移越精确,而不同焦距的镜头也对输出波形有影响。在不同高度,不同焦距的镜头在画面输出上也有很大的差别。通过观察输出波形,得到对应镜头焦距与高度的部分关系,如表 5.3 所示。

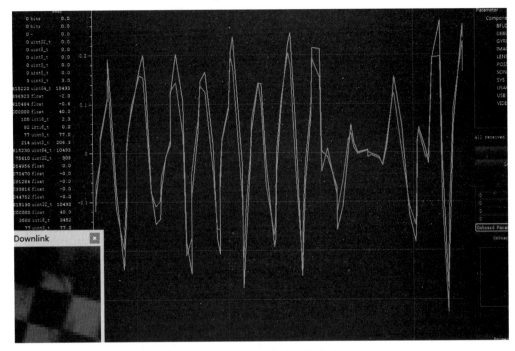

图 5.18　阳光下光流拟合波形

表 5.3　焦距与适用高度范围

焦　距	适用高度范围
3.6mm	50～60cm
4.2mm	80～90cm
6mm	100cm 以上

在调试完光流传感器后,就可以在地面站上读取光流数值来确认是否达到可以使用的程度。

在地面站上编写程序,通过串口可以读取到光流输出的数据包,然后将需要的数据显示到地面站的 LCD 屏上,地面站与光流连接示意图如图 5.19 所示。

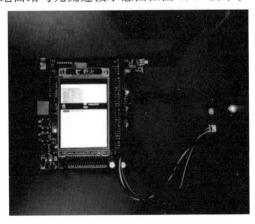

图 5.19　地面站与光流连接示意图

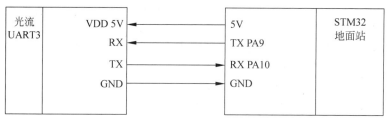

图 5.19　（续）

光流值显示数据值如图 5.20 所示。其中 YAW、height 对应光流的 x 位移量与 y 位移量，单位是像素。

图 5.20　光流显示数据值

通过定义一个 26 元素的数组 flow_buf 来存放从光流发送的数据，数据对应的数组如表 5.4 所示。

表 5.4　PX4 光流数据对应的数组

数组编号	内　　容	数组编号	内　　容
0～7	flow. time_sec	20、21	flow. flow_x. origin
8～11	flow. flow_comp_x. originf	22、23	flow. flow_y. origin
12～15	flow. flow_comp_y. originf	24	flow. id
16～19	flow. hight. originf	25	flow. quality

同理，定义 flow_buf_rad 数组来取得陀螺仪矫正数据，只需要用到 x 与 y 的矫正数据。flow_rad. integrated_x 和 flow_rad. integrated_y 指水平方向 x、y 位移的像素值，flow_rad. integrated_x 和 flow_rad. integrated_y 指陀螺仪偏转时 x、y 的位移像素值。在四旋翼飞行器悬停或位移时，输出 x、y 方向的位移值对飞行器进行修正。当四旋翼飞行器出现前倾、后仰等情况时，减去 flow_rad. integrated_x 和 flow_rad. integrated_y 可以使飞行器认为自己没有产生水平上的位移，以保证悬停的稳定。

通过地面站读取的数值是像素值，而不是实际的距离，所以还要对数据进行修正，使输出到地面站的值为实际移动距离,同时修正后的位移值再通过 x 和 y 方向 PID 的调节,以实现飞行器的悬停。

在不同高度移动 20cm 像素输出差值如表 5.5 所示。

表 5.5 不同高度移动 20cm 像素输出差值

高度 60cm	高度 80cm	高度 1m
280	200	156
275	200	152
278	226	150
260	225	170
290	210	170
270	220	151
270	200	190
取均值＝277	取均值＝208	取均值＝166

在不同高度移动 50cm 像素输出差值如表 5.6 所示。

表 5.6 不同高度移动 50cm 像素输出差值

高度 60cm	高度 90cm
703	463
704	460
710	455
670	460
700	463
710	461
690	464
取均值＝694	取均值＝462

由数据可知,高度越低,移动相同距离输出的值越大,这与实际情况相符合。

获得实验数据后,就可以开始进行高度与角度的修正了。

角度变化示意图见图 5.21,飞行器偏移会使其误认为自己产生了水平位移,需要矫正这一偏转误差。角度修正为:

```
x1 = flow_rad.integrated_x - flow_rad.integrated_xgyro;
y1 = flow_rad.integrated_y - flow_rad.integrated_ygyro;
```

陀螺仪输出值为偏转误差,只需要位移量减去这个值就可以使飞行器在原地偏转时输出的位移值不变。

不同高度移动相同距离示意图见图 5.22。飞行器越低,移动同一距离输出的值就会越大,称为高度误差。

高度修正程序如下:

```
x_mm = px4_sumy * High_Now * conv_factor;
    y_mm = px4_sumx * High_Now * conv_factor;
```

可知这是一个与高度相关的线性关系,只需要得到高度因数 conv_factor 即可,High_Now 是通过超声波数据得到的当前高度值。通过表 5.5 和表 5.6,运用 Excel 软件运算进行拟合,即可得到参数值 conv_factor ＝0.0012f,拟合公式见图 5.23。

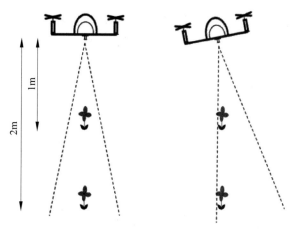

图 5.21 角度变化示意图

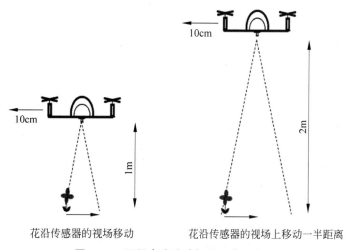

花沿传感器的视场移动   花沿传感器的视场上移动一半距离

图 5.22 不同高度移动相同距离示意图

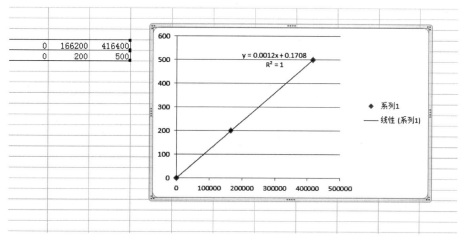

图 5.23 拟合公式

5.7.4   PX4Flow 光流与四旋翼飞行器的硬件连接

光流传感器有 4 个引脚需要连接到飞控板上,分别是 5V 电源输入、GND、TX、RX。光流 TX 与主控芯片 PD4(UART6-RX)相连,光流 RX 与主控芯片 PD5(UART6-TX)相连。

光流传感器与四旋翼飞行器安装方向示意图见图 5.24。通过地面站读取到的移动数值,可以确认飞行器向正方向飞行,光流输出值为负值,所以在进行飞行器悬停校正时,应该加上光流输出的位移量。光流传感器安装方向应与飞行器正方向平行,摄像头位置在飞行器尾部方向。

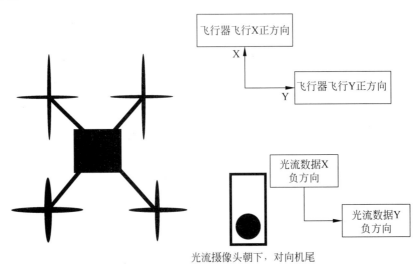

图 5.24   光流传感器与四旋翼飞行器安装方向示意图

5.7.5   PX4Flow 光流与四旋翼飞行器的软件连接

光流传感器能实现飞行器的定点悬停,软件流程图见图 5.25。光流传感器连接的是飞控板 UART6 串口,初始化时开启串口接收中断。

在地面站能够查看是否能正常接收到正确的光流数值,飞控程序根据姿态和高度将光流数值修正完毕得到实际的位移值后,通过 PID 调节就可以实现飞行器悬停。程序如下:

```
PID_POS_XOUT = (eeprom_readdate[3]/1000.0) * (tot_x_cm/10.0) +
(eeprom_readdate[5]/100.0) * (tot_x_cm - last_tot_x_cm)/10.0;
PID_POS_YOUT = (eeprom_readdate[6]/1000.0) * tot_y_cm/10.0 +
(eeprom_readdate[8]/100.0) * (tot_y_cm - last_tot_y_cm)/10.0;
```

将其转换为数学公式:

控制输出量＝P×当前方向偏移量＋D×(当前方向偏移量－上一次偏移量)

eeprom_readdate[3] 和 eeprom_readdate[6] 是 x 方向上的 P 值和 D 值,eeprom_readdate[5] 和 eeprom_readdate[8] 是 y 方向上的 P 值和 D 值。由于四旋翼飞行器的对称关系,x 与 y 方向的 P 值是相同的,P＝0.035,D 值也是相同的,D＝3.8。

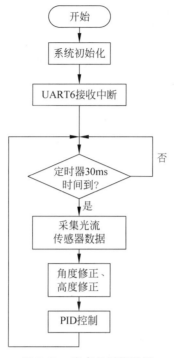

图 5.25　定点悬浮流程图

数值除以 1000、100 是因为上位机传输到飞控的 P、D 值是整形,这里要转换为小数。同样位移偏移量的单位也要转换。

定点悬停的输出量 PID_POS_X. OUT 和 PID_POS_Y. OUT 控制的是飞行器的 U2 (翻滚输入控制量)、U3(俯仰控制量),使光流输出的位移值趋于 0,则飞行器能够保持飞行在原点附近,实现定点悬停的功能。

最后输出给电机的控制值为 PID 调节后的六轴传感器姿态值、光流数据、高度数据以及遥控器输入值之和。姿态、高度和光流的 PID 调节参数如图 5.26 所示。

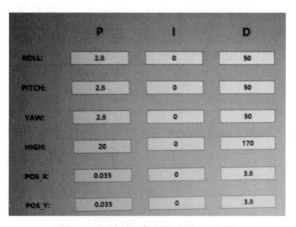

图 5.26　姿态、高度和光流 PID 值

5.8　飞行器及图像传感器调试

整个系统的调试需要软件部分与硬件部分联合进行调试。下面介绍几个在调试中主要出现的问题及对应的解决方法。

(1) 问题描述：在软件之前已调试成熟的情况下，新组装的四旋翼飞行器在下载了软件后进行试飞时产生自旋，或轻推微小油门飞行器会翻身，或偏航严重。

解决方案：

① 首先确定电机转向正确，螺旋桨安装正确。飞控板安装方向确定了飞行器的正方向。电机的编号 m1、m2、m3、m4 确定了其正反转方向。

② 飞控板拆卸后再次安装的位置是否对齐飞行器正方向。当改变飞控板安装方向时，就意味着对应的 m1、m2、m3、m4 电机改变位置，则其电机正反转就会发生错误。

③ 如果上电时电调持续鸣叫，证明电调损坏，需要更换。更换后需要重新进行初始化才能正常工作。

④ 电机无桨空转时声音异常，或手动旋转电机轴不灵活，则电机需要更换。

(2) 问题描述：飞行器在起飞时向左或者向右自旋一定角度。

解决方案：这可能是因为某些电机没有垂直安装或者电调没有初始化校准成功。

(3) 问题描述：飞行器起飞时总是朝着某一个方向偏移。

解决方案：如果只是起飞时歪，飞至空中后悬停能自动调整稳定，那应该是飞行器重心不对或起飞地面不平的原因。可通过电池的安装位置调整重心，还可以在飞控姿态程序中在倾斜方向上减去能使飞行器水平的偏移量。

5.8.1　图像传输

可以实现视频传输的方式很多，比如使用 ARM 板、DSP 平台进行编程，通过图传模块或 WiFi 模块来传输图像。考虑到要将航拍功能应用于载荷有限的四旋翼飞行器上，应选用体积较小的、空间利用率高的 WiFi 发射装置。

本方案采用 WR703N 无线路由器作为 WiFi 信号发射器。它不仅体积小，集成度高，利于安装固定，而且在软件部分采用了开源的 OpenWrt，程序编写灵活简单。实物图如图 5.27 所示。其 USB 接口连接摄像头，串口通信三根导线接头连接飞控板。

图 5.27　WR703N 路由器

5.8.2　OpenWrt 的使用

1．OpenWrt 固件刷写

刚买来的 WR703N 无线路由器并不能直接使用，要对其进行 OpenWrt 固件的刷写。

（1）WR703N 路由器连接计算机，在计算机上找到本地连接属性对话框，对"Internet 协议版本 4（TCP/IPv4）"进行正确的配置，如图 5.28 和图 5.29 所示。

 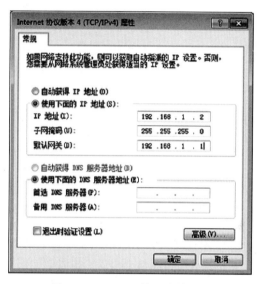

图 5.28　"本地连接 属性"界面　　　　图 5.29　Internet 协议属性界面

（2）将烧写的固件放入 tftp32 文件夹内，如图 5.30 所示。tftp32 相当于一个多功能的网络服务器包，主要用于不同服务器之间的资源传输。

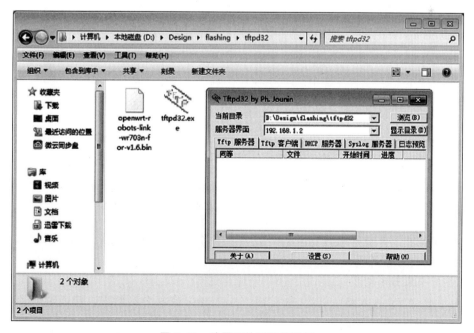

图 5.30　放置固件到目的路径

（3）在计算机与路由器之间用网线和 TTL 线连接，登录 PuTTY，如图 5.31 所示。PuTTY 是一款在 Windows 平台下访问 Linux 系统的软件。

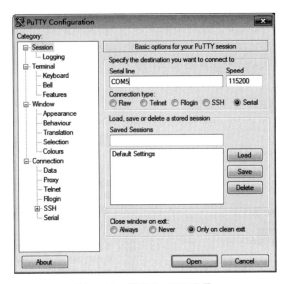

图 5.31　使用 PuTTY 登录

（4）对系统进行适当的配置即可完成固件刷写，路由器的启动页面如图 5.32 所示。软件 SecureCRT 功能与 PuTTY 相似。

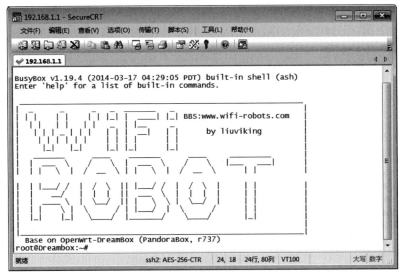

图 5.32　OpenWrt 启动画面

OpenWrt 是一个集成化的 Linux 系统，在功能上有很好的扩展性，可用于 U 盘、串口透传、智能家居、中继转发等。

2. 备份安装 bin 文件

（1）用 PuTTY 进入路由以后，输入 cat /proc/mtd 查看分区状况。里面说明了各个分区的内容，如图 5.33 所示。

```
root@Dreambox:~# cat /proc/mtd
dev:    size     erasesize  name
mtd0: 00020000 00010000 "u-boot"
mtd1: 000e1bd4 00010000 "kernel"
mtd2: 002ee42c 00010000 "rootfs"
mtd3: 000b0000 00010000 "rootfs_data"
mtd4: 00010000 00010000 "art"
mtd5: 003d0000 00010000 "firmware"
```

图 5.33　分区情况

firmware 分区包含了所有的 kernel、rootfs、rootfs_data 和 art,如表 5.7 所示。

表 5.7　分区情况说明

分区名称	描　述
u-boot	设备初始化程序＋引导程序代码本身
kernel	内核,顾名思义是一个系统的最核心部分,存放的都是对内核进行管理的核心信息,这些信息都是以二进制形式存放的
rootfs	完整的系统文件包含只读和可写
rootfs_data	在 rootfs 中的可写部分的位置,为配置文件所在区,rootfs_data 相当于/overlay
art	EEPROM 分区,在 Atheros 的方案中这个分区保存了无线的硬件参数
firmware	完整的固件位置包含了除 u-boot 和 art 之外全部的内容

（2）输入以下几行命令就可以备份整个.bin 格式的 back_firmware 文件了,如图 5.34 所示。

root@Dreambox:～♯ cd /tmp

root@Dreambox:/tmp♯ dd if = /dev/mtd5 of = /tmp/back_firmware.bin

7808＋0 records in

7808＋0 records out

```
root@Dreambox:/tmp# ls
TZ                hosts           resolv.conf          sysinfo
back_firmware.bin lock            resolv.conf.auto
dhcp.leases       log             run
etc               overlay         state
```

图 5.34　文件备份目录

（3）通过 WinSCP 传到 Windows 系统,如图 5.35 所示。WinSCP 是不同系统之间文件传输处理的工具。

| back_firmware.bin | 2014/3/17 星期... | BIN 文件 | 3,904 KB |

图 5.35　备份文件显示

3. 编译一个 Hello World 程序

（1）在 Ubuntu 下,新建名为 hello_world.c 文件,编写相应的程序。

vi hello_world.c

（2）输入以下内容:

♯ include＜ stdio. h＞

int main(char argc,char ＊ argv[ ])

{

```
int i = 1;
while(1){
                ...
        printf("Hello world!!! % d\n",i);
        if(i < 10)
                i++;
        else
                i = 1;
        sleep(1);
}
return 0;
}
```

（3）用 mips 指令编译"hello_world.c"文件，并生成"hello_world"可执行文件 mip-openwrt-linux-gcc hello_world.c-o hello_world。

（4）用 WinSCP 将文件传输到/tmp 目录下。

（5）在开发板的串口终端下执行 hello_world 文件。

```
/tmp/hello_world
```

4. 交叉编译并生成 IPK 文件

交叉编译通常用于两个有不同控制语言的平台之间，先在 A 机器上对程序进行编译，生成可执行文件，再将执行文件转移到 B 机器上来运行。起初要从官网上下载交叉编译工具链并进行安装，工具链通常包括编译器、连接器、解释器和调试器四部分。

（1）切换到 openwrt 根目录，执行下列命令。

```
cd ./package/utils        //进入 package/utils 目录
mkdir hello_world         //创建一个名为"hello_world"的文件夹,用于放置安装包源码
cd hello_world            //进入相应文件夹
mkdir src                 //新建一个名为"src"的文件夹
vi src/hello_world.c      //在 src 目录下新建一个名为 hello_world.c 文件
```

（2）在 src 目录下新建一个 Makefile，输入相应的内容。

```
vi src/Makefile
```

（3）在当前目录下新建一个 Makefile 文件并进行编写。

Makefile 如同脚本文件，其中定义编写了一系列系统需要执行的操作命令。

（4）返回至 openwrt 文件夹，执行命令：

```
make menuconfig
```

选择已经加进去的安装包：

```
utilities ---->
< M > hello_world...........Hello world – prints a hello world message
```

保存并退出。

（5）make V＝s。等待编译完成后，可以在 openwrt 目录下的 base 文件夹内找到生成的安装包/hello_world_1.0_ar71xx.ipk。

（6）将 ipk 包传输与安装到开发板上即可运行。更改权限 root@Dreambox:/＃ chmod u＋x /tmp/hello_world,运行结果如图 5.36 所示。

```
root@Dreambox:/#  /tmp/hello_world
Hello world!!!1
Hello world!!!2
Hello world!!!3
Hello world!!!4
Hello world!!!5
Hello world!!!6
```

图 5.36　Hello World 运行结果

5. OpenWrt 高级功能

除了基本的 Hello World 程序的运行外,OpenWrt 这个嵌入式 Linux 系统还有很多高级功能可以拓展,以下介绍了其中的 3 种模式。

（1）AP 模式。接入点模式,可以不用设置 SSID 和密码,关闭 DHCP Server,外设通过 WiFi 连接开发板。

（2）Router。路由器模式,输入 SSID 和密码才可以进入,开启 DHCP Server,外设通过 WiFi 连接开发板。

（3）二级无线路由器模式设置。开启 DHCP Server,连接开发板的设备和上级路由器处于不同网络,一般不能互通。

6. OpenWrt 挂载摄像头

（1）要实现视频传输必须安装相关功能的 IPK,如表 5.8 所示。

表 5.8　视频传输相关 IPK 介绍

IPK 名称	描　　述
kmod-video-core	摄像头内核模块,UVC 驱动依赖包
kmod-video-videobuf2	UVC 驱动依赖包
kmod-video-uvc	UVC 驱动
libpthread	mjpeg-streamer 依赖包
libjpeg	mjpeg-streamer 依赖包
mjpg-streamer	mjpeg-streamer 功能安装包

（2）插入摄像头。根据系统打印信息判断开发板是否支持该型号的摄像头,必须选择 UVC 摄像头。在安装完摄像头之后会出现/etc/config/mjpg-streamer 配置文件,如图 5.37 所示。

```
config mjpg-streamer core
    option enabled      "0"
    option device       "/dev/video0"
    option resolution   "640x480"
    option fps          "5"
    option www          "/www/webcam"
    option port         "8080"
```

图 5.37　mjpg-streamer 文件内容

文件中的内容分别配置了设备名称、摄像头的分辨率、帧率、访问目录与访问端口。

（3）在连接上路由器发射的 WiFi 信号之后,用浏览器打开网址 http://192.168.1.1:8080/? action＝stream 即可看到实时传输的视频,效果如图 5.38 所示。

图 5.38　视频传输效果

5.9　电源电压测量

由于锂电池连续使用或长期静置会产生电池过放的现象,这也就意味着电池报废,因而对电池电量的实时监控是十分有必要的。一般情况下,每节锂电池充满为 4.2V,而将其报警电压设置为 3.7V(即需要充电电压)。

如果采用带有报警功能的 1-8S 高精度电量显示器,飞行器飞行时插在电池上实时检测电池电量,其电压检测精度为±0.03V,电量显示于数码管上,需要几十毫安的驱动电流,低电量时会启动蜂鸣器进行报警,整个电量显示器的质量约为 9g。相比而言,采用飞控 AD 口设计的分压电路进行电池电压检测,锂电池的耗电量远小于电量显示器,质量小,而且电路简单,生产成本很低。

5.9.1　模数转换器概述

模数转换器的功能是将输入的连续模拟电压值转换成离散数字量。它的参考电平为 3.3V,也就是说当输入源输入电压为 3.3V 时,12 位模数采样值为 4095。另外,每一个 ADC 模块都包含了 4 个可以对输入源触发、捕获、中断等进行灵活配置编程的序列发生器。

对于 4 个采样序列发生器,第一个序列发生器能够捕获八路采样,第二、三个序列发生器能够进行四路采样,而第四个序列发生器则只能捕获一路采样。采样序列发生器还可以通过配置其相应的先后顺序来应对多个响应同时触发的情况,优先级最高的采样序列发生器首先被触发,优先级第二的采样序列发生器接着被触发,以此类推。

5.9.2　电源电压测量的实现

1. 电源分压电路的设计

由于 3S 锂电池充满时电压为 12.6V,而飞行控制板上 ADC 模块的参考电压为 3.3V,因此需要设计基本的分压电路进行电压转换。考虑到飞控板的安全问题与电路的耗电量问题,选用了 3.6kΩ、15kΩ 的电阻和正向管压降为 0.7V 的硅二极管各一个,如图 5.39 所示。

由图可得,电压输出值为

$$U_{out} = \frac{V_{CC} - U_{CE}}{R_1 + R_2} \times R_2 + U_{CE} \quad (5.1)$$

电路设计中,若 R_1、R_2 分压电阻的阻值过大,则会导致电路中的电流过小,虽然功耗大大减小了,但这样微小的电流却不足以驱动 ADC 模块正常工作;若阻值选择太小,则使得电路中电流过大,功耗过大。

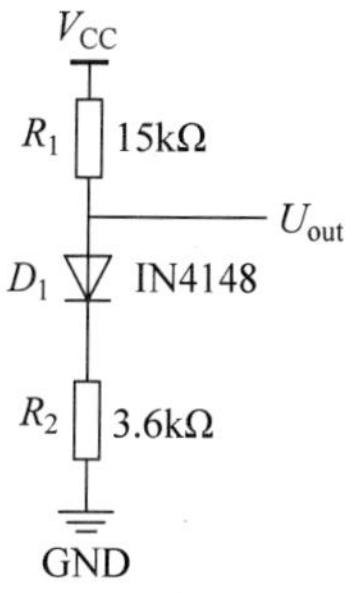

2. ADC 采样的软件实现

ADC 的 API 封装了一系列处理 ADC 功能的函数,主要包含了 3 类:用于处理采样序列发生器;用于处理触发器和处理器;用于处理中断。

在本电路中,采用了 PE0 作为 AD 的采样引脚,其基本配置参数如表 5.9 所示。

图 5.39 电源电压测量电路

表 5.9 PE0 引脚参数

引脚名称	引脚编号	引脚赋值	引脚类型	缓冲区类型	描　述
AIN3	9	PE0	I	模拟	模数转换器输入 3

根据 PE0 引脚的参数来进行相应的初始化,具体程序如下:

```
void battery_init()
{
    SysCtlPeripheralEnable(SYSCTL_PERIPH_ADC1);              //使能 ADC0
    SysCtlDelay(3);
    SysCtlPeripheralEnable(SYSCTL_PERIPH_GPIOE);            //使能 PE0
    CPIOPinTypeADC(GPIO_PORTE_BASE,CPIO_PIN_0);            //使能 PE0 为 ADC 功能
    ROM_ADCReferenceSet(ADC1_BASE, ADC_REF_INT);
    //配置 ADC1,采样序列 3,ADC 处理器触发,优先级为 0
    ROM_ADCSequenceConfigure(ADC1_BASE,3,ADC_TRIGGER_PROCESSOR,0);
    //配置采样序列步进,ADC 通道 3,中断使能,对列结束选择
    ROM_ADCSequenceStepConfigure(ADC1_BASE,3,0,ADC_CTL_CH3|ADC_CTL_IE|ADC_CTL_END);
    ADCSequenceEnable(ADC1_BASE,3);                        //使能 ADC 采样
    ADCIntClear(ADC1_BASE,3);                             //ADC1 中断清除
}
```

而对于读取数据,需要将 AD 数组中的值取出并赋给目标值,程序如下:

```
ADCIntClear(ADC1_BASE,3);                                //ADC 中断清除
ADCProcessorTrigger(ADC1_BASE,3);                        //中断发生器触发 ADC
while(!ADCIntStatus(ADC1_BASE,3,false));                  //等待数据采样完成
ADCSequenceDataGet(ADC1_BASE,3,pui32ADC0Value);          //采集第一个像素点
SysCtlDelay(10);
battery_temp = pui32ADC0Value[0];                        //将 AD 数组中的值取出,赋值
```

5.9.3　电源分压模块的测试

测试阶段,进入 Debug 模式,通过单步调试将读取的 AD 值转换成理论电压值,公式为

$$U_{测量} = \frac{3.3 \times (T_{emp} + 1)}{4096} \quad (5.2)$$

其中 T_{emp} 为单片机内读取的 12 位 AD 值,然后将其与实际值进行对比,结果如表 5.10 所示。

表 5.10 采样值与实际值对比

T_{emp}	$U_{测量}$	U_{out}
2705	2.17	2.2
2785	2.24	2.3
2890	2.32	2.4
3045	2.45	2.5
3165	2.55	2.6
3282	2.64	2.7
3435	2.76	2.8
3560	2.86	2.9
3700	2.98	3.0

最后,由式(5.1)反推即可得到锂电池的实际电压值。

5.10 舵机

舵机是一个微型伺服功能的控制系统,可在 $0°\sim180°$ 内转动,具有安装灵活、结构稳固、便于控制、稳定性好等优点,适用于需要保持或变化角度值的驱动场合中。随着飞行器的日益发展,带有航拍功能的飞行器越来越受欢迎,而云台是用于置放免驱摄像头的平台。对于航拍这项功能,一个摄像头的拍摄范围是有限的,但通过云台使得镜头可以自由转动,从而拍摄观测到各个角度方向的影像。

5.10.1 舵机云台的硬件搭建

按照舵机说明书的介绍分步组装舵机云台,安装完成的实物见图 5.40。其中红色线代表 V_{CC},咖啡色线代表 GND,橘色线代表信号输入端。

图 5.40 舵机云台实物图

5.10.2 舵机云台的软件编写

根据 9G 舵机的基本参数得知,要想实现单片机对舵机云台旋转位置的控制,首先需要产生周期为 20ms 的 PWM 信号;其次需要改变 PWM 信号的占空比,应使得脉冲宽度变化范围为 0.5～2.5ms,对应了云台转动位置的 0°～180°。由于飞行控制 TM4C123GH6PM 芯片自带 PWM 信号发生功能,因此只需对其进行基本配置即可。

在本方案中,采用了 PB6、PB7 作为上、下两个舵机的信号发生引脚,其基本配置参数如表 5.11 所示。

表 5.11 PB6、PB7 引脚参数

引脚名称	引脚编号	引脚赋值	引脚类型	缓冲区类型	描 述
MOPWM0	1	PB6	输出	TTL	运行控制模式 0,信号由 PWM 发生器 0 产生
MOPWM1	4	PB7	输出	TTL	运行控制模式 1,信号由 PWM 发生器 0 产生

根据 PB6、PB7 引脚的参数进行相应的初始化,具体程序如下:

```
void camera_init()
{
    SysCtlPeripheralEnable(SYSCTL_PERIPH_PWM0);           //使能 PWM0 模块
    SysCtlPeripheralEnable(SYSCTL_PERIPH_GPIOB);          //使能 PWM0 和 PWM1 输出所在 GPIO
    MAP_GPIOPinConfigure(GPIO_PB6_MOPWM0|GPIO_PB7_MOPWM1);
    MAP_GPIOPinTypePWM(GPIO_PORTB_BASE,GPIO_PIN_6|GPIO_PIN_7);
    MAP_GPIOPinTypePWM(GPIO_PORTB_BASE,);
    SysCtlPWMClockSet(SYSCTL_PWMDIV_32);                  //PWM 时钟配置: 32 分频
    //配置 PWM 发生器 0: 加减计数,不同步
    PWMGenConfigure(PWMO_BASE,PWM_GEN_0,PWM_GEN_MODE_UP_DOWN|PWM_GEN_MOOE_NO_SYNC);
    //设置 PWM 发生器 0 的频率,时钟频率/PWM 分频数/n,80M/32/50000 = 50Hz
    PWMGenPeriodSet(PWMO_BASE,PWM_GEN_0,50000);
    PWMPulseWidthSet(PWMO_BASE,PWM_OUT_0,step_top);
    PWMPulseWidthSet(PWMO_BASE,PWM_OUT_1,step_down);
    PWMOutputState(PWMO_BASE,(PWM_OUT_1_BIT|PWM_OUT_0_BIT),true);
    PWMGenEnable(PWMO_BASE,PWM_GEN_0);
}
```

由于系统的主频为 80MHz,因而经过 32 分频和 50000 次时钟计数后,PWM 方波的频率为 80MHz/32/50000 ＝50Hz,即 20ms。而变量 step_top 与 step_down 则用于控制 PWM 信号的脉冲宽度,取值为 1250～6250,对应 0.5～2.5ms。为了使云台在手机控制下有较明显的转动,将步进值取为 250,即每次正向或反向旋转 9°。

引脚输出波形如图 5.41 所示。

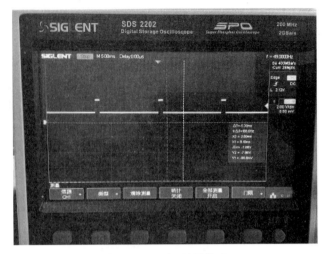

图 5.41   PWM 波形输出

5.11   四旋翼飞行器的遥控实现

5.11.1   手机终端控制需求分析

1. 系统功能需求

四旋翼飞行器的手机终端控制的目的就是用身边现有携带的智能设备与四旋翼飞行器建立稳定可靠的连接,控制飞行器的飞行并实现双向通信,所以功能需求包含以下内容。

(1) 控制四旋翼飞行器的飞行。

(2) 实时显示电压余量。

(3) 实时图像显示。

2. 系统性能需求

(1) 实时性。

(2) 可靠性。

(3) 准确性。

5.11.2   手机终端控制软件的设计方案

1. 设计原则

充分考虑到使用者的需求以及系统本身的特点,再结合软件的系统质量,该软件的设计应该遵循以下 5 个原则。

(1) 实用性。

(2) 容易使用。

(3) 界面的一致性。

(4) 可移植。

(5) 封装性。

手机 APP 软件编程环境采用 Eclipse,编程语言用 Java。开始编程前还需安装 JDK 以及配置环境变量。

2. 功能模块的设计

手机终端系统主要是利用飞行器上的 WiFi 路由设备对电池余量进行接收,操控飞行器平稳飞行,按照 Socket 通信将读取到的电压余量显示在界面上,并且当电量低于某一门限时进行报警。因此根据整个系统的需求分析,可以把系统分成 3 个功能模块,如图 5.42 所示。

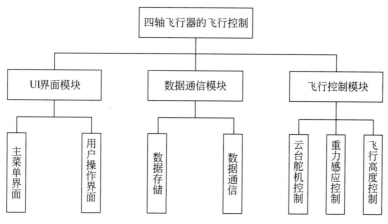

图 5.42　手机功能模块结构图

1) UI 界面模块

此模块是手机终端系统的人机接口界面,其中数据显示界面主要提供飞行高度、重力感应 3 轴数据以及云台拍摄的实时画面,用户操控界面主要有操控云台舵机上、下、左、右以及飞行高度控制。

2) 数据通信模块

此模块分为数据存储与数据通信两部分。数据存储就是将上下行的数据保存在数据库里面,并实时地显示在界面上,包括飞行的高度、电池余量等。

(1) 基于 TCP 协议的 Socket。

Socket 通信模型见图 5.43。

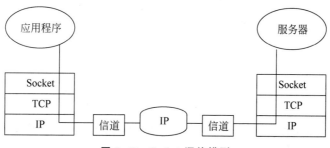

图 5.43　Socket 通信模型

(2) Socket 建立连接的过程。

Socket 又称套接字,在程序内部提供了与外界通信的端口,即端口通信。

Socket 建立连接主要分为以下 3 个步骤。

① 服务器(Server)监听。Server 创建 Socket,将它绑定到一个 IP 和 Port 上,并设置为

监听的模式,这时 Server 会实时地监控网络状态,等待 Client 的连接请求。TCP 协议通信见图 5.44。

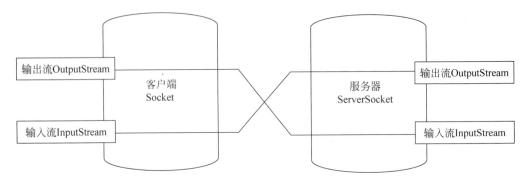

图 5.44　TCP 协议通信

②　客户端(Client)请求。Client 创建 Socket,并对 Server 发送连接请求,为了连接上 Server 端 Socket,Client 需要对连接的目标 Server 的 Socket 进行准确叙述,包括 Server 的 IP 和 Port,这是 Client 向 Server 发送请求的前提。

③　两者确认连接并通信。处于监听状态的 Server 的 Socket 监听到 Client 的连接请求时,会对其做出响应并返回一个新的 Socket 给 Client 表示已接收请求,随着 Client 对此确认,两者至此就建立起连接进行通信。另外,Server 的 Socket 仍然处于监听的状态来响应其他 Client 的请求。

在四旋翼飞行器的飞控中,涉及四旋翼飞行器的飞控板与手机客户端之间的通信。总体来说,采用了 WiFi 的通信方式,将一个 WiFi 路由器作为一个站点,一方面可以接收飞控板串口发送过来的数据,并转发给到该路由器的手机客户端。另一方面,路由器还可以接收手机发送过来的数据并发送给四旋翼飞行器的飞控板,于是四旋翼飞行器的飞控板和手机客户端便建立了一个全双工通信的网络。

通信数据的发送和接收采用 TCP/IP 面向连接的传输协议。通信具体内容相互传送采用 ASCII 编码。

四旋翼飞行器的飞控板传送数据给手机客户端时:首先向手机端发送一个字符,这个字符可以让手机端知道传送过来的数值表示电池余量检测的数值。比如发送"D",则表示发送的是电量的数值,最后需要发送一个换行符'\n'表示电压余量检测数值发送完毕。

四旋翼飞行器的飞控板收到手机端传送操控四旋翼飞行器摄像头的四种运动方向,数据传送协议为:当单片机串口接收到字符串'_CMDUa'时,表示云台向上;接收到'_CMDUb'时,表示云台向下;接收到'_CMDUc'时,表示云台向左;接收到'_CMDUd'时,表示云台向右。此外手机与网络摄像头之间的数据(视频)传输,采用的是 HTTP 协议。

(3)HTTP 视频传输协议。

采用 HTTP 协议作为视频传输的协议栈,主要分成网络层、传输层和应用层,如图 5.45 所示。

应用层是面向对象的协议,主要特点如下。

①　支持 Client/Service 模式。

②　通信的速度十分迅速。

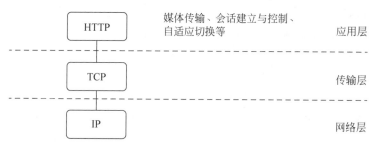

图 5.45 HTTP 作为视频传输的协议栈

③ HTTP 能够传输任意类型的数据对象,因此十分灵活。

④ 无须连接:HTTP 限制每一次的连接都只处理一个请求,利用这种方式可以节省传输时间。

3) 飞行控制模块

利用手机终端向四旋翼飞行器发送云台的控制指令以及调整飞行高度等参数,及时调整四旋翼飞行器的飞行状态。另外,使用 Android 移动终端重力加速度进行重力感应遥控。

(1) Android 开发相关技术。

Android 是 Google 公司开发的基于 Linux 平台的开源手机操作系统,其包括操作系统、User 界面和 Applications,具有手机工作需要的全部功能。

Android 的系统架构与其操作系统一样,采用了分层的架构。Android 分成 4 层:应用程序层、应用程序框架层、系统运行库层和 Linux 核心层,如图 5.46 所示。

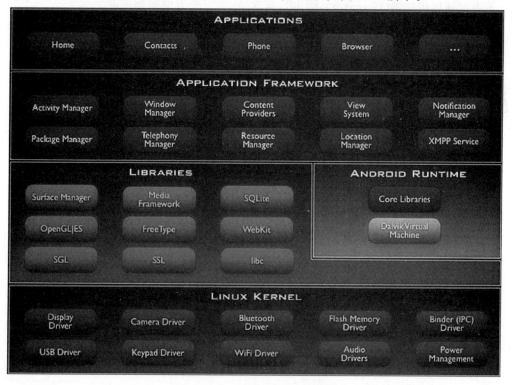

图 5.46 Android 系统分层架构

（2）Android 的四大组件。

Android 的四大组件分别为 Activity、Service、Content Provider、Broadcast Receiver。

① Activity。

- 一个 Activity 就是一个独立的界面。
- Activity 与 Activity 之间是利用 Internet 来实现通信的。
- 每一个 Activity 都要在 AndroidManifest.xml 中声明。

② Service。

- Service 用于在后台完成用户指定的操作。
- Service 需要在应用程序配置文件中进行声明。
- Service 组件没有图形 UI 界面。

③ Content Provider。

- 当需要在多个 Application 程序间进行数据共享时才需要 Content Provider。
- Content Provider 实现数据共享。

④ Broadcast Receiver。

- Broadcast Receiver 没有 User 界面,但可以通过开启一个 Activity 来响应收到的数据信息。
- Broadcast Receiver 的注册有两种方法:程序的动态注册和 AndroidManifest 文件中进行静态注册。

（3）Android 重力感应的开发。

重力加速度传感器(G-sensor),能够返回 X、Y、Z 三个方向的加速度。

该数值包含地心引力的影响,单位是 m/s^2。

将手机平放,X 轴为 0,Y 轴为 0,Z 轴为 9.81。

将手机朝下放在桌面上,Z 轴为 -9.81。

将手机向左倾斜,X 轴为正值。

将手机向右倾斜,X 轴为负值。

将手机向上倾斜,Y 轴为负值。

将手机向下倾斜,Y 轴为正值。

5.11.3　软件工作的整个流程设计

设置手机终端的工作流程如下。

（1）登录 iDrone,初始化系统参数。

（2）检查 WiFi-OpenWrt 是否连接。

（3）进入 App 操作界面,单击 Connect 按钮,再单击"一键起飞"按钮,利用重力感应进行飞行遥控。

（4）微调飞行高度,调整云台舵机方向,观察周围环境,实时获取电压余量,若低于 11V 门限,则进行报警功能。

（5）单击"一键降落"按钮,断开手机与四旋翼飞行器的连接,退出 App。

手机 App 工作流程如图 5.47 所示。

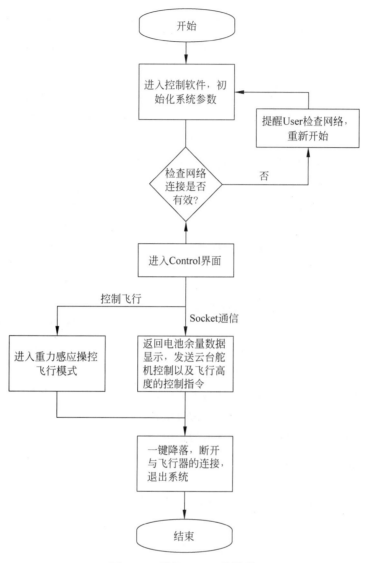

图 5.47　手机 App 工作流程

5.11.4　Android 传感器的种类

对于四旋翼飞行器的飞行控制,主要是利用手机终端的重力感应来实现的。Android 手持终端作为四旋翼飞行器的遥控系统的优势之一就是它含有多种传感器,如表 5.12 所示。

表 5.12　Android 常用传感器种类

传感器	说　　明	测量单位	常用场景	类　　型
重力加速度	测量应用于设备 X/Y/Z 三轴的加速度,包括重力	m/s^2	运动检测(振动、倾斜等)	硬件
陀螺仪	测量设备围绕设备 X/Y/Z 三轴的旋转率	m/s^2	运动检测(旋转、翻转等)	硬件

续表

传感器	说　明	测量单位	常用场景	类　型
线性加速度	测量应用于设备 X/Y/Z 三轴的加速度,重力除外	m/s^2	检测一个单独的物理周的加速度	软件或硬件
旋转矢量	通过提供设备旋转矢量的三个要素测量设备的方向	无	运动检测和旋转检测	软件或硬件

　　四旋翼飞行器中选用重力加速度传感器来进行重力感应的遥控任务,利用加速度传感器能够十分灵敏地检测手机上下左右,能够通过倾斜手机来实现对飞行器的飞行控制,这种交互设计能够更直接轻松地对飞行器进行遥控。

　　重力加速度传感器(G-sensor)主要用于获取 values[0]、values[1]、values[2] 3 个参数。如图 5.48 所示,将手机平放,X 轴为 0,Y 轴为 0,Z 轴为 9.81。

　　如将手机旋转 90° 放置,视频画面占满整个屏幕时,可以得到以下结论。

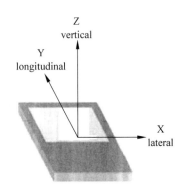

图 5.48　重力加速度传感器图

　　(1) 把手机的正面朝下平放,Z 轴显示为 −9.81;
　　(2) 把手机的正面向上倾斜,X 轴显示为正值;
　　(3) 把手机的正面向下倾斜,X 轴显示为负值;
　　(4) 将手机的正面朝左倾斜,Y 轴显示为负值;
　　(5) 将手机的正面朝右倾斜,Y 轴显示为正值。

5.11.5　重力感应的遥控方式

　　通过控制界面,进入重力感应遥控模式,接着就可以直接通过手机上下左右操控四旋翼飞行器的稳定飞行,具体使用方法如图 5.49 所示。

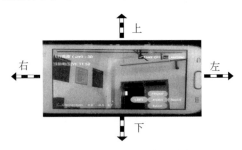

图 5.49　重力感应控制方式

5.11.6　重力感应遥控的实现

　　重力感应遥控的实现主要是通过 Android 感应检测管理——SensorManager。

1. 取得 SensorManager

使用感应检测 Sensor 首先要获取感应设备的检测信号,可以调用 Context.

getSysteService(SENSER_SERVICE)方法来取得感应检测的服务。

2. 实现取得感应检测 Sensor 状态的监听功能

通过以下两个 SensorEventListener 方法来监听，并取得感应检测 Sensor 状态：

public void onAccuracyChanged(Senso sensor, int accuracy);　　//在感应检测到 Sensor 的精密度有
　　　　　　　　　　　　　　　　　　　　　　　　　　　　　　//变化时被调用到

public void onSensorChanged(SensorEvent event);　　　　　　　//在感应检测到 Sensor 的值有变化
　　　　　　　　　　　　　　　　　　　　　　　　　　　　　　//时会被调用到

3. 取得感应检测 Sensor 目标各类的值

通过下列 getSensorList()方法来取得感应检测 Sensor 的值：

List < Sensor > sensors = sm.getSensorList(Sensor.
TYPE_TEMPERATURE);

4. 注册 SensorListener

sm.regesterListener(SensorEventListener listener,
Sensor sensor, int rate);

第一个参数是监听 Sensor 事件；第二个参数是 Sensor 目标种类的值；第三个参数是延迟时间的精度密度。

5. 取消注册 SensorListener

sm.unregisterListener(SensorEventListener
listener)

6. 加速度感应检测——Accelerometer

Accelerometer Sensor 测量所有施加在设备上的力所产生的加速度的负值（包括重力加速度）。加速度所使用的单位是 m/s^2，数值是加速度的负值。

（1）SensorEvent.values[0]：加速度在 X 轴的负值。

（2）SensorEvent.values[1]：加速度在 Y 轴的负值。

（3）SensorEvent.values[2]：加速度在 Z 轴的负值。

重力感应的实现程序框图如图 5.50 所示。

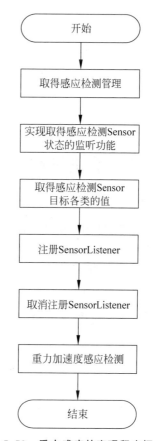

图 5.50　重力感应的实现程序框图

5.11.7　飞行控制高度的实现

SeekBar 可以用来当 Media 的进度指示和调整工具等，SeekBar 是 ProgressBar 的一个子类，飞行高度控制的实现框图如图 5.51 所示。

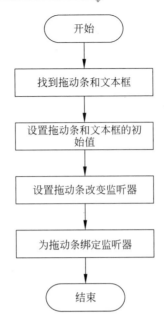

图 5.51 飞行高度控制的实现框图

5.12 手机终端与飞行控制板的通信

5.12.1 概述

在一般的设计中,人们用遥控器给飞行器发送指令,通常需要搭建一个地面站,由 NRF 进行无线传输,并且还需要对地面站的收发数据与液晶屏的显示进行程序上的编写,比较烦琐。若手机能够连接到路由器发射的 WiFi,那么就可以向飞行器发送控制命令。相比较而言,这种方法不需要遥控器、地面站、天线等大件实验器材的参与,实现起来简单方便,可扩展空间大。

5.12.2 数据通信模块

数据通信模块需要处理的数据,包含手机终端上传到四旋翼飞行器的飞行控制命令和四旋翼飞行器下载到手机终端的数据。

1. 上下行数据的传输

上下行数据的传输如表 5.13 和表 5.14 所示。

表 5.13 上行数据的传输

	上行传输数据	数据类型	数据值格式
1	一键起飞	Int	_CMDUe $
2	一键降落	Int	_CMDUf $
3	云台向上	Int	_CMDUa $
4	云台向下	Int	_CMDUb $
5	云台向左	Int	_CMDUc $
6	云台向右	Int	_CMDUd $
7	重力感应 X/Y/Z	Float	_CMDXx. x Yx. x Zx. x $
8	飞行高度 H	Int	_CMDHh $

注: _CMDXx. x Yx. x Zx. x $:当 X 轴或 Y 轴或 Z 轴在负轴方向时,x. x 表现为-x. x。

表 5.14 下行数据的传输

下行传输数据		数据类型	数据值格式
9	电压余量	Float	DYxx. x

注：当 xx. x 小于等于 10.6V 时，产生警报。

2. **数据通信**

四旋翼飞行器与手机终端系统通过基于 TCP/IP 的 Socket 实现连接，四旋翼飞行器是 Server，手机终端为 Client，Client 根据 Server 指定的 IP 和 Port 建立起 Socket 连接，然后从 Server 获取到输入流来读取并处理数据，最后把电压余量检测数值显示在 Control 界面。

Client 利用 Socket 连接到 Server，当 Client 和 Server 建立了 Socket 以后，程序就不会对 Server 和 Client 进行区分，而是直接通过两者的 Socket 进行通信。其中包括从 Socket 获取的输入流和输出流进行双向通信。

（1）实现四旋翼飞行器电压余量检测并报警的程序框图如图 5.52 所示。

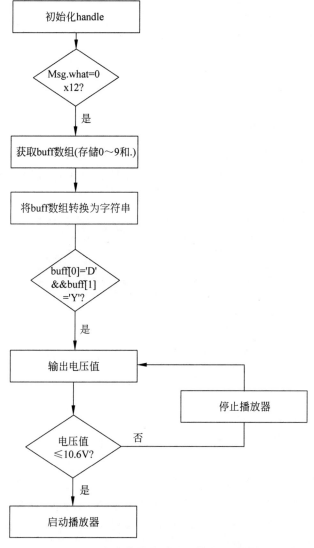

图 5.52 电压余量检测并报警的程序框图

（2）控制云台方向以及一键起飞和降落的程序框图如图 5.53 所示。

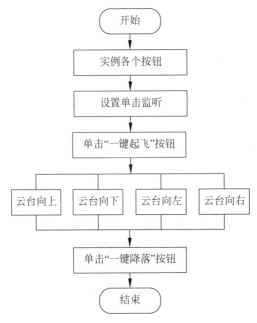

图 5.53 实现云台方向控制以及一键起飞和降落程序框图

5.12.3 手机终端界面设计

在 Windows 下搭建 Android 开发环境，利用 Eclipse 集成开发环境下设计 UI 界面模块。最关键的是控制界面的设计，这一界面用来显示四旋翼飞行器的飞行状态和四旋翼飞行器的状态信息，如图 5.54 所示。

图 5.54 控制界面

控制界面主要包括以下 6 部分。

（1）重力感应数值。位于界面的左下方，可以通过重力感应控制飞行判断当前 X、Y、Z 的状态值。

（2）云台舵机图像。整个界面的背景就是四旋翼飞行器上云台拍摄的实时视频。

（3）云台舵机控制。位于界面的右下方，包括 FRONT、LEFT、BACK、RIGHT。

（4）电压余量检测。位于界面的左上方，用于实时显示四旋翼飞行器的供电电压，若电压低于 11V 会启动自动报警功能。

（5）飞行高度控制。位于界面的最上方，用来拉动 Progress 亮标控制四旋翼飞行器的当前高度。

（6）一键起飞和降落。位于界面的右上方，单击按钮可以控制飞行器的一键起飞和一键降落。

5.12.4　WiFi 实时视频模块

WiFi 视频实时传输模块的实现就是将云台舵机传过来的数据进行解析，然后把每一帧的图片不断地绘图到手机屏幕上。WiFi 视频拍摄模块如图 5.55 所示。

图 5.55　WiFi 视频拍摄模块

利用 IP WiFi 云台，连接对应的 IP 和 Port，这里是 192.168.1.1:8080，就会在手机屏幕上获取到实时拍摄的画面，具体实现的程序框图如图 5.56 所示。

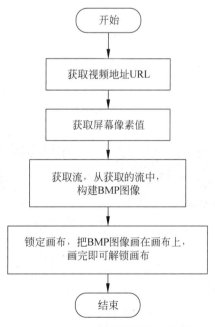

图 5.56　WiFi 视频传输程序框图

## 第6章

基于Kinect的四旋翼飞行器

本章设计的四旋翼飞行器使用 TI 公司的 TM4C123GH6PMI 单片机作为主控芯片,利用 MPU-9150 传感器感知飞行器的飞行姿态,控制飞行器的姿态稳定,使用深度摄像头通过 PCL 点云数据对飞行器进行外部定位。在此基础上利用 ROS(机器人操作系统)的分布式计算系统的框架进行数据融合、PID 闭环控制以及模型预测等控制算法,实现飞行器的定点悬停和手势控制,从而实现对四旋翼飞行器的实时跟踪以及定位,控制飞行器的飞行以及完成寻窗、钻窗等表演动作。

6.1 深度摄像头 Kinect 介绍

6.1.1 概述

Kinect 是一种三维体感摄像机(如图 6.1 所示),它导入了即时动态捕捉、影像辨识、麦克风输入、语音辨识、社群互动等功能。

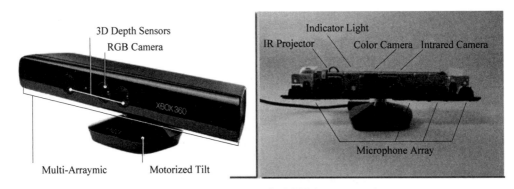

图 6.1 Kinect 体感摄像机

Kinect for Windows SDK 主要针对 Windows 7 设计,内含驱动程序、丰富的原始感测数据流程式开发接口(RawSensorStreamsAPI)、自然用户接口、安装文件以及参考数据。Kinect for Windows SDK 可让使用 C++、C♯ 或 Visual Basic 语言搭配 Microsoft Visual

Studio 2010 工具的程序设计师轻易开发使用。

6.1.2　Kinect 数据形式

1. 深度图像数据

深度数据流所提供的图像帧中,每一点像素代表的就是深度感应器所看到的特定坐标物体平面离摄像头最近平面的距离(单位是 mm)。Kinect 所能获取到的深度数据的最大值是 4096mm,如获取到 0 值则表示该点位置不确定,微软官方建议在开发中使用 1220~3810 的值,Kinect Sensor 的感知范围如图 6.2 所示。

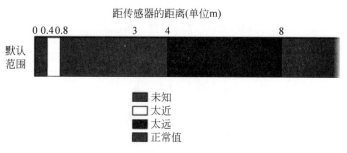

图 6.2　Kinect Sensor 的感知范围

深度数据是 Kinect 的精髓,Kinect 有发射、捕捉、计算视觉重现的类似过程。Kinect 通过发射近红外线光源来获得深度图,只要有大字形的物体,Kinect 都会去追踪。

Kinect 数据的每一个像素点由 16 位组成,既包含了深度值又包含了用户编号,像素值数据的高 13 位存放的是深度值,低 3 位存放的是用户编号。由于所需要的数据被储存在高 13 位的像素值中,所以要得到完整的深度数据需要对其做移位处理,即向右移 3 位以取到所需要的有用数据。

2. 彩色图像数据

Kinect 所获取到的彩色图像数据就是 Kinect 上的彩色摄像头所获取到的数据,虽然彩色摄像头本身支持 1280×960 像素的分辨率,但是由于 USB 2.0 以及 30Hz 的限制,图像会被压缩转换成 RGB 格式,会造成图像的部分失真,但是这并不影响程序的正常使用。

3. 骨骼识别数据

Kinect 是通过 20 个关节点来表示一个骨架的,如图 6.3 所示。当走进 Kinect 的视野范围的时候,Kinect 就可以找到 20 个关节点的位置,位置通过 (x,y,z) 坐标来表示。

玩家的各关节点位置用 (x,y,z) 坐标表示。与深度图像空间坐标不同的是,这些坐标的单位是 m。坐标轴 x、y、z 是深度感应器实体的空间 x、y、z 坐标轴,为右手螺旋,Kinect 感应器处于原点上,z 坐标轴则与 Kinect 感应的朝向一致。y 轴正半轴向上延伸,x 轴正半轴(从 Kinect 感应器的视角来看)向左延伸,如图 6.4 所示。

4. 深度图像、彩色图像和骨骼识别数据的获取

对于彩色和深度图像数据,SDK 是以数据流的方式来组织的,图像数据按顺序一帧一帧地传输,读取的速度比摄像头提供图像的速度要快,需要等待摄像头产生新的数据。这种等待有两种方式实现。

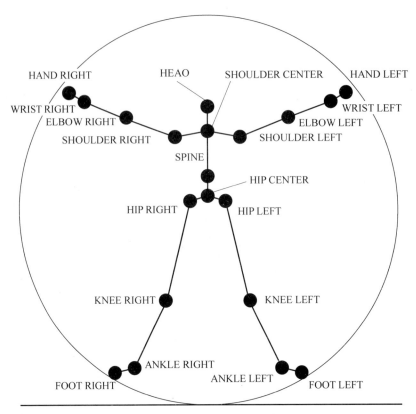

图 6.3　Kinect 视野中的骨骼图

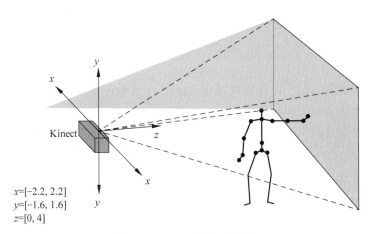

$x=[-2.2, 2.2]$
$y=[-1.6, 1.6]$
$z=[0, 4]$

图 6.4　Kinect 骨骼坐标系

（1）查询方式。不停从摄像头读数据，通过一个 while 循环不断查询，一旦有新的图像数据就进行处理。

（2）事件方式。没有数据时，不占用 CPU 资源，等有新的数据后，再使用这些数据进行处理。这个等新数据的过程就称为一个事件，系统通过一个事件的句柄来标识。

本书使用的是事件方式。软件实现语句如下：

```
_ kinect. ColorFrameReady + = new EventHandler < ColorImageFrameReadyEventArgs > ( _ kinect _
ColorFrameReady);
_ kinect. DepthFrameReady + = new EventHandler < DepthImageFrameReadyEventArgs > ( _ kinect _
DepthFrameReady);
```

事件触发条件是当 Kinect 摄像头收到新的图像帧,并有新的数据时,就对新数据进行处理。

6.2　四旋翼飞行器控制系统

6.2.1　控制系统总体设计

整个系统由四旋翼飞行器、地面站、遥控器、Kinect 和 PC 组成,其中四旋翼飞行器由飞控板、光流传感器、激光定高、标配机架组成。系统流程图如图 6.5 所示。

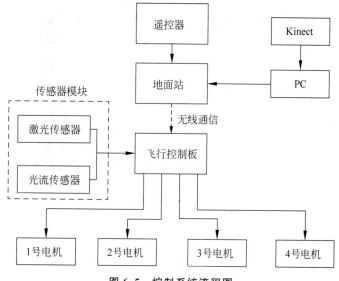

图 6.5　控制系统流程图

飞控板程序主要完成姿态解算、四元素算法融合、PID 控制(自稳、定高、定位、移动)、数据传输和电量检测。

地面站完成数据发送、遥控器信号捕获、与 PC 串口通信、数据接收、PID 参数设定、加速度计和陀螺仪偏置设定、显示光流传感器及高度数据以及遥控器校正。

PC 完成 Kinect 图像处理、路径计算、命令发送等。

四旋翼飞行器是一个具有 6 个自由度和 4 个输入的欠驱动系统,具有不稳定和强耦合等特点,除了受自身机械结构和旋翼空气动力学影响外,也很容易受到外界的干扰。U_1、U_2、U_3、U_4 即对应四旋翼飞行器的 4 个输入量(升降、滚转、俯仰、偏航),通过这 4 个输入量控制飞行器的 6 个自由度输出,实现平稳飞行、高度保持、定点悬浮、位移控制等功能,控制系统总框图如图 6.6 所示。

图中,φ_d、θ_d 和 ψ_d 分别为期望的滚转角、俯仰角和偏航角;H_d、P_x 和 P_y 分别为期望的高度、X 轴位置和 Y 轴位置;U_1 为垂直速度控制量,U_2 为翻滚输入控制量,U_3 为俯仰控制量,U_4 为偏航控制量;K_1、K_2、K_3 和 K_4 则对应控制 4 个电机实际的转速;x、y 和 z 分别为飞行器在惯性坐标系下的位置坐标;$\dot{x}$、$\dot{y}$ 和 $\dot{z}$ 分别为 3 个轴向的线速度;φ、θ 和 ψ 分别为惯性坐标系下的滚转角、俯仰角和偏航角;$\dot{\varphi}$、$\dot{\theta}$ 和 $\dot{\psi}$ 分别为相应的角速度。

　　四旋翼飞行器的各个功能通过不断调节 4 个电机的转速实现。首先由单片机基于飞行器数学模型和控制算法,将各个被控制量的期望值和传感器反馈得到的真实值的误差转换得出需要输入的 U_1、U_2、U_3 和 U_4,然后根据旋翼升力与转速之间的关系以及反扭矩与转速之间的关系,进一步解算出所需的 4 个电机的转速 K_1、K_2、K_3 和 K_4,从而实现整个闭环的回路控制。

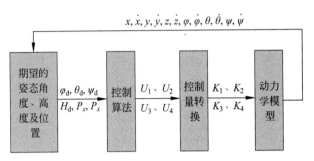

图 6.6　控制系统总框图

6.2.2　姿态控制

姿态控制采用位置式 PID 控制器,具体的控制流程图如图 6.7 所示。

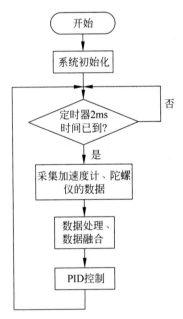

图 6.7　姿态控制流程图

飞行器姿态控制周期为 2ms,定时是使用定时器实现,PID 控制代码如下:

```
rol_i += angle.rol;
if(rol_i > 2000)        rol_i = 2000;
if(rol_i < - 2000)      rol_i = - 2000;
PID_ROL.pout = PID_ROL.P * angle.rol;
PID_ROL.dout = PID_ROL.D * gyr_in - > X;
PID_ROL.iout = PID_ROL.I * rol_i;
pit_i += angle.pit;
if(pit_i > 2000)        pit_i = 2000;
if(pit_i < - 2000)      pit_i = - 2000;
PID_PIT.pout = PID_PIT.P * angle.pit;
PID_PIT.dout = PID_PIT.D * gyr_in - > Y;
PID_PIT.iout = PID_PIT.I * pit_i;
```

6.2.3　姿态解算

理论上讲卡尔曼滤波是最优的,但考虑到算法占用的 CPU 资源较大,并且飞行器机械振动引起的噪声对卡尔曼滤波的收敛性能影响较大,只有对振动信号进行建模预测可以获得较高的精度,而二阶互补滤波在实际情况下却获得了稳定的效果。因此最终选择使用二阶互补滤波实现陀螺仪以及加速度计的数据融合,其模型如图 6.8 所示。

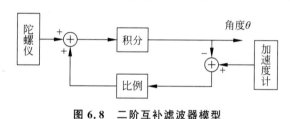

图 6.8　二阶互补滤波器模型

6.2.4　位姿解算

位姿解算目的在于估计飞行器的空间位姿,从而让飞行器有更好的稳定性与可操作性。

1. 位姿解算的基本思路

在姿态解算的基础上可以将重力加速度从加速度传感器的裸数据中剔除,剩下的加速度计分量即为飞行器本身的实际加速度,对这个数据进行积分即可得到速度,再一次积分即可得到位姿。虽然加速度数据存在较大的噪声,但在两次积分后,还是有比较好的数据平滑性的,但由于是积分过程,因此存在一定的累积误差。

2. 积分累积误差的消除,以及加速度计零点的自适应矫正

为了消除累积误差,必须要有额外的能够直接读取绝对位姿量的传感器,比如超声波可以获得绝对高度值,或者视觉里程计可以直接获得 6 个自由度的绝对量。但是这几种方式可能存在较大的延时,实时性较差,直接用来闭环控制效果会很不理想,但是用来矫正惯性导航的误差则是一个非常不错的选择。

本系统中将加速度计预测值与其他传感器得到的绝对值进行比较,根据预测误差来实时调整加速度计的零点。

6.2.5　高度控制

由超声波传感器得到高度数据,高度的控制采用的是增量式 PID 控制器,在手动遥控飞行器的同时开启了高度 PID 控制,高度控制的流程图如图 6.9 所示。

由于飞行器横滚晃动时所存在的超声波的高度误差,所以需要进行高度修正,高度修正示意图如图 6.10 所示。经过角度修正后,才能得到飞行器中心的真正高度值用于高度的PID 控制。

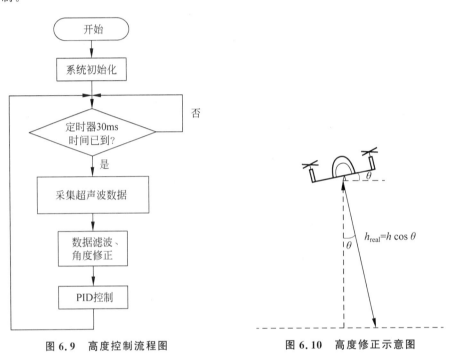

图 6.9　高度控制流程图　　　　　　　图 6.10　高度修正示意图

6.2.6　定点悬停

定点悬停是在姿态控制及高度控制的基础上实现的。首先姿态控制使飞行器能够平稳地飞行,而高度控制是飞行器保持在目标高度上,最后通过光流传感器获取飞行器的位移信息,不断地调节飞行器的位移,使飞行器保持在固定一个点附近,实现定点悬停的功能,其流程框图如图 6.11 所示。

ADNS3080 光流软件编程如下(设定高度为 300m):

```
if((High_Now>300)&&((ADNS3080_Data_Buffer[0]&0x80)!= 0)&&(ADNS3080_Data_Buffer[3]>= 10)
&&(att_in->rol<= 45)&&(att_in->rol>= -45)&&(att_in->pit<= 45)&&(att_in->pit>=
-45))
{
float diff_roll = att_in->rol-last_roll;
float diff_pitch = att_in->pit-last_pitch;
change_x = x_pos-(diff_roll * radians_to_pixels_x);
change_y = y_pos+(diff_pitch * radians_to_pixels_y);
```

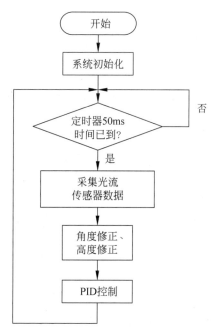

图 6.11 定点悬停流程框图

```
x_cm = change_x * avg_altitude * conv_factor;
  y_cm = change_y * avg_altitude * conv_factor;
tot_x_cm+= x_cm;
tot_y_cm+= y_cm;
}
pos_x_i += tot_x_cm;
pos_y_i += tot_y_cm;
if(pos_x_i > pos_x_i_max) pos_x_i = pos_x_i_max;
if(pos_x_i < - pos_x_i_max) pos_x_i = - pos_x_i_max;
if(pos_y_i > pos_x_i_max) pos_y_i = pos_x_i_max;
if(pos_y_i < - pos_x_i_max) pos_y_i = - pos_x_i_max;
PID_POS_X.pout = PID_POS_X.P * tot_x_cm;
PID_POS_X.iout = PID_POS_X.I * pos_x_i;
PID_POS_X.dout = PID_POS_X.D * (tot_x_cm - last_tot_x_cm);
PID_POS_X.OUT = PID_POS_X.pout + PID_POS_X.iout + PID_POS_X.dout;
PID_POS_Y.pout = PID_POS_Y.P * tot_y_cm;
PID_POS_Y.iout = PID_POS_Y.I * pos_y_i;
PID_POS_Y.dout = PID_POS_Y.D * (tot_y_cm - last_tot_y_cm);
PID_POS_Y.OUT = PID_POS_Y.pout + PID_POS_Y.iout + PID_POS_Y.dout;
```

因为光流传感器由于定焦原因只能测量距离 30cm 以上物体表面的光流运动,所以 if 条件语句先检测飞行器高度在 300mm 以上(High_Now ＞300)光流传感器是否有运动 (ADNS3080_Data_Buffer[0]＆0x80),并且飞行器的 roll、pitch 倾斜角度不能够超过 45°, 才会进行光流位移运算。

if 语句中的前 4 句代码用于修正飞行器转动时给光流传感器测量值带来的误差,飞行器晃动时光流传感器也会测量到有光流运动,而在定点悬浮中需要的平移位移需要将这些转动造成的位移去除掉。

飞行器 roll 角度方向转动造成的光流位移误差值计算公式为

$$X_{\exp} = \frac{\delta_r \times \mathrm{Res} \times s}{F} \tag{6.1}$$

式中，$X_{\exp}$ 为 X 的估计值；δ_r 为横滚角度的改变值；Res 为传感器分辨率（像素）；s 为比例系数；F 为传感器视野。

在上面的代码中，diff_roll 和 diff_pitch 是飞行器的转动误差角度；radians_to_pixels_x 和 radians_to_pixels_y 分别为两个方向角度修正的系数；diff_roll * radians_to_pixels_x 和 diff_pitch * radians_to_pixels_y 分别代表飞行器在 roll 和 pitch 方向晃动时造成的光流位移误差值，最后要从 x_pos 和 y_pos 中去除这个误差。

高度不同，飞行器移动相同距离时光流传感器测得值有所不同，因此还要进行高度修正。

高度修正公式为

$$d = \frac{vH}{\mathrm{Res} \times s} \times 2.0 \times \tan\frac{F}{2.0} \tag{6.2}$$

式中，d 为移动距离；v 为传感器输出值；H 为高度。

在代码中，change_x 和 change_y 对应光流传感器的位移值；avg_altitude 是当前飞行器高度，单位为 cm；conv_factor 为转换系数，最后得到真实飞行器平移值单位也为 cm。

后面两句代码将每次光流传感器测量到的位移值累加进总位移值 tot_x_cm 和 tot_y_cm 中，得到飞行器在 X、Y 方向上与原点的真实距离值。

接下来的代码是飞行器定点悬停的 PID 调节代码，最后定点悬停的输出量 PID_POS_X.OUT 和 PID_POS_Y.OUT 控制的是飞行器的 U2（翻滚控制量）、U3（俯仰控制量），使 tot_x_cm 和 tot_y_cm 的值趋向于 0，则飞行器能够保持飞行在原点附近，实现定点悬停的功能。

6.2.7　位移控制

位移控制是在姿态控制及高度控制的基础上实现的。位移控制与定点悬浮都用到了光流传感器，位移控制是在有位移命令的情况下才执行的。飞行器首先处于定点悬浮的状态，当用户设定飞行器向任意方向移动任意距离时，飞行器进入位移控制状态，通过 PID 控制器不断地调节飞行器倾斜的方向的角度，使飞行器平稳、快速地向目标地点飞行，同时用光流传感器测量移动的距离，当达到目标地点后，退出位移控制模式，再次进入定点悬浮模式。

值得注意的是，如果只设定一个方向的位移，需要保持另一个方向的位移不偏离，即一个方向做位移 PID 调节，另一个方向做定点 PID 调节。位移控制的调节量控制的是飞行器的 U2（翻滚控制量）、U3（俯仰控制量），使 tot_x_cm 和 tot_y_cm 的值趋向于设定的目标位移值，飞行器飞向目标位置，实现位移控制的功能，其流程框图如图 6.12 所示。

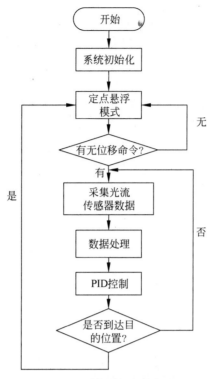

图 6.12　位移控制流程图

6.3　Kinect 视角下四旋翼飞行器的定位及追踪

想要实现对四旋翼飞行器的控制，完成一系列的飞行动作，首先得确定四旋翼飞行器以及 Kinect 视角中其他物体的位置，即定位，以保证飞行器在飞行过程中不会撞到障碍物，并且可以成功地控制四旋翼飞行器完成特定的任务。

6.3.1　四旋翼飞行器的识别及追踪

在对四旋翼飞行器进行定位时，把在高度阈值内的物体判断为四旋翼飞行器，然后对其进行控制，代码如下：

```
for(int i16 = 0,i32 = 0; i16 < depthFrame.Length && i32 < depthFrame32.Length; i16++,i32 += 4)
        {
if((realDepth > 2100) &&(realDepth < 2450))//飞行器
            {
                depthFrame32[i32 + GreenIndex] = 255;
                flyXSum += i16 % 640;
                flyYSum += i16 / 640;
flyDSum += realDepth;
                countFly++;
            }
        }
```

程序中"flyXSum ＋＝i16 ％ 640;flyYSum ＋＝i16 ／ 640;"语句是为了把线性数据转换成 X、Y 坐标系下的坐标,以便于之后对四旋翼飞行器的位置进行更加直观的标定以及控制。

由于从 Kinect 得到的数据是以像素形式出现的,所以在判断的时候是对逐个点进行判断的。但是由于最终需要得到的数据是四旋翼飞行器的具体位置,而根据高度阈值所判断得到的点是飞行器在图像中所有的像素点,所以要对这些像素点的高度、当前高度下的 X 坐标和 Y 坐标做平均,从而确定四旋翼飞行器的位置。由于四旋翼飞行器所对应的图像中的像素点的高度大致是在同一平面上的,所以这里不考虑由于摄像头成像原理所造成的误差。

countFly 变量表示的是被判定为飞行器的像素点的个数,作为之后计算当前高度下的 X 坐标和 Y 坐标的均值时的除数。

```
if(countFly > 50)
        {
            flyXAverage = (int)flyXSum / countFly;
            flyYAverage = (int)flyYSum / countFly;
flyDAverage = (int)flyDSum / countFly;
        }
```

在计算完均值之后就可以得到四旋翼飞行器的当前位置信息。

6.3.2　Kinect 视角中其他物体的识别

在控制飞行器自主钻窗的这个应用中,可能在 Kinect 视角中出现的东西有四旋翼飞行器、窗以及人,而此时只要一开始通过 Kinect 标定窗高,就可以很容易地从测到的深度数据中分辨出窗、四旋翼飞行器和人。

由窗高做分割线,将与窗口高度相差不大的像素点识别为窗,然后就能根据均值算法计算出窗在 Kinect 深度图像中的位置。同时得知窗的高度后,控制飞行器高度在地面到窗之间(地面离 Kinect 平面的距离在安装完后进行一次标定),然后定位出飞行器位置。最后还需要判断在 Kinect 视角中是否有人存在,以便在窗的位置改变后可以控制飞行器进行下一次的运动。由于开始已经标定过窗高,认为人的最高点是一定会高于窗的,所以就将 Kinect 视角中高于窗的像素点判定为人。程序如下:

```
if(realDepth < 2000)                           //窗
            {
                depthFrame32[i32 + RedIndex] = 255;
                windowXSum += i16 % 640;
                windowYSum += i16 / 640;
                countWindow++;
            }
if((realDepth > 2100) &&(realDepth < 2450))          //四旋翼飞行器
            {
                depthFrame32[i32 + GreenIndex] = 255;
                flyXSum += i16 % 640;
                flyYSum += i16 / 640;
                countFly++;
            }
```

```
if(realDepth < 1500)                              //人
{
                depthFrame32[i32 + GreenIndex] = 255;
                depthFrame32[i32 + RedIndex] = 255;
                countPeople++;
        }
```

同样,在得到这些像素点后,会通过计算均值的方法求出可以使用的物体的具体位置,在得到这些有效位置之后再进行之后的路径规划以及控制四旋翼飞行器飞行等动作。

6.3.3 Kinect 视角中物体的位置转换关系

由于从 Kinect 上获取到的深度数据是像素点所在的平面与 Kinect 所在平面平行的平面之间的距离,加之摄像头本身的成像原理等原因,会造成得到的像素点在当前平面上的 X、Y 坐标并不是其在整个三维直角坐标系中的 X、Y 分量,于是就造成了一个问题:如果直接用得到的像素点所在平面的 X、Y 分量计算两个不同高度的物体的水平距离,即利用公式 $D^2 = (X_1 - X_2)^2 + (Y_1 - Y_2)^2$ 所得到的距离并不是实际的两个物体之间的水平距离。

如图 6.13 所示,细斜线上的所有点映射到 Kinect 的传感器上只是一个点,即如果在地面上放着两个不同高度的物体,它们的顶点恰好在这条细斜线上,那么按照之前的距离计算方法得到的这两个物体的水平距离就是零,显然这个结果是错误的。

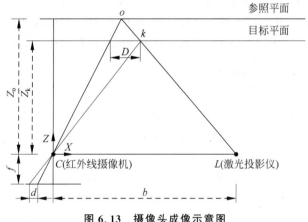

图 6.13 摄像头成像示意图

要正确的水平距离就必须将 Kinect 得到的深度数据坐标转换成三维直角坐标系下的坐标,然后再利用公式 $D^2 = (X_1 - X_2)^2 + (Y_1 - Y_2)^2$ 计算出两个物体的水平距离,此时这个水平距离才是实际的水平距离。这一问题可利用微软所提供的 Kinect for Windows SDK 中的转换类来解决。

6.4 Kinect 视角下四旋翼飞行器的路径规划及控制

6.4.1 自主钻窗

自主钻窗主要是通过 Kinect 识别出四旋翼飞行器以及窗户的位置后,然后利用 PC 进行路径规划,向四旋翼飞行器发出控制指令,实现四旋翼飞行器的钻窗功能,同时在窗户位置发生改变后,通过 Kinect 的观察可以实现对窗户的再次定位以及通过 PC 控制四旋翼飞行器再次完成钻窗的动作。

在对四旋翼飞行器以及窗户进行定位时,四旋翼飞行器当前的状态、人进入的情况、是否完成钻窗都需要利用一些状态变量来记录。代码如下:

```
bool startFindWin = false;            //开始寻找窗户
bool emegStop = false;                //紧急停机
bool isFlying = false;                //表示飞行器正在飞行
bool theFirstTimeCalprePos = false;   //为了保证计算 prePos 位置只做一次
bool getToPrePos = false;             //是否到达第一个目标位置
bool getToPrePossymmetry = false;     //是否到达目标最终位置
bool isPosCtrl = false;               //表明已经开始定位
bool isPeopleIn = false;              //是否有人进入 Kinect 视角中
```

设定这些标志位之后,程序就可以根据相应的标志位状态来判断是否要做接下去的操作。例如,当有人进入 Kinect 视角时就会控制四旋翼飞行器不做动作,只有等人出去之后,才继续对四旋翼飞行器发送指令,完成相应任务。

6.3 节已经介绍了 Kinect 视角中的物体如何进行定位,但是由于四旋翼飞行器钻窗这一举动需要从窗的一侧穿过到达另一侧,所以还需要判断窗户的朝向(本书中的方法仅限于判断窗户是和 Kinect 平行还是与 Kinect 垂直)。

为了解决这个问题,本程序采取的方法是在窗顶一边放置一个标志物(下文中简称"小旗"),通过窗户位置以及小旗的位置,可以得到与窗户平行的向量(这里不考虑 Z 轴,仅讨论和地面平行的二维平面),得到了这个向量后,窗户的朝向就能很方便地被确定,代码如下:

```
deltaX = flagXAverage - windowXAverage;
deltaY = windowYAverage - flagYAverage;
```

根据 deltaX、deltaY 就可以计算出窗户的朝向,从理论上来说,如果 deltaX=0,就说明窗户是和 Y 轴平行的,即窗户的朝向与 X 轴平行;同理,deltaY=0,说明窗户是与 X 轴平行的,即窗户的朝向与 Y 轴平行。

在得到窗户的朝向之后,就需要进一步确定飞行器的目标位置,在本书中,把飞行器的目标分成两个:窗户前的目标点和穿窗后的目标点。在识别出四旋翼飞行器的位置以及窗户的位置并且判断出窗户的朝向之后,就要进行具体的对四旋翼飞行器的路径规划。

为了保证四旋翼飞行器在钻窗的过程中不碰到窗户的左右两侧,程序首先会控制四旋翼飞行器到达和窗户中心垂直直线上的点,然后再控制四旋翼飞行器向前飞至目标点,在确定判断出四旋翼飞行器到达目标点后,控制四旋翼飞行器向前穿过窗户,到达所识别出的最终目标点,其过程如图 6.14 所示。

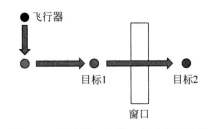

图 6.14　四旋翼飞行器飞行路径示意图

在识别出四旋翼飞行器位置、窗户位置以及规划出简单的路线之后,所要做的就是对四旋翼飞行器进行控制,使其能按照所规划的路径运动,最终到达目标 2 位置实现钻窗动作。自主穿窗流程图如图 6.15 所示。

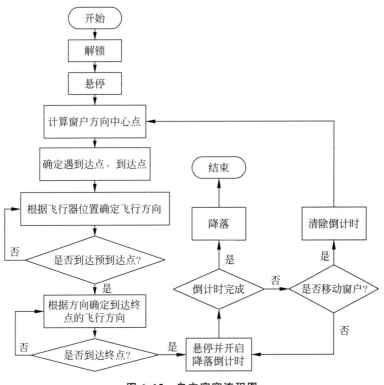

图 6.15　自主穿窗流程图

对深度图像进行处理,得出四旋翼飞行器以及窗户的位置及方向,利用已有的定高定位移动功能对飞行器发送控制命令。采用的控制方法是一种分级移动的思路,通过不断缩小目标路径与实际路径的差距,实现自主穿窗。当穿越窗户后,如若在降落倒计时结束之前,有人移动窗户,则摄像头检测到窗户移动,飞行器会再进行一次自主穿窗,具体算法与第一次穿窗相似。

由于 Kinect 摄像头以及其他原因会导致数据中存在一些噪声,从而会在四旋翼飞行器定位时,即使飞行器稳定地停在一个点上,也会被判定为在这个点周围晃动,所以在对四旋翼飞行器是否到达目标点的判断中,程序留出了误差的容限值,认为四旋翼飞行器定位在以目标点为中心的边长为 25mm 的方块内都判断为到达目标。代码如下:

```
deltaFlyX2pre = flyXAverage − prePosX;
deltaFlyY2pre = flyYAverage − prePosY;
deltaFlyX2sym = flyXAverage − prePossymmetryX;
deltaFlyY2sym = flyYAverage − prePossymmetryY;
```

其中 deltaFlyX2pre 和 deltaFlyY2pre 是四旋翼飞行器与目标点 1 的 X 轴与 Y 轴方向上的距离,deltaFlyX2sym 和 deltaFlyY2sym 是四旋翼飞行器与最终目标点 2 的 X 轴与 Y 轴方向上的距离。

在得到这些变量后,就可以对四旋翼飞行器进行具体位移量的控制。在进行位移控制时,要做的就是控制飞行器到达之前所判断出的目标点。首先,控制飞行器在 X 方向上到达目标点的 X 坐标,然后再控制飞行器在 Y 方向上到达目标点的 Y 坐标,最后对得到的飞行器位置进行判断,判断出飞行器是否到达目标点,由于噪声以及飞行器本身的微小误差,所以目标点并不是单纯的一个点,而是那个点所辐射出的一个正方形区域,只要飞行器到达这个区域内,就认为飞行器到达了目标。

6.4.2 手势控制

此应用主要实现通过操作人手的移动来控制飞行器的前后左右飞行以及起飞和锁定。手势控制的示意图如图 6.16 所示,Kinect 手势控制流程图如图 6.17 所示。

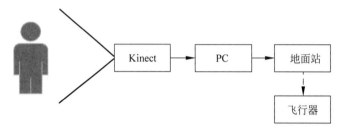

图 6.16 手势控制示意图

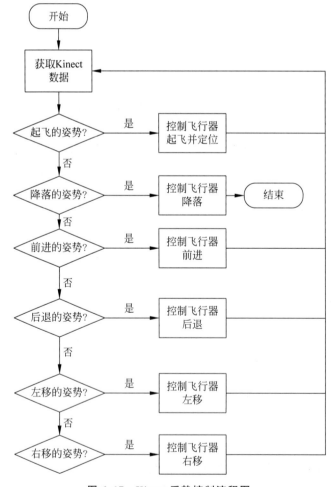

图 6.17 Kinect 手势控制流程图

通过 Kinect 所获取的骨骼数据,可以得到人的每个关节点的坐标(骨骼坐标系下),这些关节点中需要用到的有头、左右手和左右肩,人摆出相应的姿势,上位机通过判断这些骨骼节点的位置来判断人的当前姿势。

对飞行器的控制主要分为三部分:控制其起飞、降落以及前后左右移动。通过三种不同类型的姿势来实现这三部分的控制。

1. 起飞

```
startFlyGes = rightHand.Y > spine.Y &&(rightshoulder.Z - rightHand.Z > 0.2);   //起飞
```

从 Kinect 得到数据后,对右手、右肩以及脊椎的位置进行判断,只要做出右手高过脊椎并且向前伸的动作就判断为操作者想要控制四旋翼飞行器起飞,上位机就会对四旋翼飞行器发出解锁并定位起飞的命令。

2. 控制飞行器的前后左右

对飞行器的前进、后退、左移、右移的控制根据操作者的右手位移来实现。计算机识别操作者右手的位置,将当前帧数据和上一帧比较,如果操作者的手向前移动,那么就会对飞行器发出前进的命令,同样,操作者的右手在其他几个方向上的位移也会反馈给计算机,从而通过计算机控制飞行器做出相应的移动。

3. 降落

```
startLand = leftHand.Y > head.Y && rightHand.Y > head.Y;
```

对飞行器降落的判断是根据操作者的左右手以及头部位置来实现的,当操作者做出左右手上举过头的动作时,计算机就会判断操作者想要控制飞行器降落,于是就会对飞行器发送相应的降落指令。

6.5　计算机上位机程序

6.5.1　上位机主要功能

(1) 通过 Kinect 深度摄像头读取点云数据,并发布飞行器当前坐标。

(2) 从串口读取飞行器当前位姿,监听飞行控制结点信息。

(3) 从深度摄像头数据中分析出人体骨骼,并发布手关节部分的相关信息。

(4) 监听手势数据,分析是否起飞、目标点、目标飞行姿态等;监听飞行器位姿,并将目标点作坐标轴变换。将目标点从摄像头坐标系中转至飞行器坐标系,并利用世界磁场矫正偏航角误差。最后通过计算模型算出飞行器目前所需 R、P、Y 及油门量,并最终发布控制信息。

(5) 监听飞行器位置信息并显示。

上位机功能描述如图 6.18 所示。

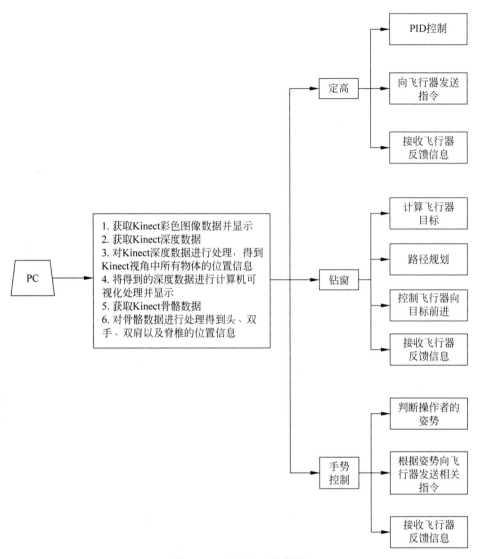

图 6.18 上位机功能描述

6.5.2　上位机程序实现

上位机程序使用 C♯ 语言开发,开发环境为 MicrosoftVisual Studio 2010,上位机程序主要实现对 Kinect 所获取的数据进行图像处理,然后对通过串口与地面站进行通信,从而实现对四轴飞行器的控制。

上位机与地面站通信定义使用了特殊的数据帧格式,其中上位机所需要用到的通信帧格式如下:

通信帧共由 32 字节组成,其中:前 2 字节是帧头,依次为 0x9c、0x5f,第 3 字节为数据类型,包括:

0x31→移动

0x34→控制遥控器拨杆功能

0x20→开启数据帧接收

0x2f→清空数据

0xfe→解锁

0xfc→锁定

0xfd→降落

0xff→开始定位

第4～31字节存放的是具体的数据。

最后1字节为校验位,将前面的31字节之和取低8位。

## 第7章

送货无人机

送货无人机首先组装一架适合用于送货的四旋翼无人机,在无人机上合理安装各种设备,实现定高飞行、定点悬停等基本飞行功能,对定高、定点悬停的 PID 参数进行调试,实现无人机脱离遥控自主悬停。最后,利用 Surf 特征点匹配算法来匹配标识物和原图的特征点,采用 RANSAC 单应性矩阵消除误匹配点,实现可靠的标识物的匹配和识别。通过优化程序,提高了图像处理的效率,确保无人机在飞行中能够准确识别标识物,并确定标识物坐标。在识别货物时,利用 Zxing 开源库实现二维码识别,提取二维码中的信息。开发自动送货的功能,在目标点附近寻找标识物,准确降落在标识物上投放货物,最后起飞返回出发点。同时设计了一套通信方案,实现了多设备间的实时通信,确保多设备协同工作。

7.1　无人机硬件系统设计

7.1.1　硬件总体框架

送货无人机包括飞控部分、调试平台部分和地勤管理平台部分。三部分之间采用不同的数传模块实现互联,飞行控制板和地面调试平台之间通过 NRF24L01 模块实现数据通信,用于地面调试平台发送对无人机的控制指令、参数更改指令和无人机实时返回飞行参数等。Intel MinnowBoard 与地勤管理平台之间通过 3DR 数传互联,用于飞控部分告知地勤管理软件飞行状态、送货状态等信息。另外 Intel MinnowBoard 通过模拟图传模块广播经无人机处理的视频,地面调试平台和地勤管理平台分别通过图传接收模块接收视频,展示在界面之上。

无人机实现互联的硬件框架图如图 7.1 所示。

7.1.2　调试平台的硬件设计

1. 硬件总体架构

调试平台的构成主要有一条由信号源、信号转换器、图传发射机和图传接收机组成的图像传输链路,以及一个基于 Android 操作系统的多功能无人机地面站。如图 7.2 所示,调试平台的硬件部分主要由 iTop-6818 开发板及各类外设组成。其中,iTop-6818 开发板由核心板和底板构成。开发板通过无线遥控模块接收遥控器信号并进行解码之后通过 USB 转 NRF 无线串口模块发送给无人机飞控,并通过 5.8GHz 图传接收机接收无人机发出的视频信号。

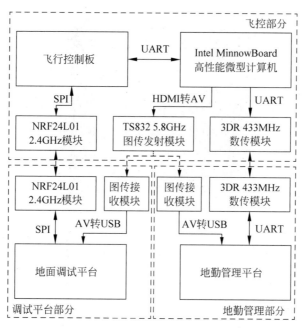

图 7.1 送货无人机项目硬件框架图

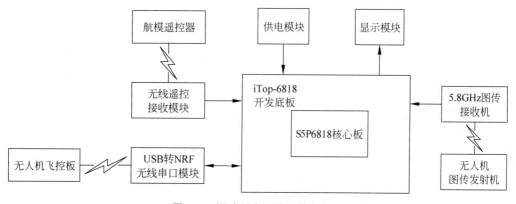

图 7.2 调试平台硬件总体架构图

2. 地面站硬件平台

1) 核心处理器硬件平台

处理器核心选用三星 S5P6818 核心板,如图 7.3 所示。该核心板载有 2GB DDR3 内存、16GB EMMC 存储空间,由 AXP228 芯片负责电源管理,支持动态调频。

S5P6818 是一个专门为平板和手机设计的基于 64 位 RISC 处理器的片上系统,其主要特点如下。

(1) Cortex-A53 八核处理器。

(2) 使用最大的内存带宽。

(3) 全高清显示。

(4) 支持 60 帧/s 的 1080p 视频硬件解码和 30 帧/s 的 1080p 视频硬件编码。

(5) 具有三维图形的硬件支持。

图 7.3　S5P6818 核心板

(6) 具有 eMMC 4.5 和 USB 2.0 等高速接口。

S5P6818 采用 8 个基于 ARMv8-A 架构的 Cortex-A53 核心,它为大流量操作提供 6.4GB/s 的内存带宽,用于诸如 1080p 视频编码和解码,三维图形显示和全高清显示的高分辨率图像信号处理。S5P6818 还有脉冲宽度测量模块(Pulse Period Measurement),非常适合于解码航模遥控器发出的 PPM 信号。

综上所述,S5P6818 核心板具有强大的处理能力,外设丰富,视频处理能力强大,是理想的硬件处理平台。

2) 外设底板平台

地面站底板采用北京讯为电子有限公司开发的 iTop-6818 开发板(全能版),如图 7.4 所示。该开发板可无缝兼容三星 S5P6818 和 S5P4418 核心板。另外,该底板还具有 2 路 LVDS(LowVoltage Differential Signaling)、1 路 RGB、1 路 MIPI、1 路 HDMI 等丰富的液晶显示接口,还可以选配 3G、WiFi 等模块扩展通信功能。

图 7.4　iTop-6818 开发底板

3. 遥控接收模块

如图 7.5 所示,遥控接收模块由天地飞航模遥控器自带的 WFR09S 2.4GHz 无线接收机和 PPM 编码器组成。本遥控接收模块采用无线连接,改变了以前地面站与遥控器有线连接的方式,省去了制作专用连接线缆的复杂工作,为飞行器的调试提供了便利。

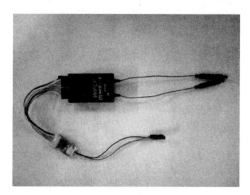

图 7.5 遥控信号接收模块

WFR09S 是天地飞遥控器配套的一款 9 通道 2.4GHz、双路、双天线、双核接收机,可自适应兼容 PCMS 4096、PCMS 1024 和 PPM 等多种模式,且有失控保护功能。以下是接收机与遥控发射机的配对步骤。

(1) 按住接收机的 SET 按键不放直至接收机上的 STATUS 橘色状态灯慢闪,此时接收机进入对码状态,等待发射机的对码指令。

(2) 按住遥控器上高频发射头的 SET 键不放,再打开遥控器电源;再按一次高频头的 SET 键,遥控器进入对码模式,此时高频头上的 STATUS 橘色灯常亮;再次长按 SET 键至橘色灯慢闪,开始对码。

(3) 对码成功后发射机高频头上的 STATUS 指示灯变为绿灯常亮,接收机的指示灯熄灭。此后,如果接收机正常接收到遥控信号,则指示灯一直为熄灭状态;若遥控信号丢失,则红色指示灯亮起,接收机进入失控保护状态输出失控信号。

在开始使用该接收机之前必须正确地进行失控设置。因为意外关闭遥控器后,仍然通电的接收机会进入失控保护状态输出失控信号,若不对该信号进行正确设置,对无人机极有可能造成严重的后果。对接收机进行失控设置的步骤如下。

(1) 开启接收机。

(2) 按住发射机上的 SET 键开机,将发射机各通道调整到想要的失控信号,再长按 SET 键约 2s,此时发射机 STATUS 绿灯闪烁,进入失控设置模式。

(3) 接收机绿灯快速闪烁,此时发射机输出的数据即为接收机失控保护后输出的数据。

WFR09S 2.4GHz 无线接收机与遥控器的高频发射头配对后,并正确进行失控设置即可接收到遥控器发送的 2.4GHz 的 PPM 调制信号,并将八通道的 PPM 信号解码为 8 个 PWM 波输出到 8 个引脚上。但是,由于大多数微型处理器(S5P6818 核心板)都只有一路脉冲宽度测量模块,所以需要一个 PWM 转 PPM 的编码器将八路 PWM 信号重新调制为一路 PPM 信号,再送到微处理器的脉冲宽度测量模块进行解码。

PPM 编码器的一端有 3 个引脚,分别是电源、地和 PPM 信号输出引脚。将 iTop-6818 底板的红外接收头拆下,焊上 3 根排针之后就可以将 PPM 编码器与开发板对接了。编码器直接从开发板上的接口取电,并向核心板脉冲宽度测量模块的输入引脚输出 PPM 波。底板上的 3 个引脚从左到右依次为 PPM 信号输入引脚、地和 3.3V 电源。编码器的另一端有 10 个引脚,其中 8 个为八通道的 PWM 信号输入引脚;另两个为电源和地,为 WFR09S 2.4GHz 无线接收机供电。

4. 数传模块

选用的 NRF24L01 模块包含 NRF24L01P+PA+LNA,其中功率 PA 和 LNA 芯片、射频开关、带通滤波器等组成了全双向的射频功放,使得有效通信距离得到极大拓展。

另外,为了便于实现 NRF 模块与地面站的通信,选用 USB 转 NRF 无线串口模块,如图 7.6 所示。该模块采用 CH340T 芯片的 USB 转串口芯片,将串口收到的数据通过 NRF 发送出去,将 NRF 收到的数据发送到串口,使得地面站对 NRF 模块的操作转变为对 USB 串口的操作,极大地减轻了软件部分的驱动编写工作。

USB 转 NRF 无线串口模块的默认串口速率为 9600bps。根据软件设计,在地面站上使用该模块之前,需将该模块的波特率设置为 115 200bps,步骤如下。

(1) 将 USB 转 NRF 无线串口模块插入计算机的 USB 口,打开串口调试助手,打开模块占用的相应串口,设置串口助手的波特率为 9600bps。

(2) 向模块的串口发送 ASCII 码"AT+BAUD=7"(1,2,3,4,5,6,7 分别对应 2400, 4800,9600,14 400,19 200,38 400,115 200 的波特率)。

(3) 模块返回"通信波特率设置成功!! 波特率:115 200",参数立即生效。

如在使用过程中因不当操作致使 USB 转 NRF 无线串口模块无法正常响应,则可以通过如图 7.7 所示的方式短接模块的 1、2 两个引脚,再插入 USB 口,则在上电的瞬间即可完成恢复出厂设置。

图 7.6 USB 转 NRF 无线串口模块

图 7.7 硬件复位 USB 转 NRF 模块

5. 图像传输链路

由于调试需要,希望能够无线传实时视频。而之前使用的 WiFi 传输的视频图像虽然稳定清晰,但是只能传输接在无线路由器 USB 上的摄像头拍到的图像,功能具有局限性。为了解决这一问题,重新搭建了一整套图传发射系统,如图 7.8 所示。图中左侧是作为信号源的高性能微处理器,中间为 HDMI 转 AV 信号模块,右侧为 5.8GHz 的图像发射机。

图 7.8 模拟图传发射系统

本系统发射端以无人机上的高性能微型处理器的 microHDMI 视频信号输出为信号源,通过一根 mircoHDMI 转 HDMI 转接线转换信号接口,再通过一块 HDMI 转模拟 AV 信号的转接板将数字视频信号转为模拟视频信号,最后通过 5.8GHz 的图像发射机将模拟信号发射出去。接收端采用一款将无线模拟信号接收和 USB 视频采集卡功能合二为一的图传接收机,将模拟视频信号恢复为数字信号传送给地面站。地面站可以以类似于打开 USB 摄像头的方式获取图像。

HDMI 转 AV 转换器采用高清视频音频转换器。该转换器支持将 1080P 60Hz 的 HDMI 视频信号转换为 NTSC 或 PAL 制式的 AV 信号,可自动适应视频源的分辨率。为了减少模块占用的空间,同时减轻无人机的负载,将该模块除去塑料外壳并拆除了三个莲花接口,取出 PCB 裸板接线使用(如图 7.9 所示),既充分利用了 PCB 板上的孔位将其固定,又将该转接模块的实际尺寸有效地减小到 55mm×50mm×8mm,为无人机搭载其他更多外设节约了空间。

图 7.9　改装前(左)后(右)的 AV 信号转换器

图传发射机采用了 TS832 发射机(如图 7.10 所示),该模块采用 12V 直流供电,有 32 个发射频点可通过模块下方的两个按钮进行调节。该模块的额定工作电流为 220mA,发射功率高达 600mW,可同时传送一路视频和两路音频信号,视频信号输入幅度为 0.8~1.2Vp-p,音频信号的输入幅度为 1.2Vp-p。该模块有 5 个引脚,从左到右依次为:电源输入正极、电源输入地、模拟视频信号输入、12V 电源输出和输出地。

图传接收机采用 150 通道 5.8GHz 实时 USB 图传接收机(如图 7.11 所示),兼容所有 5.8GHz 图传发射机,接收延时为 0.13s。插上 USB 数据线后会被认作是一款 USB 摄像头,通过打开摄像头的方式即可获取图传接收到的图像。插入图传接收机,打开软件即可看到图像。短按一次接收机上的按钮可以切换到下一频点,长按按钮 3s 以上,接收机就会开始自动搜索 150 个频点捕获发射机信号,最后锁定在信号最强的频点上。按住接收机上的按钮,再插入 USB 数据线即可进入校准模式,再次长按按钮 3s 以上开始校准,减轻由于距离发射源太近信号经多次反射而造成的干扰影响。

图 7.10　图传发射机

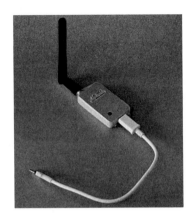

图 7.11　150 通道 5.8GHz 图传接收机

由以上几部分搭建而成的全新的图传链路满足了无人机日常调试过程中的基本需求，只需将想要传送的视频或图片显示在无人机搭载的高性能微处理器的桌面上，即可轻松在几百米甚至几千米外观察到清晰的图像。

6. 供电模块

Top-6818 开发板标配使用 5V/2A 的电源适配器供电，但是由于无人机调试工作的特殊性，经常需要将地面站移到各种试验场地中使用，因此若用使用交流电的适配器供电就十分不方便。市面上一般的充电宝都内置了输出保护电路，不允许输出电流有大幅度的跳动，经测试，开发板根据启动的各个不同功能需要 0.5～1.2A 不等的电流。因此，如果使用充电宝给开发板供电会造成开机失败。为此重新设计了供电模块，使用实验室常见的 3S 航模电池为电源，配合降压板为地面站供电，如图 7.12 所示。

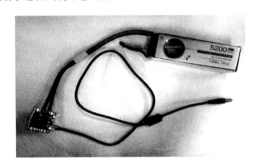

图 7.12　地面站供电模块

7.1.3　飞控部分硬件设计

1. 机械设备

1）机架和电机选型

考虑到送货无人机需要一定的载重能力，为了减轻无人机本身的重量，采用碳纤维机架作为主要框架，电机、螺旋桨和电池的配合，考虑以下两种方案。

表 7.1 中的载重能力为实际测试得到。

表 7.1 动力配置方案

方案	电机型号	电子调速器	螺旋桨尺寸	电池	载重能力
方案一	U2810 KV750	20A	10寸	11.1V	2kg
方案二	U4110 KV420	40A	14寸	22.2V	5kg

按方案一的整机安装完后包括电池质量到达 2.1kg，已经超过测试的 2kg 的最大载荷，实际测试显示，无人机起飞和定高已经非常不稳，考虑无人机后续还可能增加设备，因此这个方案无法满足本设计的要求。以该方案为样例，按照该机架样式，重新设计机架，选择上述方案二的电机和螺旋桨，重新组装无人机，其搭载各类设备后如图 7.13 所示。

图 7.13 组装后的无人机

方案二的机架轴距达 550mm，而方案一的机架轴距为 400mm，各类设备全部安装完毕后，其质量为 3.3kg，而方案二的最大载重能力为 5kg，还有很大的余量，即使后续增加更多的设备，也可以正常飞行。

2）机械爪的选型

选择了两款机械爪以供备选，如图 7.14 和图 7.15 所示。下面对比两款机械爪。

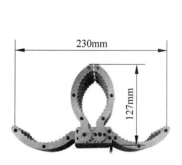

图 7.14 机械爪Ⅰ型

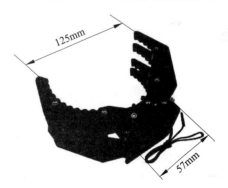

图 7.15 机械爪Ⅱ型

两款机械爪拥有不同的重量、张角和高度，下面将分析为何本项目中选用Ⅱ型机械爪，两种机械爪参数如表 7.2 所示。

表 7.2 两种机械爪参数

机械爪选型	最大张开口	合并高度	重量（含舵机）
Ⅰ型	230mm	127mm	186g
Ⅱ型	125mm	100mm	218g

对比两款机械爪,机械爪Ⅰ型张角更大,合并时高度更高,同时重量比较轻,而Ⅱ型张角较小,重量较重,而合并时高度较小,整体体型较小。考虑到无人机下方空间比较有限,125mm 的张角已经足够使用的情况下,机械爪合并时高度更小,更加利于安装。同时,由于电机动力配置有较大盈余,Ⅱ型机械爪相比Ⅰ型机械爪增加的重量不会对无人机的飞行造成影响。综合以上各种因素,选用Ⅱ型机械爪用于本方案。

机械爪内采用 LDX-335MG 数字舵机,在 7.4V 的输入电压下,堵转扭矩为 17kg/cm,相比于模拟电机,该款数字电机采用周期为 20ms 的 PWM 波进行控制,脉宽是 $0.5\sim2.5$ms,$0.5\sim2.5$ms 的脉宽线性对应于 $0°\sim180°$ 的电机旋转角度,最小控制精度能够达到 $0.2°$。

另外,该款数字只需接收一次 PWM 信号就能够锁定角度,而且发生电机堵转后,电机会自动停转并锁定角度,防止电机烧坏,适合于机械爪抓取货物的功能。

3)外设的安装和布局

无人机的底面安装图则如图 7.16 所示。

图 7.16　无人机的底面安装图

无人机上安装的设备有机械爪、飞行控制板、Intel MinnowBoard 高性能微型计算机、超声波传感器、PX4Flow 光流传感器、红外传感器、两个摄像头(分别用于扫描二维码和识别地面标识物),另外还有 NRF、3DR 数传、无线模拟图传等多个无线数据传输模块、电源模块、连接线和扩展 USB Hub 等。

由于无人机上设备众多,存在较高的安装难度,安装过程中主要解决了以下难点。

(1)为了能够在无人机上安装机械爪、Intel MinnowBoard 等大型设备,选择在无人机上安装 U 形高脚架。经过实际测试发现,由于 U 形高脚架为塑料材质,弹性较强,只安装一对 U 形高脚架的情况下,无人机落地会有强烈的反弹现象,甚至可能出现侧翻的情况,因此决定安装两层 U 形架,增加其强度。

(2)换用大电机后,需要使用更大尺寸的电池。无人机内部空间大大缩小,而无人机下部又要安装机械爪,空间十分有限,因此,在无人机底部和机械爪之间,增加新的夹层,用来放置体积较大的 Intel MinnowBoard。同时,将超声波传感器、光流传感器和用于拍摄地面的摄像头安装在机架两侧,用于拍摄二维码的摄像头安装在脚架上,无人机底部剩余空间用来安装 3DR 数传和 TS832 模拟数传等其他模块。

通过合理的布局,无人机能够实现重心基本平衡,飞行稳定且能够实现预定功能。

2. 控制处理中心

1）飞行控制板

飞行控制板（见图 7.17）的核心芯片选用 TI 的 TM4C123GH6PMI。这款处理器性能强大，功能齐全，端口丰富。

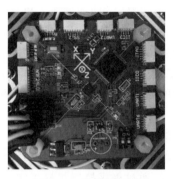

图 7.17　飞行控制板

除了核心芯片以外，飞行控制板上搭载 MPU-9150 九轴传感器模块、一个按键、两个拨码开关、多个 LED 灯。除此之外，板子上还有丰富的端口，有用于给控制电机的 PWM 输出端口，用于读取超声波数据的 I^2C 端口，用于读取光流数据的 UART 端口、用于与 NRF 模块进行通信的 SPI 端口等。

2）Intel MinnowBoard

本书中，采用 Intel MinnowBoard 高性能微型计算机，主要用于图像的识别和处理，以及与地勤管理软件间进行无线通信。该款高性能微型计算机如图 7.18 所示。

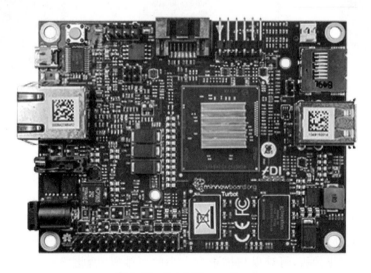

图 7.18　Intel MinnowBoard

Intel MinnowBoard 采用双核 Intel Atom E3826 处理器，单颗核心的主频 1.46GHz，板载运行内存为 2GB，使用 SATA2 口硬盘或 SD 卡作为硬盘，在本章中，采用 64GSD 卡作为其硬盘。

3. 传感器

有关 MPU-9150 九轴姿态传感器、KS-109 超声波传感器、PX4Flow 光流传感器的介绍可参见第 2 章,本章不再赘述。

1) 反射式红外传感器

为了让货物的运输自动化程度更高,设计货物放入机械爪之中时,机械爪自动关闭。为此,选用一款开关量输出的反射式红外传感器,用于货物的探测。该传感器如图 7.19 所示。

图 7.19 上方左侧为红外发射口,右侧为红外接收口。当接收到的功率达到一定值以上时,该传感器 LED 灯发光,OUT 端输出低电平,左侧可调电阻模块设置传感器改变该模块探测距离的阈值。另外,该模块的测量周期为 100ms,基于该模块的特性,非常适用于障碍物的探测。

在送货无人机中,该模块指向地面,距离地面约为 10cm,因此调节可调电阻模块,使模块探测范围为 5~6cm,当货物放入机械爪之中,阻挡在该模块与地面之间时,就可以被探测到,以此判断货物放入机械爪之中,通过程序控制机械爪实现进一步的操作。

2) 摄像头

无人机采用两款型号不同的摄像头,微软 HD-3000 摄像头(见图 7.20)和 WX150 广角摄像头(见图 7.21),分别用于地面标识物的检测和二维码的检测。

图 7.19　反射式红外传感器　　　图 7.20　微软 HD-3000 摄像头　　　图 7.21　WX150 广角摄像头

(1) HD-3000 摄像头

该摄像头用来识别地面标识物,以供无人机降落,因此需要一个拥有足够清晰、识别效果优秀的摄像头。该摄像头的分辨率达到 720ppi,清晰度十分高,采用 USB 输出,无须驱动即可读取图片数据,同时该摄像头的可折叠底座使其非常容易在无人机上进行安装。

(2) WX150 广角摄像头

由于无人机底部空间有限,在货物的位置确定的情况下,摄像头安装位置距离货物较近,如果使用一般的摄像头,将难以扫描正常大小的二维码,因此特地采用 WX150 广角摄像头,其视角达到 150°,覆盖范围非常大。

该摄像头不仅视角很大,画质也非常高,分辨率达到 640×480 像素,同时通过 USB 输出图像不需要驱动,适用于二位码扫描。但广角镜头采集的图像通常成球面状,因此安装的位置也十分重要,需要使货物的二维码尽量位于摄像头拍摄的中间位置,以减少二维码的变形程度。

4. 通信模块

1) NRF24L01_2.4GHz 模块

选用的 NRF24L01 模块包含 NRF24L01P、PA 和 LNA。此模块在室外空阔的 2Mbps 速率下可以实现 500m 以上的有效数据传输。无人机上安装的该模块如图 7.22 所示。

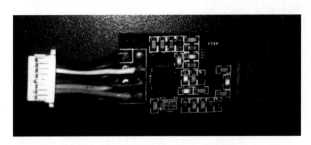

图 7.22 NRF24L01 2.4GHz 模块

该模块与飞控板之间以 SPI 协议进行传输,除了 SPI 引脚之外,还有 CE 和 IRQ 引脚,其中 CE 是使能无线传输引脚,IRQ 中断标记状态变化,数据包每次传输 1~32B 的数据流,会进行硬件 CRC 校验,在传输完数据之后,会在 IRQ 端产生中断信号,告知 MCU,同时该模块有 126 个通信通道,通过设置不同的通道,可以配置多组点对点通信互不干扰的模块组。

2) 3DR 433MHz 数传模块

无人机采用 3DR 433MHz 无线数传模块实现 Intel MinnowBoard 和地勤管理软件端的通信,如图 7.23 所示。该模块接收灵敏度可达 −121dBm,拥有高达 250kbps 的空中数据传输速率,在两端采用全向天线的情况下,其正常通信距离可以达到 5km,设备与该模块之间通过串口交换数据。

使用串口通过 AT 指令可以改变该模块的配置参数,以更改网络 ID 为例,由于在实际使用中为了避免和周围其他同时正在使用的该模块产生互相干扰,需要对其网络 ID 进行更改,使得两端只有拥有相同网络 ID 才能够进行互相通信。修改网络 ID 的步骤如下。

(1) 通过串口发送"＋＋＋"到该模块,进入 AT 模式,模块会返回 OK,告知用户成功进入 AT 模式。

(2) 通过串口发送"ATS3?"加回车键符号到该模块,该模块会返回模块当前的网络 ID 号,如"25"。

(3) 通过串口发送"ATS3＝15"加回车键符号到该模块,修改模块的网络 ID 号为 15,设置成功后会返回 OK。

(4) 通过串口发送"AT&W"保存更改的新参数到 EEPROM,返回 OK,重启无线数传模块,新参数生效。

3) TS832 5.8GHz 无线模拟图传模块

为了获取更稳定的图片传输效果,本书中采用 TS832 5.8GHz 无线模拟图传模块,如图 7.24 所示。模拟视频信号虽然质量相比数字信号较差,但由于其带宽较小,数据传输也更为稳定。

该图传传输距离非常远,发射端采用蘑菇天线,接收端采用平板天线的情况下,传输距离可达 5~6km。该模块的发射频段范围为 5865~5880MHz,视频带宽为 8MHz,发射频段可以分为 32 个频道。

图 7.23　3DR 433MHz 数传模块

图 7.24　TS832 5.8GHz 无线模拟图传模块

7.2　无人机软件系统设计

7.2.1　调试平台软件设计

无人机调试平台是在 Linux 平台上搭建的,通过开发 Linux 底层驱动来解析无线遥控接收机接收到的 PPM 信号。

1. 底层软件设计

1)编写驱动前的准备

(1) WFT08X 遥控发射机的信号。

如图 7.25 所示为天地飞 WFT08X 航模遥控器发出的 PPM 信号,由示波器测量可知该信号一帧周期为 22ms,信号幅度为 $5.2V_{P-P}$,由 9 个脉冲构成,每两个脉冲之间的低电平宽度表示了一个通道的控制量输出值,每两帧之间有一段较长的低电平间隔。

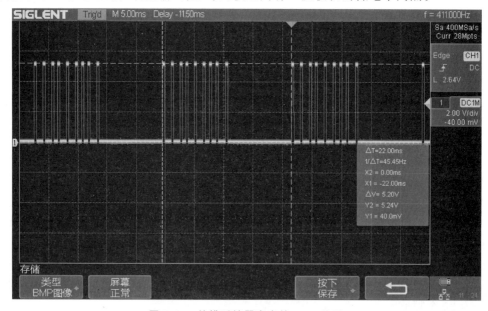

图 7.25　航模遥控器发出的 PPM 信号

拨动遥控器上的控制杆,改变各个通道的控制量后再次进行测量,结果如图 7.26 所示。可以发现某些通道的低电平宽度发生了变化,但一帧信号的总时长仍为 22ms,相应地,帧间间隔的长度也发生了变化。经测量得到:横滚控制量位于第一通道,俯仰控制量位于第二通道,油门控制量位于第三通道,自旋角控制量位于第四通道,电机开关控制量位于第六通道,剩下的第五、七、八通道分别为三个可选的辅助控制量,可在遥控器上按需设置为相应的拨杆开关或旋钮。以油门控制量所在的第三通道为例,测得该通道的最小间隔为 0.6ms,最长间隔为 1.44ms,同时测得帧间间隔最短为 7.1 ms,最长为 12.8ms。

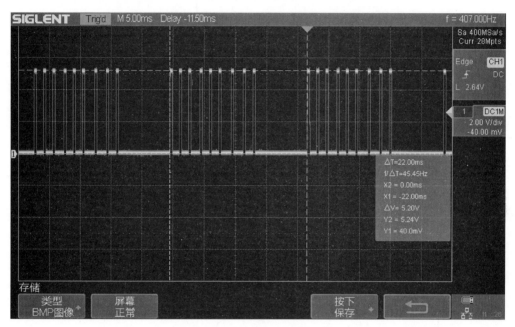

图 7.26 遥控输出信号测试图

由上面的测试可知,只需使用 S5P6818 核心板中的脉冲宽度测量模块测出各个脉冲之间低电平的宽度,再做相应的换算后即可解码出遥控器各个通道的控制量。而且无论在什么情况下,帧间间隔的低电平宽度总比任何一个实际控制通道的低电平宽度要大得多,因此可以以检测到此长时间的低电平作为一帧数据开始的标志,依次测量出各个通道的值。同时,当检测到的低电平宽度大于帧间间隔的最大宽度时,即可认为丢失了遥控信号,可以发出报警。

(2)脉冲宽度测量模块。

S5P6818 核心板中的脉冲宽度测量模块(pulse period measurement)提供了 16 位深度的计数器,用于测量脉冲宽度;在计数溢出时可以触发中断;可以控制输入信号的极性,使其正常通过或产生极性反转;还具有独立的时钟生成器,可以为 PPM 信号检测提供不同频率的标准计数脉冲以满足不同的测量需求。

当该模块检测到 PPM 信号下降沿时,会将 16 位深度的计数器的计数值存放到 PPMHIGHPERIOD 寄存器中,然后将计数器的值清零。反之,检测到上升沿时,则计数器的值存放在 PPMLOWPERIOD 中,然后将计数器清零。如果低电平的长度超出了 16 位计数器可记录的最大长度就会触发计数溢出中断,所以在测量之前应该为待测信号选择合适的基准时钟来防止计数溢出。

为了能够正常地使用脉冲宽度测量模块,必须在驱动程序中按正确的顺序对其进行初始化,其流程框图如图 7.27 所示。

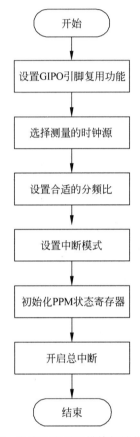

图 7.27 脉冲宽度测量模块初始化流程图

2) Linux 驱动注册流程

现在越来越多的设备支持热插拔,将设备插上计算机,不用重新启动即可立即使用,非常方便。这就要求在操作系统中先注册好驱动程序,等待硬件连接后注册设备,然后直接调用驱动就可以正常工作了。而在 Linux 操作系统中则不同,一般的硬件需要先注册设备,再注册驱动,对于航模遥控的驱动而言也是如此。

如图 7.28 所示,Linux 系统中所有的硬件和驱动都挂载在总线(bus)上,而总线又可以细分为 SPI 总线、HID 总线、USB 总线、平台总线(platform)等。

2. 上层应用软件设计

1) MainActivity 的开发

(1) MainActivity 功能概述。

MainActivity 的界面设计如图 7.29 所示,整体主要由五部分构成。顶栏为标题栏,显示了应用高度名称且指示了当前 NRF 的频道号和无人机上电池的剩余电量。顶栏右侧还有一个齿轮状按钮用以开启 SettingsActivity 进入本应用的设置界面。同时,顶栏的颜色指示了无人机的电机当前是否开启,未开启时为蓝色,开启后为红色。

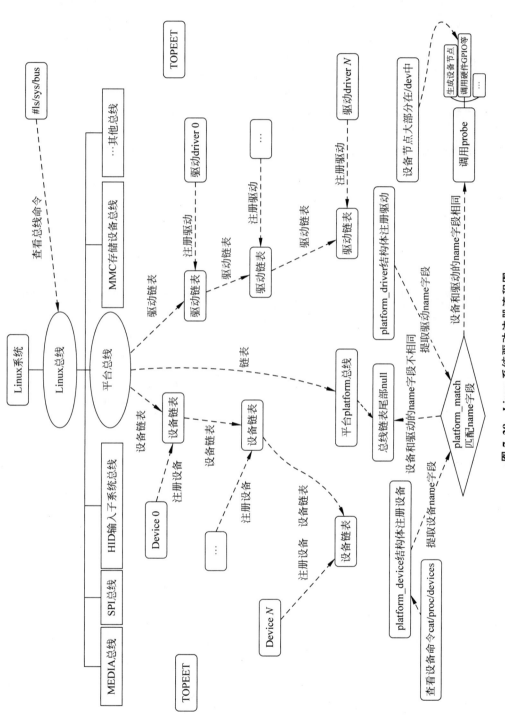

图 7.28 Linux 系统驱动注册流程图

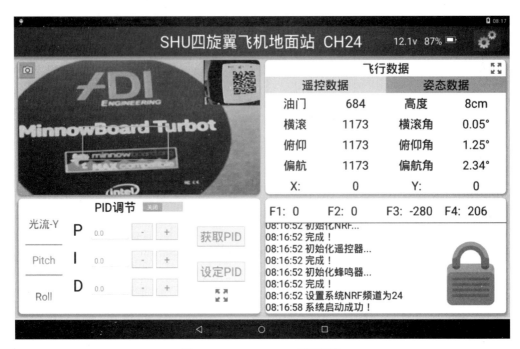

图 7.29　MainActivity 界面设计

顶栏下方空间被均分为四块,分别是本应用的四大主要功能。

① 左上方为图传接收区,显示观察无人机上摄像头拍摄下的实时画面。图传接收区左上角的摄像头图标按钮用于开启和关闭图传显示区,在不需要观察图像时可以选择关闭它来节约地面站的电量。双击该区域还可以全屏观察图像的细节。

② 右上方为遥控及无人机姿态数据显示区,其中 X 和 Y 分别指示了无人机上搭载的光流传感器检测到的飞行器的位置参数。同时,"遥控数据"文字栏的底色还指示了遥控接收机的连接情况,丢失遥控信号时,该栏会变为红色并弹出警告框。通过单击该区域右上角的全屏按钮还可以进入 ChartActivity,可将无人机的各项数据绘制成曲线。

③ 左下方为迷你 PID 参数设置区,可以快速对 PID 参数进行设置方便调试。该区域在应用启动时默认为关闭状态,以防误操作造成事故。通过滑动该区域上方的开关可以启用 PID 设置功能。单击"获取 PID"按钮可以获取到飞行器上当前的 PID 设定值。若获取成功,则各个输入框内的数值会相应做出改变,并且屏幕上会弹出"PID 参数获取成功"的提示。拖动左侧的选择条可以选择当前想要设置的 PID 参数,此时单击该区域内的"+""一"按钮即可以按预先设定好的步长微调相应的参数值,也可以单击数字输入框直接输入想要的参数值。

④ 右下方为系统日志输出和快速调试区。在该区域上方提供了 F1～F4 四个快速调试标志位,这四个数据可随飞行器姿态数据在同一数据包中完成传输,无须在飞控程序端额外编程,非常方便。该区域下方为系统日志输出区,用于输出本应用在使用过程中产生的各种信息。同时,可通过专门制定的通信协议实现与飞行器的通信,直观地反馈飞控程序当前执行的状态。右侧的"锁"状图标指示了飞行器当前是否上锁。

（2）MainActivity 软件设计。

如图 7.30 所示为 MainActivity 的软件架构图,MainActivity 的全部功能由主线程（MainThread）和 nrfReadThread、wflydecodeThread、HeartbeatThread 三个子线程实现。各子线程与主线程之间通过 Handler 机制进行通信,MainActivity 还通过 JNI 访问硬件抽象层完成与驱动程序的交互。

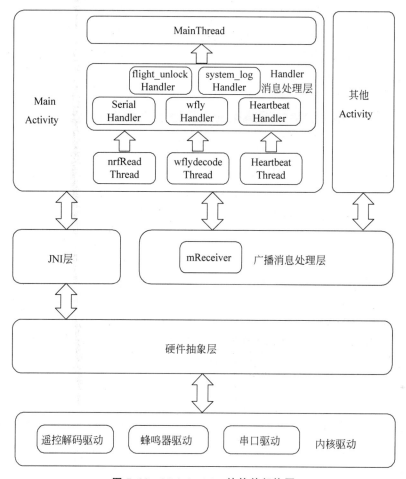

图 7.30　MainActivity 的软件架构图

其中,主线程（MainThread）主要负责完成程序的初始化工作和 UI 界面刷新工作。nrfReadThread 线程主要负责从串口传来的 NRF 接收到的数据。它设有一个 suspendFlag 标志位,用于控制线程的运行和暂停。wflydecodeThread 线程主要负责调用底层遥控解码驱动,取得各个通道的控制量,经过进一步处理后转发给飞行器。同样地,该线程有一个 suspendFlag 标志位,用于控制线程的运行和暂停。HeartbeatThread 线程主要负责心跳包的定时发送功能。mReceiver 是 MainActivity 在广播消息处理层设立的一个广播接收器,它为 MainActivity 捕获其他 Activity 向其发送的广播消息,并根据不同的消息内容做出不同的处理。

2）SettingsActivity 的开发

（1）SettingsActivity 功能概述。

如图 7.31 所示为 SettingsActivity 的界面设计图,SettingsActivity 为使用者提供了本

应用所有可调节参数的设定功能，并具有自动保存功能。

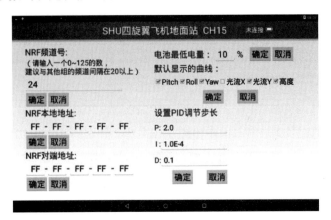

图 7.31　SettingsActivity 的界面设计图

顶栏与 MainActivity 的顶栏具有相同的功能，指示了地面站的基本信息和飞行器的电量。

左侧是与 NRF 模块的相关的信息，可以指定 NRF 模块的频道、本地地址和飞行器端地址。在使用本地面站之前必须对三个参数进行正确设置，避免与他人的频道重合，造成冲突。

右侧第一栏为电池最低电量设定，当地面站接收到飞行器传回的电池电压数据后，会将其按公式进行转换，计算出每一节电池的平均电量百分比。

右侧第二栏是对 ChartActivity 中默认显示的数据曲线的设定。单击一次可将某项数据选中，再次单击可以取消勾选。在实际调试中不必同时把所有数据的曲线绘制出来，通过这里的设置，被勾选的数据曲线默认会在 ChartActivity 中被绘制；同时，进入 ChartActivity 后仍可对想观察的对象进行选择，为使用者的调试提供了方便。

右侧第三栏是对 PID 参数设定，单击"＋"或"－"按钮后，相应参数大小会发生变化，使用者可以根据调试的实际情况进行设定。

SettingsActivity 界面中的所有参数设置在单击相对应的确定按钮之后会被立即保存生效，弹出提示框提示使用者操作成功；若不小心产生了误操作，可以单击相对应的取消键回滚设置。

（2）SettingsActivity 软件设计。

SettingsActivity 的功能主要由控件和单击事件实现。各部分设置功能代码相似度较高，这里仅以"NRF 本地地址"设置为例进行说明。

在布局文件中放入五个 EditText 控件后即可在 Activity 中进行输入。但是，NRF 本地地址由 0～9 的数字和 A～F 的大写字母组成，不能直接在布局文件中指定用户的输入类型，因此使用可以向输入框中输入任意字符。在使用者单击"确定"按钮后，判断每个输入框内的内容是否合法，当五个框的输入内容均合法后才能进行设置。当使用者单击"确定"按钮后，先从五个 EditText 控件中取出输入的字符，然后将其拼成一个完整的字符串 nrf_rcvadd，若通过校验则更改 MainActivity 中相应参数变量的值，并通过广播通知 MainActivity 向串口发送数据，设置 NRF 串口模块，否则弹出警告提示框提示使用者输入正确的地址。当使用者单击"取消"按钮后，放弃此次更改，并从 MainActivity 中读出相应参数的值显示到输入框中,完成设置的回滚。

3）PIDActivity 的开发

（1）PIDActivity 功能概述。

如图 7.32 所示为 PIDActivity 的界面设计。

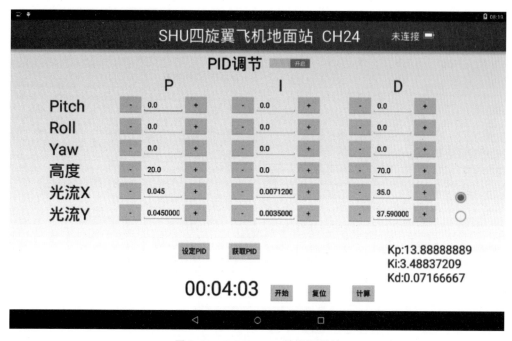

图 7.32 PIDActivity 的界面设计

PIDActivity 的上半部分是对 MainActivity 中迷你 PID 参数设置区的完整实现,它可以清楚、直观地一次性对所有的 PID 参数进行设定。

PIDActivity 的下半部分是 PID 参数半自动设定区,利用该功能可以快速地对光流 X 轴和 Y 轴方向的参数进行整定。以 X 轴为例,该功能的流程框图如图 7.33 所示。

（2）PIDActivity 软件设计。

PIDActivity 功能主要由设置在广播消息处理层的广播接收器 mReceiver 和负责计时的 mHandler 实现。mReceiver 是 MainActivity 在广播消息处理层设立的一个广播接收器,它为 MainActivity 捕获其他 Activity 向它发送的广播消息,并根据不同的消息内容做出不同的处理。mHandler 负责在使用者单击"开始"按钮后对无人机的飞行时间进行计时。

（3）PID 参数半自动整定算法。

PID 参数整定方法为临界比例度法,比例度 $\delta=1/K_p$,积分时间 $T_i=d_t/K_i$,微分时间 $T_d=d_t*K_d$,其中 d_t 为 PID 调节周期。

根据临界比例度整定法,将 K_i 和 K_d 置零后选择合适的 δ,使无人机在调整方向上出现等幅振荡,记此时的 δ 为 δ_k 和无人机的振荡周期为 T_k,按经验整定出的 δ、T_i、T_d 值的关系如表 7.3 所示。

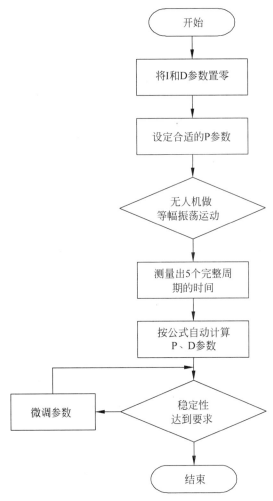

图 7.33 半自动 PID 整定流程图

表 7.3 临界比例度整定算法表

δ	T_i/min	T_d/min
$1.6\delta_k$	$0.5T_k$	$0.25T_i$

4）ChartActivity 的开发

（1）ChartActivity 功能概述。

ChartActivity 的界面设计如图 7.34 所示。ChartActivity 主要负责将无人机的姿态数据、光流位置数据和高度数据绘制成曲线，更直观地呈现给使用者，使调试工作更加方便。

ChartActivity 启动时会默认显示在 SettingsActivity 中勾选的曲线，当无人机上电后即开始绘制曲线。使用者也可以根据需求随时单击 ChartActivity 下方图例旁的多选框来显示或关闭某些曲线。曲线的颜色与图例的颜色一一对应，方便使用者区分。

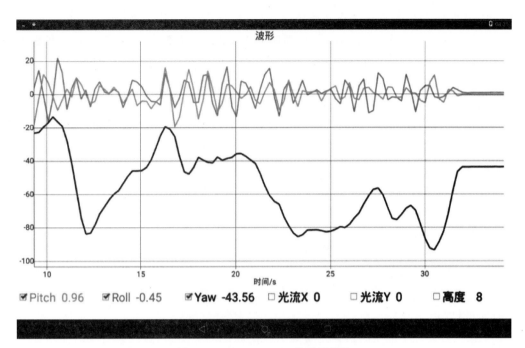

图 7.34 ChartActivity 的界面设计

在曲线刷新的过程中,曲线图默认会在轴方向上自适应坐标轴数值的范围,使曲线尽可能地从上到下填充满整个屏幕,方便观察曲线的细节。曲线的 X 轴指示了无人机当前的飞行时间,且会自动与无人机的开桨时间同步。

(2) ChartActivity 软件设计。

ChartActivity 主要的曲线显示功能由开源的 Android 图表绘制库 achartengine 中的库函数完成,绘图数据的来源由设置在广播消息处理层的 mReceiver 从 MainActivity 发出的广播中获取。

7.2.2 地勤管理平台软件设计

无人机送货的流程如下。

(1) 在地勤管理软件的数据库中添加录入客户的姓名、电话、地址等信息。

(2) 地勤管理软件中录入本次要分拣的货物信息,在地图上单击货物的目的地,自动规划送货路径,并将上述信息生成二维码,以供粘贴在货物之上。

(3) 将货物置于无人机的机械爪之中,无人机上红外模块识别到货物之后自动合上机械爪,抓取货物。

(4) 无人机上摄像头I拍摄货物上的二维码,使用高性能微型计算机识别二维码,获取货物信息,提取飞行路径和目标地点坐标等信息,并传递给飞行控制模块,指示无人机飞行路径。

(5) 通过飞行控制模块上的按键一键启动无人机,无人机根据设定路径和设定坐标飞往目标地点,飞行过程中实时向地勤管理端传输当前坐标及飞行器姿态等飞行信息。地勤管理端接收到飞行器发来的信息后,将飞行器实时的飞行路径显示在地图上以便监控无人机的飞行。同时,飞行过程中通过图传模块实时向地勤管理软件和地面调试平台传输摄像头Ⅱ采集到的地面图像,用于调试和监控。

(6) 无人机在飞至指定地点附近时,摄像头Ⅱ采集地面图像,高性能微型计算机根据采集到的图像匹配识别地面标识物,如果识别到预先设定好的标识物,将标识物的中心坐标传输给飞行控制模块,飞行控制模块根据无人机的高度和角度数据,计算出标识物相对无人机的实际偏差,调整无人机悬停坐标至标识物之上。

(7) 无人机在标识物上方稳定悬停后,自动下降,并打开机械爪放下货物。与此同时,告知地勤管理软件该货物已经成功送达。地勤管理软件通过 GPRS 模块短信告知用户货物已经配送完毕。

(8) 货物送达后,无人机重新起飞,沿原路径返回出发位置,重新进入待命状态。

地勤管理部分主要负责实现如下功能。

(1) WPF(Windows Presentation Foundation)图形化界面编程。

(2) 用登录界面验证登录者的用户名与密码,以确认操作者的权限。

(3) 实现地图的显示、移动以及缩放。

(4) 将送货无人机工作所需的所有信息(包括货物编号、经纬度偏移值)生成二维码并通过打印机打印。

(5) 在飞行过程中能实时监控送货无人机的状态,将飞行轨迹及位置实时显示在地图上,并在收到飞控模块发送的送货完成信号后以短信的形式通知客户货物已配送完毕,在这时更新数据库中的配送记录。

(6) 使用数据库来记录客户的信息(包括姓名、电话、送货地址及该地址的经纬度)、分拣状态以及分拣历史。

(7) 能够管理客户的信息列表,对其进行增加、修改、删减操作。

(8) 在送货无人机飞行过程中实时监控送货无人机。

(9) 能根据客户姓名、手机、货物编号查询送货记录列表。

本方案旨在实现一套完整的无人机送货和管理平台,在无人机送货领域做出一次概念性的尝试。

1. 软件系统的组成

无人机地勤管理的软件系统主要包含六部分:用户登录、功能选择、货物分拣、用户数据管理、分拣记录查询以及修改账户密码,如图 7.35 所示。

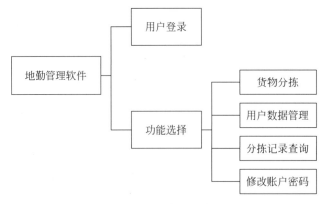

图 7.35　地勤管理系统构成

2. 用户登录界面

用户登录界面(MainWindow)主要用于验证登录者的用户名和密码,以确认用户的操作权限,界面如图 7.36 所示。可以看到,这个界面中主要包含的控件有 1 个 Canvas 画布控件(用于放置图片)、2 个 Label 控件(分别用于标注登录名和密码)、TextBox 控件(用于输入用户名)和 PasswordBox 控件(用于输入用户密码)各一个以及 1 个 Button 控件(用于登录)。

图 7.36 登录界面

3. 功能选择界面

功能选择界面主要是将地勤管理系统的主要功能部分按照各自的功能分类,供用户选择自己接下来想要实行的操作,所以制作起来相对来说也是最简单的,只需要添加一个 Label 控件和 3 个 Button 控件即可,具体界面如图 7.37 所示。可以看到,其中的 Label 控件用来显示项目的名称,另外三个 Button 分别用来与货物分拣界面、用户数据管理界面以及分拣记录查询界面建立连接。

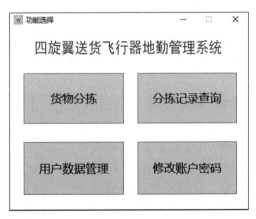

图 7.37 功能选择界面

4. 用户数据管理界面

用户数据管理界面主要包含数据表的显示、地图部分以及对数据表进行增加、删除和修改操作这三大主要功能,如图 7.38 所示。

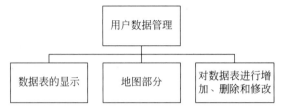

图 7.38　用户数据管理功能构成图

数据表的显示是为了让管理者清晰明了地看到送货清单,即 Receiver 数据表。地图部分的功能主要是显示地图,在地图中显示分拣中心,同时将分拣中心的所有送货地址标注出来。当单击某送货点的标注时能将该点的地址显示出来;当单击地图中标注的某一地址时会在 WPF 界面中显示该点的经纬度坐标。除此之外要能在 WPF 界面中直接对数据表进行相应的修改、删除和增加操作,方便管理人员对数据表进行管理,要增加一个返回按钮,方便回到 FunctionWindow 中进行其他的操作。

5. 货物分拣界面

货物分拣界面主要包含地图部分、图像传输、飞行器状态显示以及生成并打印二维码四大主要功能,如图 7.39 所示。

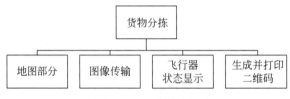

图 7.39　货物分拣功能构成图

地图部分主要是在地图上显示无人机的飞行轨迹,用来实时监控无人机飞行的位置。图像传输主要用于实时传输 Intel 高性能处理器上的桌面来监控无人机的飞行状态。飞行器状态显示主要是实时监控飞行器的状态,完成串口通信,当收到无人机发送的送货完毕信息后向客户发送提示短信。要将客户的信息及经纬度信息生成二维码并将其打印出来,增加一个返回按钮,便于回到 FunctionWindow 中进行其他的操作。

6. 分拣记录查询界面

分拣记录查询界面的主要功能就是显示送货记录表,供工作人员按照姓名、货物编号或者手机号来查询配送历史以及重置数据表,如图 7.40 所示。

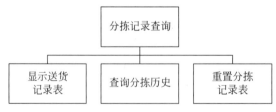

图 7.40　分拣记录查询功能构成图

7. 修改账户密码

该无人机还创建了一个可以修改账户密码的界面。在该界面的实现过程中,先添加 4 个 Label 和 4 个 TextBox 控件,分别用于输入原用户名、密码以及新用户名、密码。在代码中先验证原用户名和密码,如果错误则重新输入;如果正确则再验证新的用户名和密码是否为空,若为空则弹出消息框,提示用户名和密码不能为空,若不为空则将新的用户名和密码添加到 UNandPW 数据表中,这样在下次登录界面时才可以使用修改后的用户名和密码,该界面具体如图 7.41 所示。

图 7.41 修改账号密码界面

7.3 地勤管理软件平台各功能具体介绍

7.3.1 功能选择界面

功能选择界面主要是将地勤管理系统的主要功能按照各自的功能分类,可以供用户来选择自己接下来想要进行的操作,所以制作起来是比较简单的,只需要添加一个 Label 控件和 3 个 Button 控件即可。其中的 Label 控件用来显示项目的名称,另外 3 个 Button 控件分别用来与货物配送界面、用户数据管理界面以及配送记录查询界面建立连接。

右击解决方案资源管理器中的项目名称,选择添加新建项即可创建新的 WPF 界面,该项目中此界面称为 FunctionWindow。在 FunctionWindow.xaml.cs 中,需要将 MonitorWindow 类、DataWindow 类以及 DeliveryhistoryWindow 类的对象都设置为静态变量,因为之后需要使用这些窗体的成员变量或成员函数,然而这些成员变量或成员函数都不是静态的,所以不能直接调用它们。如下代码所示,将 DataWindow 的对象设置为静态变量 d。

```
public static DataWindow d;
private void data_btn_Click(object sender, RoutedEventArgs e)
    {
        this.Close();
        d = new DataWindow();
        d.ShowDialog();
    }
```

7.3.2 用户数据管理

用户数据管理界面主要包含地图部分、数据表的显示以及对数据表进行增加、删除和修改操作三大主要功能,如图 7.42 所示。

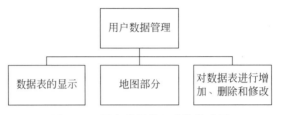

图 7.42 用户数据管理功能构成图

其中数据表的显示是为了让管理者清晰明了地看到送货清单,即 Receiver 数据表;地图部分的功能主要是显示地图,在地图中显示分拣中心同时将分拣中心的所有送货地址标注出来,当单击某送货点的标注时能将该点的地址显示出来;当单击地图中标注的某一地址时会在 WPF 界面中显示该点的经纬度坐标;除此之外要能在 WPF 界面中直接对数据表进行相应的修改、删除和增加操作,方便管理人员对数据表进行管理;最后要增加一个返回按钮,方便回到 FunctionWindow 中进行其他的操作。

1. 数据表的显示

在 DataWindow 中要显示的数据表是 Receiver 数据表。要在 WPF 中插入数据表,须将其与 SQLite 建立连接,添加引用——System. Data. SQLite. dll。该引用不是 WPF 中自带的程序集,所以要到 SQLite 的官方网站上下载 sqlite-netFx451-binary-Win32-2013-1.0. 105. 0. zip,下载地址为:http://system. data. sqlite. org/index. html/doc/trunk/www/downloads. wiki。下载完成后解压压缩包,可以在文件目录下找到 System. Data. SQLite. dll 文件。

打开解决方案资源管理器,右击引用→添加引用→浏览,然后添加解压过的 System. Data. SQLite. dll 文件即可。

在 WPF 界面中添加一个 DataGrid 控件,用来显示数据表,将其命名为 informationGrid。在 DataWindow. xaml. cs 中引用 System. Data 和 System. Data. SQLite 命名空间(相应代码为 using 命名空间),这样就可以直接调用这些命名空间中的方法属性和类了;因为在 DataWindow 中要显示的数据表是 Receiver,所以在代码中新建与数据表的连接时,要将 Receiver 数据表写入代码,然后打开连接,发送要传给数据库的指令——查看 Receiver 表中的所有内容,这样就可以在数据库中显示 Receiver 表了,具体代码如下:

```
static readonly string DB_PATH = "Data Source = E:/SHU/graduation/SQLite/information.db";
    //数据表显示
    void show()
    {
        using(SQLiteConnection con = new SQLiteConnection(DB_PATH))   //建立连接
        {
```

```
                con.Open();                                    //打开连接
                string sqlStr = "select * from receiver";      //查看表格全部内容
                SQLiteDataAdapter adapter = new SQLiteDataAdapter(sqlStr,con);
                DataSet ds = new DataSet();
                adapter.Fill(ds);
                DataView dv = ds.Tables[0].DefaultView;
                con.Close();
                con.Dispose();
                informationGrid.ItemsSource = dv;
            }
        }
```

最后,数据表显示完成结果如图7.43所示。

name	phonenumber	address	longitude	latitude
陈倩	18179423814	A2-5	121.397928	31.323759
俞沁洋	13061980061	C2-3	121.395848	31.32048
徐晨畅	18702188201	A3-3	121.395848	31.323029
王五	13800138001	A1-1	121.393768	31.324489
张三	13800138002	A4-1	121.393768	31.322299
周七	13800138005	B2-4	121.402493	31.323759
李四	13800138003	D1-1	121.399373	31.32121
赵六	13800138004	D3-2	121.400413	31.31975

图7.43 receiver数据表显示效果

2. 地图部分

在此部分中,在显示分拣中心地图界面的同时将发货点以特殊的标注标记出来,并能对地图进行缩放平移等操作;地图上将各个送货地址标注出来,显示在分拣中心的地图中,单击某标注时,地图上会出现一个显示框,显示该送货地址;在单击标注的同时,能拾取被标注点的经纬度坐标,并将其显示在WPF的两个Label中。

要实现地图的显示,需要在DataWindow窗体中添加WebBrowser控件,还要用到百度地图API。百度地图JavaScript API是一个应用程序接口,由JavaScript语言编写的,可以实现交互性强且功能丰富的地图应用,同时,它还支持移动端以及PC端基于浏览器的地图应用开发以及HTML5特性的地图开发。这整套API都是免费对外开放的,要想使用它必须申请密钥(AK)来获取百度地图的授权,且接口没有使用限制。

申请密钥的具体步骤是:上百度地图API的官网中找到JavaScript API,然后选择其中的获取密钥→创建应用,然后进行如图7.44所示设置即可。如果需要对应用配置重新进行修改,可以在应用列表中重新设置飞行器和遥控器需要的应用。

获取到密钥后,要在WPF中的解决方案资源管理器内再新建一个文件夹来存放HTML文件,然后右击选择添加新建项,选择其中的HTML页,在DataWindow中加载的HTML页叫作HTMLPagemapdata.html。在其中输入调用百度地图API的JavaScript代码就可以实现有关地图界面显示的操作。

关于百度地图API的JavaScript代码的编写,在其官网的JavaScript API中有相关的示例可以参考,要实现地图的显示可以参考地图示例目录下的地图展示,将获取到的密钥放到head中的如下代码中即可获取到百度地图的授权。代码如下:

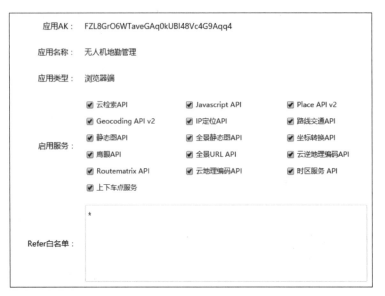

图 7.44 创建应用设置

```
< script type = "text/javascript"
src = "http://api.map.baidu.com/api?v = 2.0&ak = FZL8GrO6WTaveGAq0kUBI48Vc4G9Aqq4">
</script >
```

为了实现地图的显示以及对地图进行缩放平移等操作,需初始化地图并设置中心点的坐标为要查询地址的经纬度坐标,将地图的显示级别设置为 15 级,并添加地图类型的控件以及开启鼠标滚轮的缩放,.html 的具体代码如下:

```
var map = new BMap.Map("allmap");                //创建 Map 实例
    map.centerAndZoom(new BMap.Point(121.406946,31.32014),15);
                                                 //初始化地图,设置中心点坐标和地图级别
    map.addControl(new BMap.MapTypeControl());   //添加地图类型控件
    map.enableScrollWheelZoom(true);             //开启鼠标滚轮缩放
```

在 .xaml.cs 中,要引用 System.IO 这个命名空间,因为要用到其中的 stream 类。加载 HTML 页生成的地图,同时要消除打开网页时的提示警告框,具体代码如下:

```
//加载显示地图的同时消除警告框
Uri uri = new Uri(@"pack://application:,,,/mhtml/HTMLPagemapdata.html",UriKind.Absolute);
        Stream source = Application.GetResourceStream(uri).Stream;
        DataMapBrowser.NavigateToStream(source);
```

飞行器和遥控器需要为百度地图添加配送中心的地图。在该项目中,配送中心被分为四个区域,分别为 A 区、B 区、C 区和 D 区,其中每个区域都有 4 行 5 列的收货区,以 A 区为例,左上角收货区为 A1-1,右下角收货区为 A4-5。

由于百度地图采用瓦片式加载方式,不同的缩放级别地图瓦片的划分方式也不同,因此要实现在原有的百度地图图层上叠加自定义的仓库地图图层,必须先根据百度地图相应的

切图方式对绘制好的仓库地图进行分割,这里使用了百度地图切图软件 TileCutter。下面以仓库第三级图片为例介绍使用 TileCutter 进行瓦片切割的方法。

(1) 选择需要切割的图片和瓦片输出目录。

(2) 选择输出类型为"图块及代码"。

(3) 在地图上选取待切割图片所在的中心点经纬度,如图 7.45 所示。

图 7.45　TileCutter 中心点坐标设置

(4) 选择需要显示待切割图片的最大和最小地图缩放级别及原图所在级别。这里在第 17 级和第 18 级别显示仓库第三级图片,因此最大级别为 18,最小级别为 17。

(5) 单击"下一步"按钮完成切图。

如图 7.46 所示,切割后的图片存放在输出文件夹下相应的缩放级别的文件夹中,图片由 tile 和瓦片的 x 坐标加上下画线和瓦片的 y 坐标组成。因此在 javascript 中使用'tiles/'+zoom+'/tile'+x+'_'+y+'.png'指定覆盖层瓦片需要加载的图片,并使用 addTileLayer 函数完成加载自定义覆盖层。

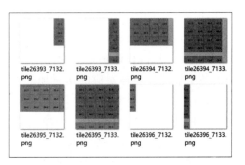

图 7.46　切割后的图片

　　然后在初始化地图的同时,在地图上将各个送货地址标注出来显示在地图上,并且当单击某标注时,地图上会出现一个信息框,显示该标注对应的送货地址。在 DataWindow. xaml. cs 中创建一个新的函数,用来初始化地图,将其命名为 init_map()函数,在该函数中将分拣中心的 A,B,C,D 四个区中添加标志物。最后,因为 JavaScript 空间中点的坐标以及收货点等信息是从 C♯空间中读取出来的,而且要将这些信息以值的形式传给 JavaScript,供其显示收货地址,所以要实现 WebBrowser 控件与 JavaScript 的交互,在. xaml. cs 中创建一个 CalledbyJS 类,并将该类设置为 com 可访问,这样在该类中定义的方法才可以被 JavaScript 调用。再在 init_map()中用 for 循环语句遍历每个区的 4 行 5 列,并在其中用 MapBrowser. InvokeScript 方法将标注的经纬度坐标值和对应的收货地点等信息以参数的形式传递给 JavaScript 空间中用来添加标注的函数并调用该函数,这样飞行器和遥控器就可以直接在. html 中用到. cs 的信息了。在 CalledbyJS 类中定义一个方法,用于将数据中的各经纬度坐标在地图中标注出来,将该方法命名为 show_markers()。以 A 区为例,for 循环语句的具体实现代码如下:

```
//添加 A 区标志物
for(int i = 0; i < 5; i++)
{
    for(int j = 0; j < 4; j++)
    {
        DataMapBrowser.InvokeScript("addmarker",
        121.393768 + i * 0.00104,31.324489 - j * 0.00073,"A" + (j+1) + "-" + (i+1));
    }
}
```

　　因为要将地图上的经纬度坐标点显示在 WPF 的两个 Label 中,但是 WPF 使用的是 C♯语言,而本工程使用的百度地图 API 是用 JavaScript 语言编写的脚本,单击地图后拾取的经纬度坐标是由百度地图 API 得到的,所以这里又要实行 WebBrowser 与 JavaScript 的交互。为了将 JavaScript 空间中获取到的坐标点传递到 C♯空间中,先在 C♯空间中声明了两个全局静态变量,然后在 xaml. cs 中已创建过的 CalledbyJS 类中声明 setXY(double lofromjs, double lafromjs, string addfromjs)这个方法,之后在 JavaScript 空间中调用此方法并将获取到的坐标值和地址以参数的形式传递进去,那么在 setXY 函数体中即可通过将参数值赋给全局变量的方式完成数据传递。

　　在. html 代码中,要创建一个接收 WPF 传过来值的函数,在该项目中将此函数命名为 addmarker(lo, la, address),再利用传过来的各个送货地址的经纬度信息来创建标注并将标注添加到地图中,再在该函数中新建一个函数,将其命名为 openInfo 函数,将 C♯空间中传过来的各个经纬度坐标对应的送货地址作为参数传给它,在该经纬度坐标的地方创建一个消息框,显示该坐标点对应的送货地址,让管理者能够更加清楚地知道自己所单击的标注对应的送货地址。另外,再创建一个单击事件处理函数,将其命名为 addClickHandler 函数,在该函数中给地图添加一个事件监听器,当单击地图某一点时,将地图拾取点的经纬度坐标以参数形式传给 setXY。并在单击事件监听器中调用 openInfo 函数,让使用者在单击地图上标注时能开启信息窗口并在窗口中显示地址。最后再在 addmarker(lo, la, address)中调用 addClickHandler(content, marker）即可。最后，地图部分完成效果如图 7.47 所示。

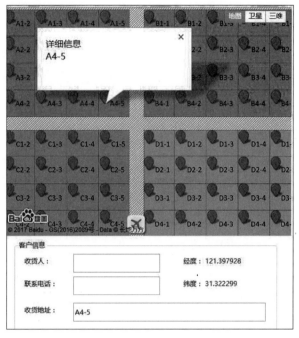

图 7.47 地图部分显示结果

其中，.html 的具体实现代码如下：

```
function addmarker(lo, la, address)
{
    var new_point = new BMap. Point(lo, la);
    var marker = new BMap. Marker(new_point);        //创建标注
    var content = address;
    map. addOverlay(marker);                          //将标注添加到地图中
    addClickHandler(content, marker);

    function addClickHandler(content, marker) {
        marker. addEventListener("click", function(e) {
            openInfo(content, e);
            window. external. setXY(lo, la, address);
        }
        );
    }

    function openInfo(content, e) {
        var p = e. target;
        var point = new BMap. Point(p. getPosition(). lng, p. getPosition(). lat);
        var infoWindow = new BMap. InfoWindow(content, opts);   // 创建信息窗口对象
        map. openInfoWindow(infoWindow, point);      //开启信息窗口
    }
}
```

.xaml.cs 中的具体代码如下:

```
[System.Runtime.InteropServices.ComVisibleAttribute(true)]
//将 CalledbyJS 类设置为 com 可访问
//供 Javascript 调用的类,获取 Javascript 传过来的经纬度信息并在标签中显示出来
public class CalledbyJS
{
    public void setXY(double lofromjs,double lafromjs,string addfromjs)
    {
        lo = lofromjs;
        la = lafromjs;
        address = addfromjs;
        FunctionWindow.d.setlola();
        FunctionWindow.d.setaddress();
    }

    public void show_markers()
    {
        FunctionWindow.d.init_map();        //将数据库中的各点标注在地图中
    }
}
```

这里,飞行器还需要使用遥控器,并在地图上将无人机的起始发货点特殊标记出来,要将给发货点创建标注时用作标注的图片添加到解决资源管理器内的 icons 文件夹下,再创建标注并将标注以 40×40 像素大小添加到地图中,具体代码如下:

```
var pt = new BMap.Point(121.405958,31.32304);
    var myIcon = new BMap.Icon("file:///" + path + "/icons/3.png",new BMap.Size(40,40));
    //创建标注实例
    var base = new BMap.Marker(pt,{ icon: myIcon });   // 创建标注
    map.addOverlay(base);                              //将标注添加到地图中
```

3. 数据表的增加、修改和删除操作

在该项目中要求能让管理者管理数据表,并对数据表进行增加、修改和删除操作。单击数据表的某行时,将该行的客户姓名、联系电话以及送货地址显示在 WPF 中供管理者直接修改,将经纬度坐标显示在 Label 中,让管理者直接单击地图上的某点对经纬度坐标进行修改。

在 informationGrid 的属性中单击"选中元素的事件处理程序",找到其中的 Mouseup,双击它右边的空白处,给数据表添加了一个鼠标松开事件处理程序。在这个处理程序中,对各个 TextBox 和 Label 控件赋值。需要注意的问题是:如何获取表格中每行的信息? 在.xaml 中声明了一个 getrow 的方法,具体代码如下:

```
object a;
    DataRowView b;
    //获取表格中每行的信息
    void getrow()
```

```
        {
            a = this. informationGrid. SelectedItem;
            b = a as DataRowView;
        }
```

如果要将该行客户的姓名显示在 TextBox 上,只需在鼠标松开事件内用到 getrow()方法,再加上如下代码即可,其他信息的添加以此类推:

```
this. name_text. Text = b. Row[0]. ToString();
```

在. xaml 中声明了 3 个函数,分别是 add 函数、update 函数和 delete 函数。对数据库要进行相应的操作,然后在 WPF 中添加 3 个 Button 控件,分别是增加按钮、修改按钮和删除按钮,当单击不同的按钮时,只需要调用不同的操作数据库的函数就可以执行不同的操作。在代码中将 TextBox 控件和 Label 控件的内容作为参数传到 add 函数和 update 函数中,delete 函数不用传递参数。这里以 add 函数为例进行说明,add 函数需要将所有信息进行输入,所以传进去的参数要有姓名、手机号码、送货地址以及经纬度坐标,再建立 WPF 与数据库之间的连接,将这些参数传给数据库操作语句并执行即可,具体代码如下:

```
//增添函数
        void add(string name, long tel, string address, double longitude, double latitude)
        {
            using(SQLiteConnection con = new SQLiteConnection(DB_PATH))
            {
                con. Open();
                string sqlStr = "insert into receiver values ('" + name + "'," + tel + ",
'" + address + "'," + longitude + "," + latitude + ")";
                using(SQLiteCommand cmd = new SQLiteCommand(sqlStr, con))
                {
                    cmd. ExecuteNonQuery();
                }
            }
        }
```

在 update 函数和 delete 函数中:根据所需,可以在 SQLite Expert Personal 中测试相应的代码是否正确。数据库的执行语句代码如下所示(数据库操作语句在前文中有详细介绍):

```
string sqlStr = "update receiver set name = '" + newname + "', phone_number = " + newtel + ",
address = '" + newaddress + "', longitude = " + newlongitude + ", latitude = " + newlatitude +
" where phone_number = " + tel; //update 函数中操作数据库的语句
string sqlStr = " delete from receiver where phone_number = " + tel;
            //delete 函数中操作数据库的语句
```

分别在 3 个 Button 的单击响应事件中调用相应的方法,注意在调用每个方法后要刷新 WPF 中的数据表,否则仅仅只是数据库中的表格发生了更改,而 WPF 界面上显示的表格不会更改。实现刷新的方法是在代码中添加了一个 refresh()方法,只要将 informationGrid

中的数据源清空(具体代码如下所示)再重新显示一下数据表即可。还有,在单击"删除"按钮后,要将 TextBox 控件和 Label 控件的显示信息内容清空。

```
informationGrid.ItemsSource = null;    //将数据源清空
```

最后,实现的整体界面效果如图 7.48 所示。

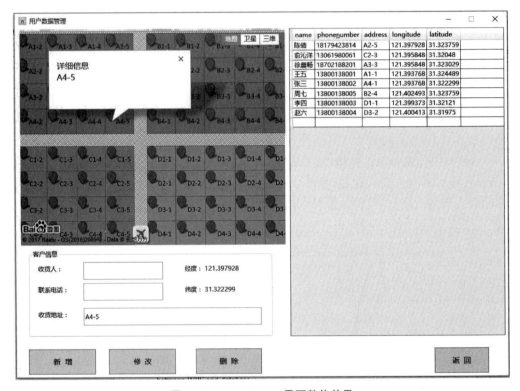

图 7.48　DataWindow 界面整体效果

7.3.3　货物分拣界面

在该项目中,货物分拣界面主要包含地图部分、图像传输、飞行器状态显示以及生成并打印二维码这四大主要功能,如图 7.49 所示。

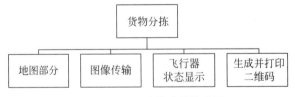

图 7.49　货物分拣功能构成图

其中地图部分主要是在地图上显示无人机的飞行轨迹,用来实时的监控无人机飞行的位置;图像传输部分主要用于实时传输 Intel 高性能处理器上的桌面来监控无人机的飞行状态;飞行器状态部分主要是实时监控飞行器的状态,完成串口通信,当收到无人机发送的送货完毕信息后向客户发送提示短信；要将客户的信息及经纬度信息生成二维码并将其打印出来；最后要增加一个返回按钮，方便回到 FunctionWindow 中进行其他的操作。

1. 地图部分

在该项目中，地图部分要实现的功能如下。

（1）以目标为中心显示地图，能对地图进行缩放平移等操作，并在地图上将发货点特殊标记出来，在确定输入送货人手机号和货物编码后，将待送货的地址在地图中用一个跳跃的标注标记出来。

（2）在地图上显示无人机的飞行轨迹，同时将无人机此时的位置实时的反映在地图中。

要实现地图的显示，与 DataWindow 的操作一样，仍然需要在 Monitor 窗体中添加 WebBrowser 控件并调用百度地图 API，可以继续使用在 DataWindow 界面中使用过的密钥，同样要在 WPF 中的解决方案资源管理器内的 mhtml 文件夹中添加一个新的 HTML 页，在 MnitorWindow 中加载的 HTML 页叫作 HTMLPagemap.html。

地图的显示、分拣中心的添加、无人机起始发货点的标注、对地图进行缩放、平移、地图的属性设置的相关.html 代码，以及关于如何在 WPF 中显示加载 HTML 页的地图，同时消除警告框的.xaml.cs 代码均在 7.3.1 节中讲明，不再赘述。

以上部分将地图加载显示部分做完了，接下来就是要在界面中添加两个 TextBox 控件分别用来输入货物编号和客户的手机号，以及一个 Label 控件用于显示客户的详细信息并打印，再添加一个 Button，将该按钮绑定一个单击事件。在该事件中先利用正则表达式来判断使用者输入的货物编号是不是数字，如果不是数字，则弹出一个消息框显示"货物编号只能是数字"；如果是数字，则再判断客户的手机号码是否正确，即是否存在于 receiver 数据表中，如果错误，弹出一个消息框显示"请输入正确的手机号！"，如果正确，在 Label 中显示该客户的信息，包括姓名、地址、手机号码、送货点的经纬度信息以及货物编号。其中，姓名、地址以及经纬度信息从数据库中获取，所以要在 MonitorWindow.xaml.cs 中引用 System.Data.SQLite 和 System.Data 和两个命名空间，然后在该函数中建立并打开 WPF 与数据库之间的连接，让 WPF 将 receiver 数据表中的所有内容都缓存在内存中，用 foreach 遍历缓存内容，将经纬度坐标和收货人的信息都读取出来，显示在 Label 中，并在该 foreach 语句中用 MapBrowser.InvokeScript 语句调用 JavaScript 的 addjumpmarker 方法，并将经纬度信息以值的形式传给 JavaScript 中，其中 addjumpmarker 方法是用于添加跳跃的标记，为的是让管理者更清楚地看到送货的目的地址。

其中，.cs 中的 foreach 语句具体代码如下：

```
foreach(DataRow row in ds.Tables[0].Rows)
                {
                        string lo = row[3].ToString();
                        string la = row[4].ToString();
                        string name = row[0].ToString();
                        string address = row[2].ToString();
                        showlo = double.Parse(lo);
                        showla = double.Parse(la);
                        showname = name;
```

```
                                        showaddress = address;
                                        showdetail();
                                        MapBrowser.InvokeScript("addjumpmarker",showlo,showla);
                                    }
```

.html 中的 addjumpmarker 方法具体代码如下：

```
function addjumpmarker(lo,la){
        var new_point = new BMap.Point(lo,la);
        var jumpmarker = new BMap.Marker(new_point);      //创建标注
        map.addOverlay(jumpmarker);                       //将标注添加到地图中
        jumpmarker.setAnimation(BMAP_ANIMATION_BOUNCE);   //跳动的动画
    }
```

要实时显示无人机的轨迹,需要在.html 中新建一个 addpolyline 方法,将从 C♯ 空间中传来的该货物待投放的目的地址经纬度坐标作为参数传递进去,在目的地址和无人机发货点之间创建一条虚线即为无人机飞行轨迹并添加在地图中。在.cs 中,根据解析出来的飞行器回传过来的货物编号,内连接 receiver 和 deliveryhistory 数据表,并根据该货物编号来查询送货区域的经纬度坐标,并将其作为目的地址经纬度。在解析出无人机传回的全局坐标、投放状态和货物编号并进行转换后,在 JavaScript 脚本中再创建一个新的方法,在地图上绘制航线及无人机的当前位置,本项目将此方法命名为 display_flight_pos 方法,然后再在 C♯ 空间中调用该方法。该方法的具体内容为：先擦除地图上的所有标志覆盖物,然后根据 C♯ 空间传来的经纬度坐标在起点和终点间绘制一条虚线,再将飞行器状的覆盖物按转换后的经纬度坐标添加到地图中。这样,在收到无人机回传的状态信息后不断调用 display_flight_pos 方法就可以实现无人机当前位置的实时显示。

将飞行器状覆盖物放在虚线轨迹上的坐标转换,再将飞行器传过来的实际位置投影在飞行器轨迹的直线上,示意图如图 7.50 所示。其中,红色坐标系表示地图实际的经纬度坐标系,蓝色坐标系表示由飞行器回传解析出来的全局坐标系。BASELO 和 BASELA 是无人机起点的坐标,des_lo 和 des_la 是无人机投放货物的目的地址,pos_x 和 pos_y 是无人机回传过来的位置坐标,飞行器和遥控器需要先求出飞行器轨迹的斜率。在实际的地图经纬度坐标系中,因为经度和纬度在相同距离上的变化量是不同的,所以在计算斜率 k 的时候要进行修正,经计算得 $k' = \dfrac{(\text{des\_la} - \text{BASELA}) \times 83}{(\text{des\_lo} - \text{BASELO}) \times 66}$,从图中可以看到,飞行器轨迹所在的直线在两坐标轴中的斜率是互为倒数的,所以可以再通过 $k = 1/k'$ 来求飞行器投影在轨迹上的坐标点,得到一个二元一次方程组

$$\begin{cases} \dfrac{\text{project\_y-pos\_y}}{\text{project\_x-pos\_x}} = -\dfrac{1}{k} \\ \text{project\_y} = k \times \text{project\_x} \end{cases}$$

经计算,解得

$$\begin{cases} \text{project\_x} = \dfrac{\text{pos\_x} + \text{pos\_y} \times k}{k^2 + 1} \\ \text{project\_y} = k \times \text{project\_x} \end{cases}$$

（project_x，project_y）即为所求投影坐标。

求得投影坐标后，将其换算为实际的经纬度坐标（pos_lo，pos_la），可以看出，

$$
\begin{cases}
pos\_lo = BASELO - project\_y \times 1/660\,000 \\
pos\_la = BASELA - project\_x \times 1/830\,000
\end{cases}
$$

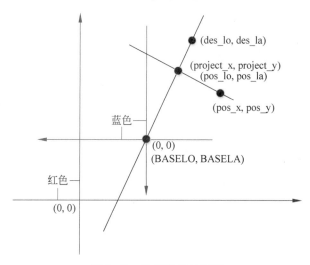

图 7.50 坐标转换示意图

最后，地图部分的界面显示效果如图 7.51 所示。

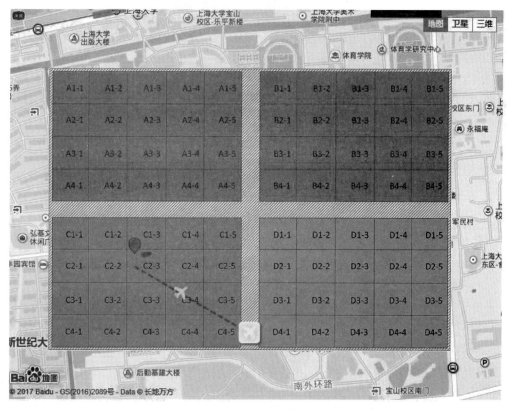

图 7.51 地图部分的界面显示效果

2. 图像传输

为了实时监控无人机的飞行状态,需要将无人机上图传发送来的画面显示在界面中。要在 WPF 中实现上述功能,需要下载一个 WPFMediaKit. dll 第三方插件,下载网址为 http://download. csdn. net/download/u010353944/8066517。然后在解决方案资源管理器中添加该引用,就可以在工具箱中找到 VedioCaptureElement 控件,将其直接拖入界面中。

在. xaml. cs 代码中,需要引用 WPFMediaKit. DirectShow. Controls 命名空间,然后新建一个函数,本项目将其命名为 Window_Loaded(),在该函数中获取输入设备的名字长度,如果该长度大于 0,就选择调用的摄像头,否则弹出消息框,显示"没有检测到摄像头"。在. xaml 代码中的 Window 内设置它的 Loaded 属性,使界面加载完成后调用前面创建的 Window_Loaded 函数。

为了让使用者能更方便地在界面中选择要使用的摄像头,利用 VedioCaptureElement 控件中自带的 ComboBox 控件来选择要调用的摄像头,在 ComboBox 属性中创建 SelectionChanged 事件处理程序,在该函数中添加如下代码即可实现该功能。

```
vce.VideoCaptureSource = (string)cb.SelectedItem;
```

最后实现效果如图 7.52 所示。

图 7.52　图像传输显示效果图

3. 飞行器状态

为了与无人机建立通信,掌握无人机的飞行状态,使用了 3DR 数传模块接收无人机发送的坐标位置、货物编号以及当前投递状态。当数传模块收到货物已经送达的消息,立即更新 deliveryhistory 数据表中的分拣状态,同时向客户发送中文短信提示货物已经送达。

(1) 3DR 数传模块。

本章中采用的 3DR 433MHz 无线数传模块接收灵敏度可达−121dBm,如图 7.53 所示。它拥有高达 250kbps 的空中数据传输速率,适用于点对点通信,在两端采用全向天线的情况下,其正常通信距离可以达到 5km,设备与该模块之间通过串口交换数据。

(2) 串口通信编程。

因为 3DR 数传模块与 PC 是通过串口通信的,因此要从该模块接收数据就需要进行串口编程,串口程序主要通过 SerialPort 类实现。

图7.53 3DR 433MHz 数传模块

当在下拉框中选择了正确的端口号后,单击"打开串口"按钮,程序会根据选项打开对应的串口,相关代码如图7.54所示。

```
s1 = sPort1.Text;
s2 = sPort2.Text;
if (s1.Equals("") || s2.Equals("") || s2.Equals(s1) )
{
    MessageBox.Show("串口打开失败! ");
    return;
}

//更改参数
serialPort1.PortName = s1;
serialPort1.BaudRate = 57600;
serialPort1.Parity = Parity.None;
serialPort1.StopBits = StopBits.One;

//上述步骤可以用在实例化时调用SerialPort类的重载构造函数

//打开串口(打开串口后不能修改端口名,波特率等参数,修改参数要在串口关闭后修改)
if (!serialPort1.IsOpen)
{
    serialPort1.Open();
}
else
    MessageBox.Show("Port is open!");
```

图7.54 打开串口代码

然后开启一个数据接收线程与主线程并行,专门用于接收数传模块的数据,相关代码如图7.55所示。

```
//同步阻塞接收数据线程
threadReceive = new Thread(new ParameterizedThreadStart(SynReceiveData));
threadReceive.IsBackground = true;
threadReceive.Start(serialPort);
```

图7.55 接收数传模块相关代码

根据与无人机飞控的数据协议,无人机发来的数据包长度共20字节,如表7.4所示,其中帧头为0x9C和0x5F前2个字节,第3~4字节代表无人机当前的X坐标,第5~6字节代表Y坐标,第7~8字节代表当前投递状态,第9~10字节代表当前投递的货物编号。这些数据均为16位有符号整数,低位先出,剩下的10字节保留未用。

表7.4 无人机回传数据帧结构

Byte1~2		Byte3~4	Byte5~6	Byte7~8	Byte9~10	...	Byte20
0x9C	0x5F	X坐标	Y坐标	投递状态	货物编号	保留	

因此从数传模块接收后需要对帧头进行定位,将帧头后面接收到的 18 字节保存到一个数组中,并对接收到的字节型数据进行重组,恢复为 16 位有符号整数。帧头定位的思路如下:用一个标志位 f 指示当前的帧头检测状态,未检测到帧头时,f=0;当接收到 0x9C 后进入预同步,f=1;如果下一个字节接收到 0x5F,则进入同步状态,f=2,接下来收到的 18 字节将被存储到 buf 数组中;否则返回失步状态,f=0。帧头检测的相关代码如图 7.56 所示。

```
if (f == 0)
{
    if (temp[0] == 0x9C)
    {
        f++;
    }
}
else if (f == 1)
{
    if (temp[0] == 0x5F)
    {
        f++;
    }
    else f = 0;
}
else if (f >= 2)
{
    buf[rcv_num] = temp[0];
    rcv_num++;
```

图 7.56　帧头检测相关代码

当收满 18 字节后,即可开始数据重组,相关代码如图 7.57 所示。以 X 坐标数据为例,接收完成后 buf[0]中存放的是 X 坐标的低字节,buf[1]中存放的是 X 坐标的高字节,因此需要将 buf[1]左移 8 位后和 buf[0]做按位或运算。但是移位后的 buf[1]和 buf[0]从字节类型变成了 32 位有符号整数类型,原本应该用来表示符号的第 16 位数据变成了数据位,引起了数据出错。因此需要使用 inttoshort 函数将重组后的数据进行转换,若该数大于 16 位有符号整数的最大值 32 767,则减去 65 536,否则保持不变。相关代码如图 7.58 所示。

```
if (rcv_num == 18)//收满了
{
    f = 0;
    rcv_num = 0;
    global_x = inttoshort((buf[1] << 8) | buf[0]);
    global_y = inttoshort((buf[3] << 8) | buf[2]);
    status = inttoshort((buf[5] << 8) | buf[4]);
    goodsnumber= inttoshort((buf[7] << 8) | buf[6]);
```

图 7.57　数据重组相关代码

```
private int inttoshort(int intnum)
{
    if (intnum > 32767)
    {
        return intnum - 65536;
    }
    else
        return intnum;
}
```

图 7.58　inttoshort 相关代码

飞行器状态部分具体实现效果如图 7.59 所示。

图 7.59　飞行器状态部分显示效果

整体算法流程图如图 7.60 所示。

(3) 当货物分拣完毕后,无人机到了送货地址区域,WPF 界面中要弹出消息框,提示货物配送完成,短信发送成功的消息。同时,数据库的物流信息要进行更新。

(4) 发送短信。

在函数中定义了一个 Sendtxt 函数,将串口作为参数传进去。在发送短信前,首先要知道客户的手机号码,所以要根据收到的货物编号来查询对应的客户的手机号码,并将该手机号码以字符串的类型存储在 tel 中。

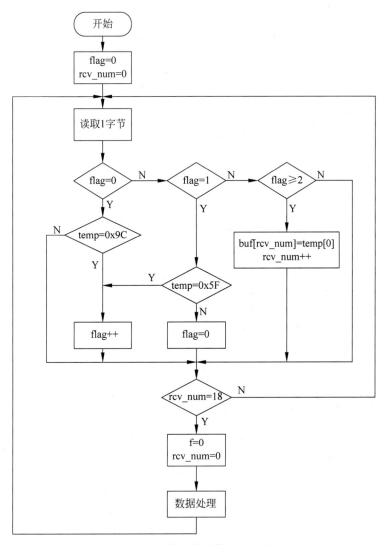

图 7.60　帧头检测算法流程图

系统利用 SIM900A 模块来发送短信。这是一款 GSM/GPRS 模块,其工作相当稳定,并且抗干扰性能强,集成度高,尺寸小巧。本项目发送的短信是中文,所以在使用 AT 命令时,要先设置字符格式是 UCS2 模式,相应指令为 AT＋CSCS＝\"UCS2\"<回车>;接着用 AT＋CMGF＝0<回车>将短信模式设置为 PDU;接下来使用 AT＋CSMP＝< fo >,< vp >,< pid >,< dcs ><回车>命令,其中< fo >使用了默认值 17,此时不支持状态消息回报,< vp >使用了默认值 167,表示保留的时间为 24 小时,< pid >使用了默认值 0,< dcs >设为 8,代表要发送的短信为中文;接着使用 AT＋CMGS＝\"手机号码的 UCS2 编码\"<回车>命令,选择自己要发送的手机号码,再将短信"您的包裹已经配送完毕!"的 UCS2 编码写入 SIM900A 模块中即可。最后一步很容易被忽视,一定要在最后将 0x1A 结束符发送到 SIM900A 模块中,否则是无法将中文短信发送出去的。其中,UCS2 编码的相关代码如图 7.61 所示。

```
/// <summary>
/// UCS2编码
/// </summary>
/// <param name="src"> UTF-16BE编码的源串</param>
/// <returns>编码后的UCS2串 </returns>
2 个引用
public static string EncodeUCS2(string src)
{
    StringBuilder builer = new StringBuilder();
    builer.Append("000800");
    byte[] tmpSmsText = Encoding.Unicode.GetBytes(src);
    builer.Append(tmpSmsText.Length.ToString("X2")); //正文内容长度
    for (int i = 0; i < tmpSmsText.Length; i += 2) //高低字节对调
    {
        builer.Append(tmpSmsText[i + 1].ToString("X2"));//("X2")转为16进制
        builer.Append(tmpSmsText[i].ToString("X2"));
    }
    builer = builer.Remove(0, 8);

    return builer.ToString();
}
```

图 7.61　UCS2 编码相关代码

4. 生成并打印二维码

在本项目中,要求将客户的姓名、地址以及收货点与送货站分别在经度和纬度方向上的偏移值等内容生成二维码并打印出来。具体操作内容分为 3 步。

(1) 生成二维码。

在本项目中,利用 Qrcode. Net 生成了两个二维码,一个作为控件显示在 WPF 界面中,另一个用于生成 Word 文档供打印使用。

先在官网上下载一个 Qrcode. Net,Qrcode. Net 是一个用 C♯ 编写的用于生成二维码的类库,所以在 WPF 中可以很方便地使用它来生成二维码。下载完成后解压,在该文件夹下的 Gma. QrCodeNet. Encoder 中找到 Gma. QrCodeNet. Encoding. dll,然后添加到解决方案资源管理器中,在工具箱中就可以找到 QrCodeImgControl 控件,将其直接拖入 MonitorWindow 中,将其命名为 qrcode,将货物编号以及送货点与发货处分别在经度和纬度方向上的偏移值等内容作为 qrcode 的文本内容,就可以生成记录这些信息的二维码。关于偏移值的计算,这里用的是相对偏移值,即将送货站的经(纬)度减去发货处的经(纬)度再乘上一个系数,将其转换为无人机的实际飞行距离(单位为厘米)。

另一个二维码的生成就没这么简单了,先要在. xaml. cs 代码中引用 System. Windows. Media. Imaging 命名空间,然后添加一个生成二维码的函数,将其命名为 GenerateQRCode,将货物编号以及送货点与发货处分别在经度和纬度方向上的偏移值等内容以及黑白两种颜色作为该函数的参数,在该函数中再将二维码要记录的信息文本传给该命名空间的库函数 Encode 作为其参数,以生成记录这些信息的二维码矩阵。声明一个空的位图文件,然后将遍历二维码矩阵中的每个元素,如果有值则将位图文件的该点设为黑色,没有值则设为白色。For 循环语句的具体代码如下:

```
for( int X = 0; X <= Code.Matrix.Width - 1; X++)
    {
        for( int Y = 0; Y <= Code.Matrix.Height - 1; Y++)
        {
            if(Code.Matrix.InternalArray[X,Y])
                TempBMP.SetPixel(X,Y,DarkColor);
            else
                TempBMP.SetPixel(X,Y,LightColor);
        }
    }
```

（2）制作 Word 模板以及将生成的二维码由 Bitmap 类型转换成 BitmapImage 类型并放大。

本项目中是将二维码打印在一张不干胶贴纸上，打印完成后贴在货物上，为此选用了一款型号为 HN-5050 的商用不干胶打印纸，该打印纸上有 5 行 4 列共 20 个 50mm×50mm 的方格，为了将二维码准确地打印在每个格子上，需要做个准确的 Word 模板。新建一个 Word 文档，单击"邮件"→"标签"→"选项"命令，在页式打印机中选择 Auto Select，如图 7.62 所示，然后单击新建标签，进行如图 7.63 所示的配置。再在各个标签中插入书签，这样生成的二维码就能直接插入这些书签的位置并准确地打印出来了。

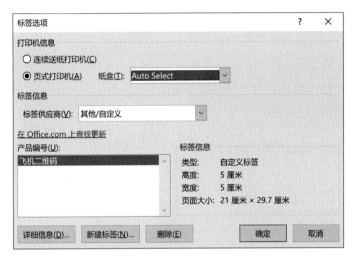

图 7.62　标签选项设置

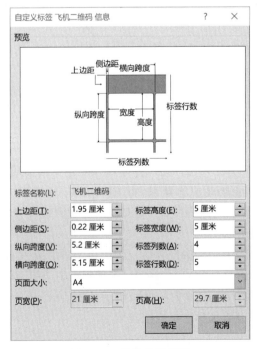

图 7.63　标签参数设置

完成上述步骤后,接下来的工作就是编写代码。由于之前生成的二维码是 Bitmap 类型,需要将其转换成 BitmapImage 类型,否则不能直接保存在 Word 文档中。使用 BitmapImage 类型需要添加 System. Windows. Media. Imaging 这个命名空间,新建一个 BitmapToBitmapImage 函数,将位图文件和二维码宽度放大系数 scale 作为该函数的参数,在该函数中遍历原位图文件中的每一个点,并将其扩展为 scale×scale 个点,并将每点的坐标重新进行计算,原图中的坐标为(i,j)的像素点,经放大后填充到以(scale * i,scale * j)为左上角、以(scale * i+scale,scale * j+scale)为右下角的一个正方形中,这样就完成了二维码的放大功能,缺少这步会导致二维码分辨率太低,无人机识别不出来。再在该函数中新建一个存储流,把经过放大后的位图文件放在存储流中,通过存储流为中间媒介,将位图文件转换为 BitmapImage 类型。核心代码如图 7.64 所示。

```
for (i = 0; i < bitmap.Width; i++)
    for (j = 0; j < bitmap.Height; j++)
    {
        System.Drawing.Color pixelColor = bitmap.GetPixel(i, j);
        System.Drawing.Color newColor = System.Drawing.Color.FromArgb(pixelColor.R, pixelColor.G, pixelColor.B);
        for (k = 0; k < scale; k++)
        {
            for (a = 0; a < scale; a++)
            {
                bitmapSource.SetPixel(scale * i + k, scale * j + a, newColor);
            }
        }

    }
MemoryStream ms = new MemoryStream();
bitmapSource.Save(ms, System.Drawing.Imaging.ImageFormat.Bmp);
BitmapImage bitmapImage = new BitmapImage();
bitmapImage.BeginInit();
bitmapImage.StreamSource = new MemoryStream(ms.ToArray());
bitmapImage.EndInit();
```

图 7.64　BitmapToBitmapImage 函数核心代码

(3) 将 BitmapImage 类型的二维码保存到 Word 文档中并打印出来。

在.xaml.cs 代码中创建一个 WordClass 类,在该类中新建一个返回值为 bool 类型的函数,用于生成并导出 Word 文档,将其命名为 ExportWord 函数,将模板文件、新模板、包含键和值的参数数组以及二维码图片的宽度和高度作为参数传进去。在该函数中,先生成一个 Word 程序对象,将模板文件复制到新文件中,紧接着生成 document 对象并打开文件将其激活,判断参数数组中值和键的数目是否大于 0,如果大于 0,遍历参数数组中的每个元素,将键赋给 Word 中插入的书签的名字,并将光标转到书签的位置,紧接着设置当前定位书签位置插入内容的格式,将生成的二维码图片插入在该 Word 文档中,并调整该图片的宽度和高度。输出完成后保存该 Word 文档,打印该 Word 文档后将其关闭,最后返回 true。为了捕获并处理这段程序可能出现的异常,将 ExportWord 函数中写入的代码放入在 try catch 代码段中,并在 catch 中返回 false,供后面使用时检测该段程序是否异常,是否生成了 Word 文档,代码如图 7.65 所示。

接下来再新建一个 WordEstablish 函数。将模板文件和新文件作为参数传递进去,在该函数中声明一个键和值的集合的参数,将 Word 模板中的书签名作为该集合的键,该集合的值设为空。再判断 ExportWord 函数的返回值是否为 true,若为 true,则弹出"生成(新文件)成功!"消息框,否则弹出消息框显示当前异常。

```
object what = Word.WdGoToItem.wdGoToBookmark;
object WordMarkName;
foreach (var item in myDictionary)
{
    WordMarkName = item.Key;
    doc.ActiveWindow.Selection.GoTo(ref what, ref missing, ref missing, ref WordMarkName);//光标转到书签的位置
    doc.ActiveWindow.Selection.ParagraphFormat.Alignment = Word.WdParagraphAlignment.wdAlignParagraphCenter;
    //设置当前定位书签位置插入内容的格式
    doc.ActiveWindow.Selection.InlineShapes.AddPicture("C:\\Users\\年瓜！\\Desktop\\a.jpg");
    doc.Application.ActiveDocument.InlineShapes[1].Width = width;//图片宽度
    doc.Application.ActiveDocument.InlineShapes[1].Height = height;//图片高度
}
```

图 7.65　将二维码插到图片中的代码

在 MonitorWindow 中添加了一个用于打印的 Button 按钮,再将该按钮绑定一个单击事件,在该事件中利用正则表达式来判断使用者输入的货物编号是不是数字,如果不是数字,弹出一个消息框显示"货物编号只能是数字";如果是数字,还需要判断该货物编号是否已经存在于 deliveryhistory 数据表中,所以又需要建立 WPF 与数据库之间的连接,在数据库中查询 goodsnumber 等于 TextBox 中输入的货物编号,如果经查询生成的表格中有值则返回 false,弹出消息框显示"该货物编号已存在!";否则返回 true,并更新 deliveryhistory 数据表,前面关于数据库的操作讲过多遍,此处不再赘述。接着调用 GenerateQRcode 方法 BitmapToBitmapImage 函数,将 scale 设为 30,并声明一个文件流,将生成的二维码图片存到该文件目录下。然后就可以在该函数中生成 Word 文档了,生成 Word 模板时,需要判断该模板是否存在,如果可行,则调用 WordEstablish 函数来生成文档,否则就要弹出消息框,显示"原模板不存在!"。

图 7.66　二维码显示效果图

二维码的生成与打印部分的功能最终实现成果如图 7.66 所示。

与 DataWindow 一样,MonitorWindow 中也需要添加一个返回按钮,方便回到上一层界面,即 FunctionWindow。具体实现与 DataWindow 类似,不再赘述。最终该界面的整体实现效果如图 7.67 所示。

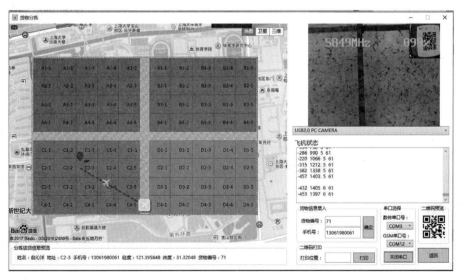

图 7.67　MonitorWindow 界面显示

7.3.4 分拣记录查询

在本项目中,分拣记录查询界面的主要功能就是显示送货记录表,供工作人员按照姓名、货物编号或者手机号来查询分拣历史以及重置数据表,如图 7.68 所示。

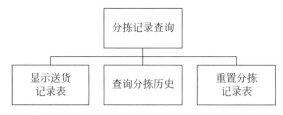

图 7.68 分拣记录查询功能构成图

1. 显示送货记录表以及重置分拣记录表

送货记录表是要建立 receiver 数据表和 deliveryhistory 数据表的连接,将这两个表合并为一个表并按货物编号的大小进行升序排列。首先进行内连接操作,即使用关键字 inner join,通过将 receiver 数据表中的电话号码作为外键,将 deliveryhistory 数据表中的电话号码作为主键来建立这两个数据表之间的连接。然后使用 order by 和 asc 关键词将合并后生成的表按货物编号的大小进行升序排列。由于这个界面中只包含对数据库的操作,所以有很多代码是重复的,为了使代码更加简洁,可以声明一些字符串常量,将这些重复的操作语句存储在这些字符串常量中。按货物编号升序显示数据表的操作语句代码如下:

```
private const string select = " select d.[goodsnumber], r.[name], r.[phone_number], r.
[address],d.[logistics_information] from receiver as r inner join deliveryhistory as d on r.
[phone_number] = d.[telephonenumber] ";
        private const string order = " order by d.[goodsnumber] asc";
string sqlStr = select + order;        //升序查询
```

重置数据表的实现更简单了,只需要添加一个重置按钮,在单击事件函数中重新显示内连接后的数据表,并将用于输入姓名、货物编号以及手机号码的 TextBox 清空即可。

2. 数据表的查询

本项目中,既可以根据客户的姓名、手机号或货物编号的单独条件进行查询,也可以根据多个条件进行查询。在 DeliveryhistoryWindow 中添加一个查询按钮,为该按钮绑定一个单击事件函数,在该函数中进行查询工作,在该函数中声明了 4 个字符串类型的变量,分别是 conditiontel、conditionname、conditiongoods 和 sqlStr。进行判断时,如果要根据多个输入条件进行判断,要将数据库的操作语句中要将同时查询的条件用关键词 and 连接起来,但是单个操作语句却不用,所以要判断按查询语句中输入条件的顺序来判断输入该条件后面条件的控件中内容是否为空,如果为空,则操作语句后面就不加 and 关键词,否则要加。在操作查询语句条件时是按姓名、货物编号、手机号的顺序来查找的,这里以判断输入姓名 TextBox 控件(name_txt)中的内容为例来讲解。如果 name_txt 控件中的内容为空,将 conditionname 设为空,再判断输入货物编号的 TextBox 控件(goodsnumber_txt)和输入手机号码的 TextBox 控件(tel_txt)内容分是否为空,如果为空,则将" r.[name]= '"+name_ txt. Text＋"'"赋值给 conditionname,否则将"r.[name]＝'"＋name_txt. Text＋"'and"赋值给 conditionname 即可,其余的关键代码如下:

```
if(goodsnumber_txt.Text == "")
{
    conditiongoods = "";
}
else
{
    if(tel_txt.Text == "")
    {
        conditiongoods = " d.[goodsnumber] = '" + goodsnumber_txt.Text + "'";
    }
    else
    {
        conditiongoods = " d.[goodsnumber] = '" + goodsnumber_txt.Text + "'and";
    }
}
if(tel_txt.Text == "")
{
    conditiontel = "";
}
else
{
    conditiontel = " r.[phone_number] = '" + tel_txt.Text + "'";
}
if(conditiongoods == "" && conditionname == "" && conditiontel == "")
{
    sqlStr = select + order;
}
else
{
    sqlStr = select + "where " + conditionname + conditiongoods + conditiontel + order;
}
```

综上所述,实现了 DeliveryhistoryWindow 的基本功能,接下来与前面两个界面一样,需要添加一个按钮返回 FunctionWindow。

7.3.5 修改账户密码

在本项目中,还创建了一个可以修改账户密码的界面,在该界面的实现过程中,先添加 4 个 Label 和 4 个 TextBox 控件,分别用于输入原用户名、密码以及新用户名、密码,在.cs 代码中先验证原用户名和密码,如果错误,则重新输入,如果正确,再验证新的用户名和密码是否为空,为空则弹出消息框,提示用户名和密码不能为空,如果不为空则将新的用户名和密码添加到 UNandPW 数据表中,这样在下次登录界面时才可以使用修改后的用户名和密码。该界面具体如图 7.69 所示。

图 7.69　修改账号密码界面

7.4　飞控部分软件设计

7.4.1　控制系统

1. 姿态控制

无人机通过姿态解算方法计算出无人机的当前姿态,用 PID 平衡算法实时调整电机的输出量,以保证无人机的平稳飞行。

无人机的流程框图如图 7.70 所示,在无人机启动时初始化 PID 参数,并且开启定时器,在每个定时器中断中根据 PID 公式、PID 参数和偏差量计算油门输出量,控制油门输出。

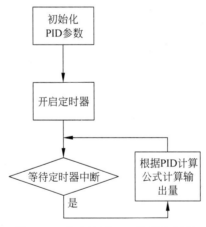

图 7.70　姿态控制 PID 控制流程图

2. 定高飞行

定高飞行和定点悬停是无人机自主飞行的基础。与姿态控制类似,定高程序对于油门的控制也用到了 PID 调节。定高飞行程序的设计主要包括 KS-109 的数据读写与使用超声波数据实现定高,其流程框图如图 7.71 所示。

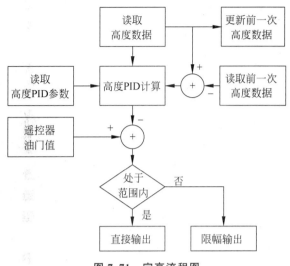

图 7.71 定高流程图

3. 定点悬停

定点悬停的软件实现主要有 PX4Flow 数据解析、数据使用和修正以及根据光流数据实现定点悬停,其流程框图如图 7.72 所示。

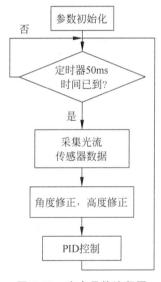

图 7.72 定点悬停流程图

4. 机械爪控制

机械爪采用了数字舵机,控制机械爪的张开角度只需要向数字电机输出一次 PWM 波即可。在 PWM 初始化时,要设置 PWM 波的通道、输出电流、输出模式、分频系数和周期,需要更改 PWM 脉宽时,只需要用以下代码即可完成。

```
PWMPulseWidthSet(PWM0_BASE,PWM_OUT_0,PWM_value);
```

PWM_value 的值与分频系数相关,在本项目中,该值以 $100\mu s$ 为单位。

7.4.2 图像处理系统

1. 标识物识别

为了使无人机能在指定地点下降,需要在指定地点放置标识物,使用高性能计算机计算出标识物的中心坐标位置,使无人机悬停在标识物上方后降落,选用的标识物如图 7.73 所示。

标识物采用 OpenCV 中的 Surf 匹配算法进行实现。但利用 Surf 算法进行匹配时存在大量错误匹配点,因此采用一种叫作 RANSAC 单应矩阵消除错误匹配点的方法来优化 Surf 算法。单应矩阵消除误匹配点的原理则是,两张图片中的目标平面图像可以通过重映射、仿射变换相互转换,因此,通过两个图像中对应的特征点的坐标,就可以通过一个单应矩阵互相计算。通过 RANSAC 算法,选取大量的匹配点计算拟合出单应矩阵,变换矩阵就可以排除误差特别大的点,调整阈值以适应实际需求。

图 7.73 标识物

识别出图形之后,还要计算出图片中心位置相对于无人机的相对偏差,相对距离的计算由 Intel MinnowBoard 和飞控板共同完成。Intel MinnowBoard 首先对匹配点进行筛选,确保采用的匹配点为正确的匹配点。于是,采用将 x 和 y 方向的坐标点分别排序,舍弃最小和最大的若干个 x 坐标和 y 坐标,接着,取剩余匹配点的最大 x 值 maxx 值、最小 x 值 minx、最大 y 值 maxy、最小 y 值 miny。设定四个坐标点,取(maxx+minx)/2 为中心点 x 坐标、(maxy+miny)/2 为中心点 y 坐标,经过测试,该方法取出的坐标点比较准确和稳定。由于飞控板部分需要让无人机准确降落在坐标物之上,因此与光流传感器的数据操作类似,需要对 Intel MinnowBoard 计算出的坐标数据进行处理(角度修正和高度修正),计算出坐标位置和无人机本身的实际偏差,对无人机准确定位。

2. 二维码识别

二维码识别是地勤管理软件向无人机传递信息的主要方式,告知无人机货物编号信息和目标点坐标。

二维码的识别使用 Zxing 开源库,只要调用开源库中的 reader 类,即可实现二维码的检测,并提取二维码中包含的信息。

二维码中的信息形如"50,100,-200",其中 50 是货物编号,100 是 x 方向坐标值,-200 是 y 方向坐标值。扫描到二维码中的信息后,根据符号","进行分割,就可以分别获取 3 个信息量,传递给飞控程序,以供自主飞行使用。程序中扫描的货物上的二维码形如图 7.74 所示。

图 7.74 货物上的二维码标识

7.4.3 数据传输设计

1. 飞控板与地面调试平台

为了无人机飞行的安全性,遥控器数据不直接发送给无人机,而是通过地面调试平台发送给无人机。另外,地面调试平台还用于调试无人机的参数,因此飞控板与地面调试平台的通信非常重要。

飞控板与地面调试平台的通信使用 NRF24l01 2.4GHz 模块进行数据收发,该模块与飞控板之间通过 SPI 接口、IRQ 端口和 CE 端口进行数据交互。除了用来写数据、发送数据,还可以用于更改模块的信道等参数。

2. 飞控板与 Intel MinnowBoard

飞控板与 Intel MinnowBoard 之间通过串口实现互联,飞控板向 Intel 板传输无人机全局坐标,自主飞行状态信息,Intel MinnowBoard 向飞控板传输二维码识别结果、标识物坐标和匹配信息等。

3. Intel MinnowBoard 与地勤管理平台

Intel MinnowBoard 与地勤管理软件之间的通信使用的是 3DR 433MHz 无线数传,其与设备之间通过串口进行连接,主要用于飞控向地勤管理软件发送无人机坐标数据、货物运送情况、货物编号等信息。

4. 数据传输流程

为了保证各个模块协同工作,设计了系统串口通信如图 7.75 和 NRF 数据收发如图 7.76 所示的数据传输流程。

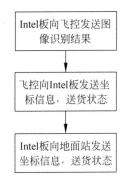

图 7.75　系统串口数据收发

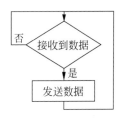

图 7.76　NRF 数据收发

## 第8章

无人机救灾指挥系统

无人机救灾指挥系统能够接收无人机回传的视频,定时采集接收视频的帧图像,运用一种高速的拼接方法,实现视频帧的实时拼接。在拼接的同时,使用深度学习的方法对采集的视频用训练好的成熟模板进行帧分析,识别地图中是否有求救信号 SOS,从而完成对灾难现场地图的还原以及救援点的搜索。通过无人机上搭载的树莓派接收控制信号将声音用高音喇叭广播,向灾民及时传递灾后救援信息,并在摄像头和无线图像传输设备中加入了人脸检测以及人脸识别功能,从而可以准确、快速地识别出图像中的人脸并将其框出,通过查询本地数据库,识别出该人的身份。

8.1　硬件系统设计

8.1.1　硬件总体结构

系统硬件设计框图如图 8.1 所示。

8.1.2　无人机选型

四旋翼无人机需要完成定点悬停、垂直起飞和降落等功能,需要搭载一套图像传输设备、树莓派开发板、拾音器和小音箱等。

针对重量和空间的要求,挑选了一款天际 EX400 异形四旋翼机架。空机架实物如图 8.2 所示。

8.1.3　图像及音频模块

1. GPS 模块

无人机外置一个 GPS 模块,用来定位和通过设置经纬度显示路线规划的功能,通过配合后面介绍的飞控中的九轴传感器实现定位悬停功能。

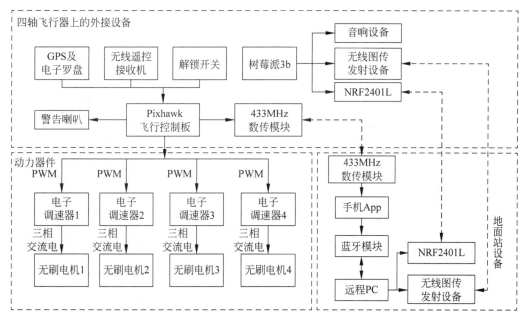

图 8.1 硬件设计框图

图 8.2 空机架实物图

该模块的实物图如图 8.3 所示。

2. SONY700TVL 摄像头

图像传输模块用模拟信号传输,具备传输距离远、延迟低的优点,相机选择 SONY 的 FPV 摄像头(见图 8.4),具有较高的清晰度,输入的电压范围大,工作电流低。

图 8.3 GPS 模块实物图

图 8.4 SONY700TVL 摄像头

配套的模拟发送设备为飞越 tarot 的 FPV 5.8GHz 图像发送设备（见图 8.5）。为了实现更好、更远的图传效果，配套连接三叶发射天线。接收设备的型号是 CUAV 5.8GHz（见图 8.6）。

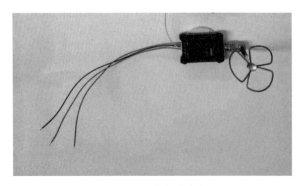

图 8.5　图像发送设备

图 8.6　图像接收设备

3. YP-09D-拾音器

YP-09D-拾音器（见图 8.7）工作电压为 12V，该设备可以与摄像头一起连接到无线图像传输设备上，实现音画同步传输。

图 8.7　YP-09D-拾音器

8.1.4　通信模块

1. 3DR 433MHz 数传模块

无人机对外的通信主要是把自身的状态对外发送，用来检测无人机的姿态和控制无人机。选择使用 3DR 433MHz 的无线数传模块（见图 8.8），模式为点对点，频道可以自由选择，但配套使用的两个数传模块需要频道一致才能相互通信。本项目使用的数传模块的频道为 35。

图 8.8　3DR 数传模块

2. BT05 蓝牙模块

该蓝牙模块版本为 4.0,能够适配多种器件通信,主从机一体。可以通过自带的 LED 灯判断是否正在进行蓝牙通信,方便开发者调试,模块初始是从模式,电源指示灯为慢闪,设置为主模式时,电源指示灯变为快闪。

3. NRF2401L 2.4GHz 模块(模块介绍参见第 2 章)

4. AT-09 蓝牙 4.0BLE 模块

AT-09 蓝牙 4.0BLE 模块(见图 8.9)包含核心模块 BT05 模块,通过 TTL 转 USB 模块可以直接用 USB 接口读取数据,可以与大多数具有蓝牙功能的设备进行通信连接。

图 8.9　AT-09 蓝牙 4.0BLE 模块

5. 无线图像传输收发模块

VMR32 5.8GHz 无线图像传输收发模块(见图 8.10)工作在 5.8GHz 工作频率,具有 32 个工作频道,调制类型为 FM,可以传输分辨率为 640×480 像素(30 帧)的视频。

图 8.10　VMR32 5.8GHz 无线图像传输收发模块

8.1.5　飞行控制板

Pixhawk(见图 8.11)是一款基于 ARM 芯片的 32 位开源飞控。因为它的软硬件都是开源自 GitHub 之上的,因此网上也有许多基于 Pixhawk 的硬件设备,国内比较知名的有 CUAV 以及 EXUAV。综合需求分析,最后选择 EXUAV 的 Pixhawk 2.4.7。其飞控算法主要依赖于九轴传感器、气压计、电子罗盘以及 GPS,飞控程序通过将这些数据进行算法整合后再结合故障提醒的蜂鸣器、紧急开关以及指示灯,使得无人机能够安全稳定在空中飞行与悬停。

　　该设备的接口主要分为顶部的电机驱动接口以及正上方的传感器接口,其中电机驱动接口根据无人机型号选择不同的接口,本节选择的是四旋翼飞行器,故选择了中间的"1,2,3,4"接口。正上方的传感器接口主要有供电接口 POWER(供电电压为 5V)、GPS 接口 GPS 与 I^2C(读取电子罗盘和 GPS 数据)、数传接口 TELEM1(连接 433MHz 数传模块)、安全开关 SWITCH(用于解锁无人机)和蜂鸣器接口 BUZZER(警报使用),飞控的右侧还有 microUSB 接口用于下载固件与升级。

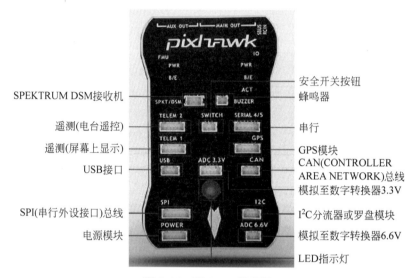

图 8.11　Pixhawk 接口图

8.2　PC 测绘端设计

8.2.1　系统总体设计

1. 图像拼接软件系统框图

图像拼接软件系统框图如图 8.12 所示。

2. 拼接软件界面设计

拼接软件界面如图 8.13 所示。

　　图像拼接软件的界面由五部分组成,分别是文件的菜单栏,有读取本地的视频文件,控制视频的播放、暂停和结束的相关按钮,两个黑框是两个展示部分,左边是本地视频播放的展示,右边是拼接结果的同步展示窗口,左下角是视频实时展示部分,右下角是拼接控制部分。

　　拼接软件主要分为三个层次。

　　(1) 接口程序。视频接收设备占用一个 USB 口接收视频数据,蓝牙模块通过串口转 USB 占用一个 USB 口,用来接收手机地面站传回来的经纬度数据。

　　(2) 功能函数。按照功能分块写好.cpp 文件,在其他界面.cpp 中使用对应的功能函数。

　　(3) 功能应用。相应的功能函数在界面中调用,用来实现目标功能。

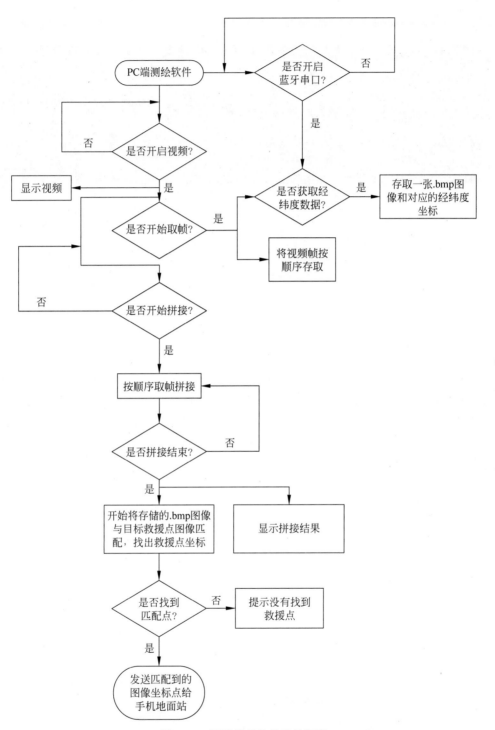

图 8.12 图像拼接软件系统框图

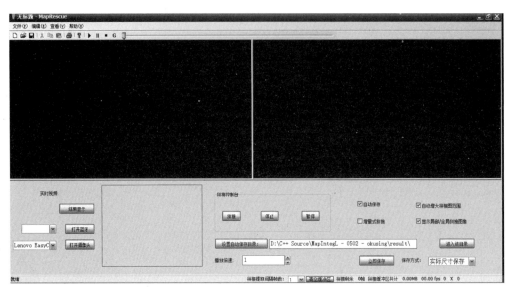

图 8.13 拼接软件界面

8.2.2 视频接口程序

在 Windows 操作系统中,应用程序很难直接控制底层硬件。Directshow 为这些硬件添加过滤器来解决这些问题,添加此过滤器后,可以让用户访问硬件,从而与对应的驱动程序完成信息的沟通。这种过滤器(Filter)使用与普通的 Filter 一致,不需要做任何特殊处理,代码如下:

```
hr = g_pCapture -> SetFiltergraph(g_pGraph);      //将 Filter 附加到 Graph 图上
```

上面代码实现了将过滤器附加到 Graph 图上,可以捕获视频的 Graph 图,捕捉 Graph 图要比回放 Graph 图程序上要难一些,所以实时传回视频比本地读取视频要复杂,Directshow 提供了一些接口来捕捉 Graph 图,代码如下:

```
hr = FindCaptureDevice(&pSrcFilter,&pAudioSrcFilter);      //寻找目标设备
```

在捕捉 Graph 图时,需要找到目标设备,上述代码就是寻找目标设备的过程。使用系统设备枚举器和类枚举器来找到一个 USB 视频设备,也可以找到桌面视频摄像机,代码如下:

```
hr = g_pGraph -> AddFilter(pSrcFilter, L" Video Capture");      //接收的视频上包装了一
个 Filter
```

然后通过在接收的视频上添加一个过滤器,添加完 Filter 都有几个输出信号,一般来说都是预览 pin 和捕捉 pin,代码如下:

```
hr = g_pCapture -> RenderStream(&PIN_CATEGORY_CAPTURE, &MEDIATYPE_Audio, pAudioSrcFilter,
NULL, NULL);       //绑定一个捕捉 pin, 用来捕捉视频帧
hr = g_pCapture -> RenderStream(&PIN_CATEGORY_PREVIEW, &MEDIATYPE_Video, pSrcFilter, NULL,
NULL);       //绑定一个预览 pin, 用来预览视频
```

由上面代码可知,要根据各个功能来区别对应的 pin,每个 pin 有相应的 GUID,对应的 GUID 便是 pin 的种类。如:

(1) PIN_CATEGORY_CAPTURE 为捕捉 pin 的 GUID。

(2) PIN_CATEGORY_PREVIEW 为预览 pin 的 GUID。

连通了捕捉 pin 和预览 pin,就能够建立预览视频的窗口来展现视频,也可以使用捕捉 pin 来捕获视频帧,用来视频拼接。

8.2.3 数据接口程序

PC 端与手机地面站是通过蓝牙进行通信的,其中蓝牙通过串口转 USB 模块与 PC 端进行数据沟通,需要在 PC 端程序中开启一个端口来监听数据和发送数据。针对整个串口程序的编写是基于在 CSerialPort 类的基础上的,其中定义串口初始化函数接口的程序如下:

```
BOOL CSerialPort::InitPort(CWnd * pPortOwner, UINT portnr, UINT baud, char parity, UINT databits,
UINT stopbits, DWORD dwCommEvents, UINT writebuffersize);       //初始化串口配置
```

该函数有一个 BOOL 型的返回值,用来判断串口初始化状态。在初始化串口成功后,要对发送过来的数据监听,但此时需要开启一个线程来检测数据,开启线程后,线程会等待串口事件的触发执行,不同的触发事件对应相应的功能函数,代码如下:

```
BOOL bSuccess = m_spSerialPort.StartMonitoring();       //启动串口监听
```

上面函数有一个返回值,用来判断串口监听线程是否开启成功。

```
Event = WaitForMultipleObjects(3, port -> m_hEventArray, FALSE, INFINTTE);       //等待触发事件
```

有串口触发事件时,运行触发事件相应的函数。当 Event 的返回数值为 0 时,该函数向系统发送结束等待事件的信号,同时结束该线程的任务;当 Event 的返回数值为 1 时,而且开启的系统串口接收缓冲区有收到字符时,该函数就会开启数据接收函数,从缓冲区读取发送过来的数据;当 Event 的返回数值为 2 时,该函数就会开启数据发送函数,把传过来的数据包发送到开启的系统串口发送缓冲区,最后把数据发送出去。

8.2.4 实时视频拼接程序

实时视频拼接是利用 OpenCV 的开源拼接程序的相关接口实现拼接的,主要分为以下 5 个步骤。

1. 抓图取帧

拼接视频第一步要得到拼接的视频帧,所以从视频流中抓取视频帧就非常重要了。本软件抓取视频帧的方法,是通过调用 DirectShow 中的 GetCurrentImage 来获取视频流中的当前帧的。

2. 存储帧数据

拼接的时间除拼接照片之外,还有一部分时间用在了匹配特征点,经过测试,事先排好序再去拼接可以节省时间。在无人机传回的视频中取视频帧,事实上也是一帧帧地按序存在内存中,因此有序的拼接完全可以实现。

在 VS 的图形界面编辑中有三大类容器,在这里用链表来存储和读取视频帧比较方便,其中用到的基本类成员如下。

(1) GetHead()。用来获取图像链表的帧头。

(2) GetTail()。用来获取图像链表的帧尾。

(3) RemoveHead()。用来删除图像链表的帧头。

(4) AddTail()。将得到的视频帧添加到链表的尾部,整个表的长度增加一个单位,同时在表的后面生成一个新的尾部。

3. 图像预处理

这一步预处理涉及一些图像配准方面的知识,先得到两幅输入的特征点,来比较两幅图的参数。通过在配准之前进行一次预处理,一方面可以减少冗余的图像,加快拼接的速度;另一方面可以丢掉质量不好的图像,确保拼接图像的清晰度。

4. 图像配准

为了追求快速的拼接方式,在拼接算法中选择了 Halcon 视觉算法库,在算法库中提供了 Mosaic 功能,可以完成多幅影像的拼接,Mosaic 是将新的图像图层合并到之前的图像图层中,只覆盖原图像和想加入图像重叠的地方,不重叠的数据被保留,从而生成一个新的图层,整体的处理速度较快。

在完成初始匹配之后,使用随机搜索算法来寻找两幅输入视频帧中特征点之间对应关系的投影变换矩阵,从而得到转换过去的预测坐标,但是预测坐标有一个设定的距离限制,坐标距离不能超过该限制的范围。但是遇到图像特征点不多,可以适当地减少该阈值,以达到配准的效果。

5. 图像合成

在 OpenCV 拼接算法中,消除拼接缝是很重要的一步。其中加权平滑算法在实际处理重叠区域中使用较多。加权平滑算法的理论是:视频帧 1 重叠区域中像素点的灰度值和视频帧 2 中对应的像素点灰度值先进行权值分配,然后加上各自的权值结果,得到最终该像素点的值。

本书所使用的 Halcon 拼接算法,虽然拼接速度快,但是也有一个明显的缺点,拼接缝明显。拼接算法封装在接口函数中,其中没有图像融合的部分,通过 proj_match_points_ransac()方法计算出的仿射矩阵来进行拼接。在实际测试中,因为无人机是在同一个环境下拍摄,所以存在的拼接缝也不是很明显,可以使用此算法追求高速的拼接,以达到实时的效果。

8.2.5　本地视频拼接

本地视频或图片的拼接用的还是 Halcon 拼接算法,只是源图像读取的方式不同。本地图像比较简单,存储打开文件夹的路径,通过一个 Char 型数组存储文件名,最后将文件路径和文件名依次加入文件链表中,开始拼接时再依次读取出来。本地视频的读取和实时视频的读取相似,也使用 DirectShow 来播放视频和抓取视频帧。

8.2.6　拼接图形显示

在实时拼接中,需要同步展现当前的拼接成果,因此在拼接线程中,每拼接完一次就更新显示目前的拼接结果图。

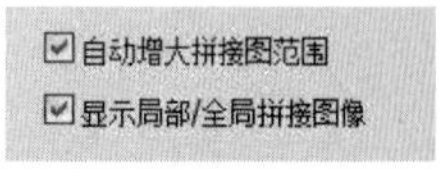

如图 8.14 所示,在界面中可以选择自动增大拼接范围。当勾选的是显示局部拼接图像时,拼接图像的显示会随着窗口大小的变化而变化,当拼接图像比显示的窗口更大时,会把拼接图像最新加入的图像部分呈现出来;当勾选的是显示全局拼接

图 8.14　显示方式选择

图像时,拼接图像的显示也会随着窗口大小的变化而变化,当拼接图像比显示的窗口更大时,会把拼接图像缩小显示出来。

8.2.7　目标救援点识别

图像匹配的目的是为了找出目标救援点的位置,所以要对飞行器所在的位置取一张图片,然后与目标图片匹配,检查是否有救援点。手机地面站的经纬度坐标是每2s发送一次,PC 端每接收到一次数据,就存储一张 .bmp 图片。因为这个匹配用的是 OpenCV 中的神经网络识别算法(CvANN_MLP),比较耗时,但相比 OpenCV 拼接时间又短很多。每检测一张图片需要 1s 左右,所以在采集完视频后才开始检测目标救援点。

在接收到蓝牙传送来的经纬度数据后,BOOL 型变量 rec_latlon 赋值为 true,在 D 盘的 grab 目录保存一张名为 grab%d. bmp 的图片,%d 会赋值为 lanlon_flag,即会从 garb1. bmp,grab2. bmp……一直保存下去。同时,有一个大的数组 lantitude[] 和 longtitude[] 用来存纬度和经度坐标,当存储的是 garb1. bmp 图像时,lantitude[1] 和 longtitude[1] 存的便是对应的纬度和经度坐标,同理,当存储的是 garb2. bmp 图像时,对应的纬度和经度坐标就存在 lantitude[2] 和 longtitude[2],接下来的一幅图像存储过程和上面一致。

在救援识别中,使用字符识别的方法得到目标区域,然后识别区域中的内容,得到识别结果之后将目标点的坐标通过串口发送到手机地面站。

8.3　安卓地面站端设计

8.3.1　手机软件总体设计

手机地面站作为无人机监测和控制的终端设备,具有体积小、便于携带的优势。该手机地面站由三大主要模块组成,分别是数据接收、数据处理、数据发送,设计框图如图 8.15 所示。

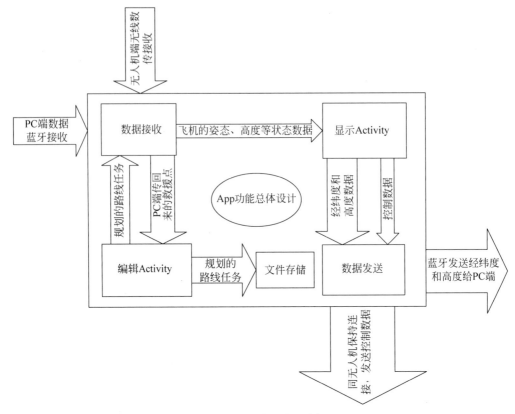

图 8.15　手机地面站设计框图

8.3.2　数据处理程序

无线数传模块通过 OTG(On-The-Go)线连接到手机上,而通过 OTG 连接 USB 设备分为主机模式和丛机模式。两种模式都可以双向通信,最大的区别是供电的对象不同。当处于主机模式时,是由手机向外部 USB 对象供电,而处于从机模式是外部 USB 对象向手机供电。

连接无线数传模块时,数传模块内部没有电源,需要设置为主机模式。设置主机模式,首先手机版本有限制,只有 Android 3.1 及以上的版本才支持 OTG 功能,同时应用程序的 SDK 版本要高于 12,才有主机模式的 API 接口。符合以上硬件和版本的条件后,开始软件编程。

无人机与手机地面站硬件通过 433MHz 的无线数传进行沟通,软件协议通过 MAVLink 协议进行传输,无线数传的消息接收和处理都是在后台进行的,把消息从后台传到界面进程是通过广播来实现的。广播是安卓的基本组件,用途非常大,其中广播分为两个部分,两个部分都要存在,才能构成一个完整的广播通信。一部分是广播发送者,通过 Binder 向安卓的系统服务发送消息。安卓的系统服务简称为 AMS,用来控制 Activity 的生命周期、消息和内存等的管理,在 AMS 实现了 IBinder 的接口,可以通过这个向进程中传递消息。另一部分是广播接收者,首先要向 AMS 注册广播接收,然后通过 BroadcastReceiver() 函数接收具体的消息。

8.3.3　飞行数据界面

飞行数据界面程序流程图如图 8.16 所示。

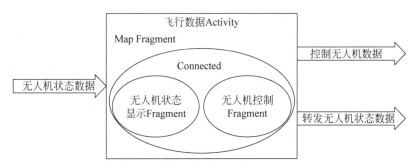

图 8.16　飞行数据界面程序流程图

1. 飞行数据显示

连接 USB 数传模块是在 Activity 下进行的。在连接上设备之后，才有数据接收和广播的发送，数据才能更新显示。从图 8.16 可以看出，该 Activity 下有 3 个 Fragment，飞行数据的显示就是其中的一个 Fragment。该显示界面用来显示无人机的状态数据，具体有姿态、地速、空速、爬升速度和高度。USB 数据接收开启了后台的服务，自动进行接收，然后对接收的不同的消息类型发送不同的广播信号。但是要从系统中接收广播信息，首先需要向系统进行注册，之后系统就会把广播信息转发进来，还可以添加广播过滤器，进行广播信息的选择接收。

2. 地图的更新显示

地图显示也是一个 Fragment，不需要连接 USB 设备就能够运行。此 App 使用百度地图，在百度官网上下载 Android 开发的 SDK。在文件中配置了百度的 SDK 后还不能正常显示地图，解决方法是将生成的 APK 改为解压文件，然后在对应的解压文件夹下去查找一个 CERT. RSA 文件，在 Windows 命令窗口中输入命令：keytool -printcert -file CERT. RSA，就会显示出 SHA1 的签名，然后进入百度地图，申请使用的官方网站，用 SHA1 的签名就可以获取一个开发密钥，再次配置就可以看到显示出来的百度地图了。

3. 无人机控制

在这个开源的手机 App 程序中，已经集成了 34 个具体的控制功能，其中在这里用到了 4 个基本的操作功能，路线任务自动飞行、跟随、降落、返航，部分定义如下：

```
COPTER_LAND(9,Type,TYPE_COPTER,"Land")      //无人机降落指令
COPTER_RTL(6,Type,TYPE_COPTER,"RTL")        //无人机返航指令
PLANE_AUTO(10,Type,TYPE_PLANE,"Auto")       //无人机自动飞行指令
```

其中 COPTER 表示飞行中改变任务，PLANE 停止后重新设定的任务。

```
case R.id.mc_land;                                    //是否降落
    getDrone().changeVehicleMode(VehicleMode. COPTER_LAND);   //发送降落任务
break;
```

上述代码就是控制无人机降落的判断,其中 id. mc_land 是降落按钮的 ID 名称,通过判断 ID 名来检测是否有该按钮的单击事件。函数 changeVehicleMode()是已经定义的一个接口函数,用来改变无人机的模式。

地面站除了上述飞行模式的设定外,还需要能够控制解锁和起飞,而后面的两个操作程序与前面有所差别,解锁和起飞有另外的接口函数:

```
public void arm(boolean arm)throws android.os.RemoteException;        //解锁
public void doGuidedTakeoff(double altitude)throws android.os.RemoteException;        //起飞
```

上面的接口函数都是通过 AIDL 生成的,一般用于跨进程通信,其真正的实质是关于 Binder,但是 Binder 的底层解释非常复杂,从 App 层面理解更加清晰。简单来讲,Binder 就是客户端和服务端的通信媒介,这里的客户端指界面,服务端指数据的收发处理程序。

4. 蓝牙发送程序

手机地面站需要一直进行数据转发,因此蓝牙连接写成一个服务程序在后台运行,保持与蓝牙的连接。在这个界面中,蓝牙只用到了发送程序,给 PC 端发送无人机的坐标和高度。

8.3.4 编辑器界面

编辑器界面程序流程图如图 8.17 所示。

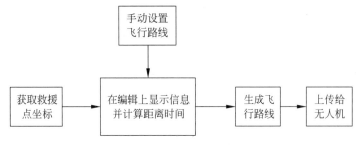

图 8.17 编辑 Activity 框图

1. 路线规划程序

无人机的路线规划由一些飞行点组成(Waypoint),其中包含飞行的一些参数,如高度、位置、偏航和悬停等设置。在手动设置飞行路线中,该界面继承了百度地图的单击事件,在地图上单击一下就会生成一个飞行点,代码如下:

```
public void onMapClick(LatLong point){        //地图单击事件
…
missionProxy.addWaypoint(point);        //添加一个任务点
…
}
```

在 addWaypoint 方法中设置了飞行点的参数,打包存为一个 Waypoint 类。同时生成一个飞行点,接下来会序列化存储成一个条目 MissionItem,该类实现了 Parcelable 接口,方便通过 Binder 传给发送服务器端,代码如下:

```
//将任务点生成的任务条目交给代理器,以便发送出去
missionItemProxies.add(index.new MissionItemProxy(this,missionItem));
```

最后将 MissionItem 交给代理器管理,单击"上传任务"后,将该代理内容发送给数传发送进程,上传给无人机。

2. 蓝牙接收程序

蓝牙接收的数据是通过广播传来的,因为数据量不大,所以一次性完成。消息类型和数据是通过 Intent 一起传过来的,其中的 Intent. getAction()是一个事先定义好的字符串常量,用来开启某个动作,代码如下:

```
//获取从蓝牙服务中接收到的 Byte 数组
byte[]s = intent.getByteArrayExtra(BluetoothLeService.EXTRA_DATA);
```

Intent. getByteArrayExtra()方法就是获取传递来的数据,不同类型的数据可以调用不同的获取方法。获取 byte 数组之后,就需要进行解析,得到关注的信息。解析代码如下:

```
int a = recbuff[5]&0xff;        //把有符号的 Byte 变成无符号的 Byte 并存入 int 的第 8 位
int b = recbuff[4]&0xff;
int c = recbuff[3]&0xff;
int d = recbuff[2]&0xff;
int lantitude_end = (a << 24|b << 16|c << 8|d);        //将 4 个 Byte 合并成一个 int 型变量
```

上述代码是解析获得的纬度信息,由于接收的 Byte 的范围是$-128\sim127$,注意不能直接进行移位,因为当 Byte 最高位为 1 时,该 Byte 为负值,此时移位到 int 变量中,相应就会变成负数的补码,再进行或运算,得到的数据就和传输的数据不一致。因此先要把 Byte 以源码的形式写入 int 的低 8 位,再通过移位和或运算就能得到正确的值。

3. 距离时间显示

距离是通过两点之间的经纬度计算得到的,我国的经纬度坐标有三个:WGS84,北京54 以及西安 80,在本 App 中使用的坐标系为 WGS84,地球的半径为 6378137.0m,具体的计算公式如式(8.1)所示。

$$S = 2\arcsin\sqrt{\sin^2\frac{a}{2}+\cos(\text{Lat1})\times\cos(\text{Lat2})\times\sin^2\frac{b}{2}}\times6378.137 \qquad (8.1)$$

设点 A 的经纬度为($\text{Lat1},\text{Lon1}$),点 B 的经纬度为($\text{Lat2},\text{Lon2}$),a 为 A、B 两点的纬度之差,b 为 A、B 两点的经度之差,这里的经纬度要转换成弧度。经过上述运算,即可得到距离差。

得到了飞行路径的距离,再利用无人机的飞行速率,这个速率是 PC 端地面站事先设定给无人机的,即可得到飞行时间。

8.4　树莓派语音合成

语音信号播放有两种方式,一种是无线传输语音信号,系统控制板直接输出声音;另一种方式是无线传输字符信号,在系统控制板上将其转换成声音输出。本书选择第二种方式,

即先传输字符信号,然后转换成语音,并且选择 Ekho 作为系统控制板的文字转语音的核心库。Ekho 是一款开源的文字转语音翻译库,与其他同类功能的库相比,最大的优点是支持普通话甚至方言。原理分为文本分析、韵律建模以及语音合成三个步骤。

(1)第一步,文本分析。会逐句分析语句中的词汇并进行分词。

(2)第二步,韵律建模。在各段词汇之间建立一个比较适合的韵律模型。

(3)第三步,在本地的音频库中提取出相应的声音进行语音合成播放。

在安装好 Ubuntu mate 16.04 系统后,按照以下指令,通过网络下载 Ekho 程序到树莓派上。

```
$ sudo apt - get install libsndfile1 - dev libpulse - dev libncurses5 - dev libmp3lame - dev
libespeak - dev
$ tar xJvf Ekho - 7.5.tar.xz
$ cd Ekho - 7.5
$ ./configure
$ make
$ sudo make install
$ Ekho "hello 123"
```

第 1 条指令是下载 Ekho 编译安装所必要的库函数,第 2 条指令是解压下载好的 Ekho 压缩包,第 3 条指令是进入解压后的文件夹,第 4 条指令是执行 configure 配置文件,第 5 条指令是编译文件,第 6 条指令是进行安装。如果程序正常安装,执行 Ekho "hello 123"时,就会听到测试的语音声音了。

8.5 人脸识别设计

人脸识别引擎包含了组成一套自动人脸识别系统所必需的 3 个核心模块,即人脸检测模块(Seetaface Detection)、面部特征点定位模块(Seetaface Alignment)以及人脸特征提取与比对模块(Seetaface Identification)。

8.5.1 人脸检测模块

人脸识别引擎的第一个模块叫作人脸检测 Detection 模块,它的主要功能是在图片中找出人脸候选窗口并将其框出,其采用的是深度学习中的漏斗型级联结构,这个结构是专门为各种不同视角的人脸检测而设计的。实现代码如下:

```
seeta::FaceDetection detector("../model/seeta_fd_frontal_v1.0.bin");  //加载模型
detector.SetMinFaceSize(40);                                          //设置最小人脸
detector.SetScoreThresh(2.f);                                         //设置图像处理粒度
detector.SetImagePyramidScaleFactor(0.8f);                            //设置图像换算系数
detector.SetWindowstep(4,4);                                          //设置窗口步进
```

程序首先是生成一个 seeta 类的对象,然后加载 Seetaface 提供的人脸检测模型,并且设置人脸候选窗口的参数。代码如下:

```
Mat img;                                   //生成 img 对象
cvtColor(frame,img,CV_BGR2GRAY);           //转换成灰度图
```

完成这些之后,程序会读取待执行的图片,现将其转换为灰度图,这样做的好处是可以大大减小处理的数据量。接下来是对灰度图长宽、灰度的参数进行设定。代码如下:

```
std::vector<seeta::FaceInfo> faces = detector.Detect(img_data); //检测人脸窗口坐标
for(int32_t i = 0; i < num_face; i++)                    //循环检测图中人脸的窗口位置
{
face_rect.x = faces[i].bbox.x;                            //得到窗口相应的 4 个坐标点
face_rect.y = faces[i].bbox.y;
face_rect.width = faces[i].bbox.width;
face_rect.height = faces[i].bbox.height;
cv::rectangle(img,face_rect,CV_RGB(0,0,255),4,8,0);  //用蓝色框画出
}
```

最后执行关键的检测步骤,用 detector.Detect()函数对图片进行处理,将人脸悉数标记出来并且显示出候选窗口,如图 8.18 所示。

图 8.18　人脸检测结果的示例

8.5.2　面部特征点定位模块

人脸识别引擎的第二个模块为特征点定位 Alignment 模块,它的主要功能是在之前找出的人脸候选窗口的基础上进一步识别出人脸的 5 个关键特征点,分别为两眼中心、鼻尖和两个嘴角。在实际的 MFC 程序中,代码如下:

```
seeta::FaceAlignment point_detector("../model/seeta_fa_v1.1.bin");     //加载本地模型
cv::Mat gallery_img_color = cv::imread(test_dir + "images/compare_im/test.jpg",1);
//利用 opencv 读取图片
seeta::FacialLandmark gallery_points[5];
point_detector.PointDetectLandmarks(gallery_img_data_gray,gallery_faces[0],
gallery_points); //标记出 5 个特征点
```

代码的整体逻辑与之前的 detection 模块类似。程序首先加载 Seetaface 提供的特征点定位模型,然后程序会读取待执行的图片,将其转换为灰度图,最后执行关键的检测步骤,用 PointDetectLandmark() 函数对图片进行处理,并将找出的两眼中心、鼻尖和两个嘴角 5 个特征点定位,通过 OpenCV 的画图函数标注在图片上。

图 8.19　定位结果示例

实际测试结果如图 8.19 所示,图中共有不同肤色、不同人种、不同年龄的 10 张人脸数据,通过其标注出的双眼、鼻梁以及嘴巴的两边可以看出该程序具有良好的鲁棒性,能够应对不同环境条件下的人脸识别。

8.5.3　人脸特征提取与比对模块

人脸识别引擎的第三个模块叫作人脸特征提取与比对 Identification 模块,它的主要功能是在之前标注出双眼、鼻梁以及嘴巴的两边这 5 个特征点的基础上,进一步将其特征以数据的形式提取出来,并且可以通过函数对不同图片中人脸的相似度进行计算,若相似度在 0.7 分以下为不同人的脸,在 0.7 分以上为同一个人的脸。人脸识别系统的核心流程如图 8.20 所示。

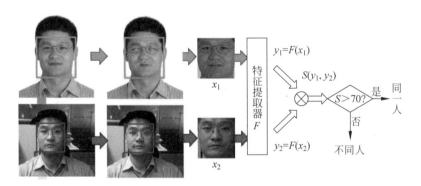

图 8.20　人脸识别系统的核心流程

在实际的 MFC 程序中,代码如下:

```
FaceIdentification face_recognizer("../model/seeta_fr_v1.0.bin");        //加载模型
face_recognizer.ExtractFeatureWithCrop(probe_img_data_color,probe_points,probe_fea);
//实际画面特征点转换
qsj.open("file1.dat",ios::binary | ios::in | ios::out);                  //打开本地数据
czz.open("file2.dat",ios::binary | ios::in | ios::out);
```

程序首先是加载人脸特征提取与比对模型,然后将当前照片的数据通过函数 ExtractFeatureWithCrop()变成 2048 个 float 数据,程序会先将之前保存好的人脸数据文件 file1.dat,file2.dat 读取到新的变量之中,其中 file1.dat 代表的是数据库 1 中的人脸数据,file2.dat 代表的是数据库 2 中的人脸数据。

```
//将人脸数据与实际拍摄的数据进行比较计算
sim[0] = face_recognizer.CalcSimilarity(qsj_fea,probe_fea);
sim[1] = face_recognizer.CalcSimilarity(czz_fea,probe_fea);
```

通过函数 CalcSimilarity()依次进行相似度计算,然后将相似度值按从大到小进行排序,相似度最大的数据就是识别该人的人脸数据。但是如果相似度最大值还是小于 0.7 的阈值,则判断该人不在本地的数据库中,为"未知"。在实际测试中发现,若采用了 0.6 的阈值,对人脸识别的准确性更高。

8.6　数据通信设计

8.6.1　PC 端与手机地面站通信协议

PC 端与手机地面站通过蓝牙进行连接,数据协议是自定的,PC 端接收格式例子如下(十六进制表示):

1E　0A　(E6　C9　DD　01　42　57　3C　07　01　00)

PC 端接收数据包协议的详细内容和每个数据对应的长度如图 8.21 所示。

STX	LEN	PAYLOAD
30	10	...
1Byte	1Byte	10Byte

图 8.21　PC 端接收数据包

第一位为数据帧头,值定为 30。第二位为数据长度,定长传输 10 位数据,上文中 PC 端接收格式的括号中的是传输的数据。数据位 1～4 是传输的纬度数据,数据位 5～8 是传输的经度数据,数据位 9 和 10 传输的是高度数据,所有数据传输是低位在前,高位在后。

PC 端回传数据格式例子如下(十六进制表示):

1E　08　(E6　C9　DD　01　42　57　3C　07)

帧头相同,数据长度是 8 字节,数据传回的是救援点经纬度坐标,因此数据位少了两个字节的高度数据。

8.6.2　手机与无人机的通信协议

手机与无人机通信利用的是 MAVLink 协议,是基于串口基础上的开源协议,主要用于

飞行器和无人机的数据通信。MAVLink 协议的数据类型共有 254 种,除数据类型和长度有区别外,其他均一致,因此选取一条来进行分析。下面分析的数据包为姿态 ATTITUDE,数据格式例子如下(十六进制表示):

FE 1C X FF BE 1E(time_boot_ms, roll, pitch, yaw, rollspeed, pitchspeed, yawspeed)Y

姿态数据包协议的详细内容和每个数据对应的长度如图 8.22 所示。

STX	LEN	SEQ	SYS	COMP	MSG	PAYLOAD	CKA B
254	28	X	255	190	30	…	Y
1Byte	1Byte	1Byte	1Byte	1Byte	1Byte	28Byte	2Byte

图 8.22 姿态数据包内容

第一位为数据包的帧头。第二位是数据长度,根据数据的类型可以得出。time_boot_ms、roll、pitch、yaw、rollspeed、pitchspeed、yawspeed 中的数据第一个为 uint32_t 型,为 4 字节,数据第 2~7 个为 float 型,为 4 字节,总共 28 字节,因此数据长度为 28。第三位 X 为消息序列,从 0 自动累加,累加到 255 后重新计数,作用是为了计算丢包率。第四位和第五位为目标硬件的系统编号和单元编号,设定后不再改变。第六位是消息类型,根据消息类型就能知道这一帧数据有什么作用。最后一位 Y 为校验位,占 2 字节,是从第一位 FE 到最后一位 Y 整个数据包封包之后,经过 crc16 校验计算得到。

根据以上的格式就可以得到传输的数据。

8.6.3 无人机与上位机视音频传输

要想实现四旋翼飞行器航拍并将视频实时传输这一功能,摄像头与传输方式的选择至关重要。可以实现视频传输的方式主要有两种,一种是通过数字调制传输,比如使用 ARM 板、DSP 平台进行编程,通过普通 WiFi 模块来传输图像;另一种是通过模拟调制传输,比如使用比较专业的无线图像传输收发设备。本书设计了两种方案,在同样采用点对点传输、要求重量轻、成本低情况下,同时做了无线模拟传输与无线数字传输的测试,方案如表 8.1 所示。

表 8.1 数字传输模拟传输方案

传输类型	摄像头	调制方式
模拟传输	NTSC/PAL 模拟摄像头	5.8GHz 频段模拟调制解调传输
数字传输	USB 接口网络摄像头	2.4GHz 频段 WiFi 传输

在实验室中,其他外部条件完全相同的情况下,分别测试两者的性能表现,包括视频流畅度、视频质量、视频分辨率等,最后得到的性能对比如表 8.2 所示。

表 8.2 数字模拟传输性能表现表

传输类型	视频分辨率	最佳视频流畅度	最大传输距离	画质随距离影响
模拟传输	640×480	视频流畅稳定	1000m 左右	影响小
数字传输	960×720	视频播放卡顿	20m 左右	影响很大

由上面的两组表格可以看出,数字图像传输虽然分辨率较高,但是只适合短距离无线传输,在长距离无线传输的性能比较差;而模拟图像传输虽然分辨率较低,但是传输质量好,视频流畅稳定,图像质量随距离影响小,更加适合长距离的传输。考虑到本项目的实际演示传输距离在百米,并且图像拼接对视频的流畅有着较高的需求,同时 640×480 像素的分辨率足以满足人脸检测识别的要求,故选择方案一,即选择模拟调制作为无线模拟图像传输的方式。

同时由于专业的无线模拟图像传输设备上通常除了视频输入外还有音频输入,所以将音频输入也一并交给无线模拟图像传输设备,这样不仅保证了视频音频的传输质量,还能有效降低四旋翼飞行器的载重。

8.6.4 树莓派与上位机信号传输

1. 上位机发送端

除了必要的图像音频传输之外,如何将上位机的控制信号传入到系统控制板中也是需要考虑的问题。本书设计的无人机救灾指挥演示系统实际传输距离在百米,并且对传输模块的重量有着较高的要求,故选择了 NRF2401L 无线模块,并且搭配了 SPI 转 USB 模块,便于与上位机和系统控制板连接。因为 NRF2401L 的体积小、重量轻,可以实现 800m 以上的有效数据传输,常用于中短距离传输。

首先是上位机端的发送程序。上位机端的数据传输使用的是串口通信,往往在使用串口传输时,会加上其实标志位以及结束标志位,以便于保证数据收发的准确性。因此选用了 CSerialPort 类作为串口程序,CSerialPort 类是第三方提供的多线程串口通信类,该类具有透明性强、可控性好等特点。

想要使用 CserialPort 类,需要先将其 SerialPort.cpp 文件和 SerialPort.h 文件加入 MFC 工程中,然后在主工程文件 CPP 中加入 include "SerialPort.h" 就可以使用其中的函数。上位机与系统控制板之间的通信主要为单向传输,即上位机发送,系统控制板接收,PC 端上位机发送函数主要分为初始化程序和发送程序。

2. 树莓派接收端

由于需要在控制板上接收远程发来的控制信号,所以需要编写相应的串口程序。在树莓派上选择使用 Python 编写串口程序。程序开头需要导入三个库函数,分别为串口库 serialport、系统调用库 sys 以及附加进程库 subprocess。后面两个库的功能是在系统层面调用 Ekho 的程序。

```
try:                                       //打开串口
ser = serial.Serial('/dev/ttyUSB1',9600)   //选择波特率和串口设备号
except Exception,e:                         //如果异常就报错
print 'open serial failed.'
```

该串口程序的逻辑是首先使用 try catch 函数以 9600 波特率打开设备串口/dev/ttyUSB1,使用 try catch 函数可以增强代码的健壮性,为后期调试找出错误提供参考,如果该串口不存在或者已经被使用,则会显示打开失败。

```
while True:                              //循环处理串口 BUFF 中的数据
    s = ser.read()                       //每单字节读取
    if s == '&':                         //如果收到开始符
        begin = True                     //开始标志位为真
    if s == ' * ':                       //如果收到结束符
        end = True                       //结束标志位为真
    if(begin == True) and(end != True):  //开始接收字符
        temp = s                         //将数据存到变量 temp 中
        talk = talk + temp               //将接收到的数据拼接成字符串
    if(begin == True) and(end == True):  //结束接收字符
        talk = talk.decode("gbk").encode("utf - 8")   //解码后再编码
        subprocess.call(["Ekho",talk])   //开启线程调用外部函数
```

打开串口成功后,程序进入一个不断读取串口的 while 循环,如果 while 里面的代码逻辑是串口接收到了数据,则会以每字节为单位读取串口数据。

读取到变量 temp 后,由于 Windows 端与 Linux 端对于中文编码的格式不同,Windows 端的字符编码默认是 GBK 编码,而 Linux 端的默认编码是 UTF-8 编码,所以对变量 temp 先进行 GBK 解码再进行 UTF-8 编码,这样在 Linux 端就可以正常接收数据了。

如果是开始符"&",则开始接收,将之前接收到的数据一起存到变量 talk 中,如果接收到结束符" * ",则停止接收,将所有开始符与结束符之间的变量通过附加进程库的函数 subprocess. call(),将变量 talk 变量与 Ekho 程序结合,在系统层面调用 Ekho 函数,实现语音播放。

8.6.5　手机与上位机信号传输

1. 手机发送端

　PIXHAWK 要求使用一对 3DR 433MHz 数传模块进行无线数据沟通,发现 PIXHAWK 的数传端虽然能够与多个其他数传模块进行通信,但存在争夺现象,即测试中发现当手机与上位机的软件都打开串口与 PIXHAWK 通信时,两者会交替通信,而不是同时通信。比如手机端 App 发送控制指令给 PIXHAWK 时,常常 PIXHAWK 无法正常收到控制指令,需要长时间重复发送 PIXHAWK 才能读取到控制信息,可见多个 3DR 433MHz 数传模块存在争夺现象。这在实际的飞行中十分危险,若四旋翼飞行器在空中飞行时突然失去了地面发来的控制信号,就会自动降落。

因此,通过手机将信号用蓝牙的方式把原始数据包再转发到上位机上,然后上位机通过一个蓝牙接收模块以及蓝牙转串口模块接收数据。PIXHAWK 采用的通信协议基于 MAVLINK。MAVLINK 是一个开源的、基于 C/C++或者 Python 语言的、能够对微型飞行器进行数据封装和解析的库。它可以通过串口高效地将所要传递的数据进行必要的封装,然后传入到地面站中解析。该协议被 PX4、PIXHAWK 等平台广泛应用并在以上的项目中,作为飞控板之间以及 Linux 进程和地面站通信之间的主要通信协议。

2. 上位机接收端

最后是上位机接收程序,串口接收在 MFC 中是以消息驱动方式实现的。当串口接收到数据之后,会触发接下来的消息响应机制,消息响应后会执行相应的实现代码,代码如下:

```
CString str1((char * )str);                    //定义串口接收对象
int len = _tcslen(str1.GetBuffer(0));          //设置接收字节长度
if(len == pCommInfo->bytesRead)                //检测长度与接收长度是否一致
{
m_ReceiveCtrl.SetSel(-1,-1);                   //设置控件数据位置
m_ReceiveCtrl.ReplaceSel(str1);                //将数据发布到控件上
}
```

到此为止,上位机就可以接收到 PIXHAWK 发来的 Mavlink 数据包。接下来就是对 Mavlink 数据包进行解析,这里主要分析后面一种数据包,即数据流请求包。下面以实际串口接收到的一段 Mavlink 数据为例:

FE　09　12　01　01　00　(00　00　00　00　02　03　51　03　03)　7B　7A

FE 就是之前说的帧头标注位,它的含义就是一组数据包的开头;接下来的 09 的含义是这串 Mavlink 数据包的总长度,为 9 字节;第三个数据 12 的含义是这段 Mavlink 数据包的序号;第四个数据 01 的含义是硬件系统的序号;第五个数据 01 的含义是消息类型序号,如 0 号消息的含义是该包是心跳包;最后的两字节 7B 和 7A 的含义是数据校验位,作用是检验数据在传输过程中是否出错,如果出错可以进行纠正。

本章所设计的无人机救灾指挥系统涵盖了机械、控制、人脸识别、百度地图 API 调用等多个方面的知识和技术,其中测绘部分能够完成对灾难现场地图还原、搜索救援点等功能。从而使得无人机能够沿着指定路线自主飞行,与手机地面站和 PC 上位机进行实时通信,以完成手机地面站的实时监控和 PC 上位机的地图重构,以确定救援点的位置。

## 第9章

基于STM32F4飞控板制作

四轴飞行器的飞控板是核心控制模块,它负责飞行器的姿态、高度、移动、悬停等控制,前几章用的飞控板都是采用 TI 公司的 ARM 芯片作为主控器使用,本章将叙述采用 STM32F4 作为主控芯片制作飞控板的设计与实现。

9.1　飞控板硬件设计

9.1.1　硬件总体设计

飞控板总体设计框图如图 9.1 所示。该飞控板采用 STM32F427VIT6 作为主控芯片,工作频率较高,性能稳定,使得四旋翼无人机的飞行状态调整更快速,实现更稳定的飞行。同时外部接口较为全面且数量较多,可以接入多个传感器,便于后续开发者加入更多传感器模块,提高飞行器的性能,除此之外,这款芯片还具有大容量的 Flash 内存,便于开发者在当前基础飞控程序上加入操作系统和存储数据等,优化飞控程序功能。

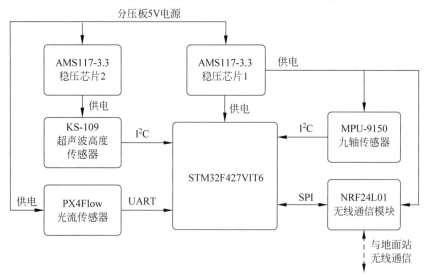

图 9.1　飞控板设计框图

除主控芯片外,还选择加入三个传感器模块,分别是超声波模拟测距模块、PX4Flow光流模块以及MPU-9150九轴传感器模块。其中PX4Flow光流模块用于获取无人机水平方向位移数据;MPU-9150九轴传感器模块用于获取无人机极为关键的飞行姿态数据;超声波用于测高。虽然室内飞行超声波模块已经足够,但考虑将来开发的功能可能需要飞行器具有户外飞行能力,因此加装了气压测高模块接口。

此外在飞控板上还设计焊接了NRF24L01无线射频模块,用于飞行器与地面站间的通信。考虑到无人机飞行过程中抖动较为剧烈,NRF24L01采用拔插接口连接容易松动脱落,造成飞行器失控,因此设计焊接到飞控板上,以保证连接的有效。

飞控板硬件系统主要包括主控芯片最小系统、无线控制接收系统、供电系统、传感器模块等几部分。各部分的主要功能介绍如下。

(1)主控芯片最小系统是核心部分,起到传感器数据处理以及协调控制飞行器的作用。

(2)无线控制接收系统用于上位机通过地面站对飞行器进行远程遥控操作。

(3)供电系统为整个飞行器提供电能,飞控板上的电源模块将电池供给的电压转为合适的稳定电压,确保各个部分正常工作。

(4)传感器模块是飞行器姿态控制系统的重要组成部分,主要功能是为飞行器提供飞行姿态、水平位移以及飞行高度等信息。

9.1.2　器件选型

1. 处理器选型

飞控板处理器是飞控系统中极为重要的核心部分。处理器负责读取各个传感器传回的飞行姿态、高度、位移等数据,并且控制无线射频模块与地面站进行通信,将飞行数据传回地面站,同时接收地面站发送的控制指令与PID参数,同时通过计算输出四路PWM波对四旋翼飞行器的四个电子调速器进行控制,从而控制飞行器四个电机,实现飞行控制。因此处理器需要满足如下要求。

(1)3.3V供电,各I/O口电压3.3V。

(2)至少4路PWM波输出。

(3)至少3个I^2C接口。

(4)至少2个SPI接口。

(5)最高工作频率不低于160MHz。

(6)Flash存储不低于128KB。

(7)封装不能过大,以保证设计的飞控板大小与机架匹配合适。

基于上述考虑,飞控板选用意法半导体公司生产的STM32F427VIT6芯片作为飞控板处理器。该芯片提供最高工作频率为180MHz的Cortex-M4内核的性能,当从Flash存储器执行时,若是工作在180MHz的工作频率下,STM32F427VIT6能够提供225DMIPS的性能,相当于1.25 DMIPS/MHz,并带有DSP指令功能。在存储能力方面,该芯片具有高达2Mb的Flash内存,并且分为双区,支持RWW(Read While Write)功能,同时该芯片还具有256KB的SRAM。

2. 传感器选型

(1)九轴惯性传感器件NPU-9150。

（2）超声波高度传感器 KS-109。

（3）光流传感器 PX4Flow。

3. 通信模块选型 NRF24L01p2.4G

参见第 2 章。

9.1.3 硬件电路设计

1. 传感器模块电路设计

本方案共选用了四个传感器，分别是 MPU-9150 九轴传感器、PX4Flow 光流传感器、KS-109 超声波高度传感器以及 ZIN34 气压传感器。其中 MPU-9150 九轴传感器及其外部电路焊接在飞控板上，而其他传感器则使用接口和导线连接到外部。

首先是 MPU-9150 九轴传感器。这部分电路是飞控板上最重要的电路之一，处理器将通过这部分电路获取飞行器当前的飞行姿态数据，而这些数据就是对飞行器进行控制的关键参数，所以这部分电路的工作稳定与否直接关系到四旋翼飞行器飞行是否能平稳飞行。在进行这部分电路设计时，根据 MPU-9150 数据手册上推荐的电路设计原理，最终设计出的 MPU-9150 九轴传感器的电路原理图，如图 9.2 所示。

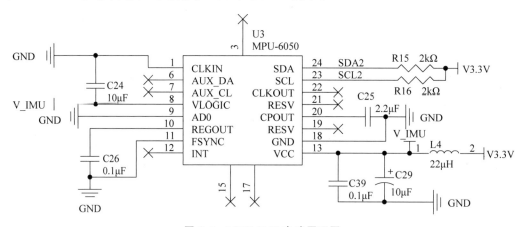

图 9.2　MPU-9150 电路原理图

MPU-9150 九轴传感器使用 3.3V 直流供电，其中有几个部分需要注意：首先，MPU-9150 使用 I²C 通信，进行通信的 SCL 和 SDA 两个引脚需要加上拉电阻；其次是接 20 号引脚的电容耐压需要 50V，因为该部分电路在九轴传感器芯片正常工作时，20 号引脚电压会高达 25V。

其余传感器均采用接口外接模块方式，外围部分接口插座原理图如图 9.3 所示。

2. 电源管理模块电路设计

四旋翼飞行器的电源模块基本需求如下。

（1）飞行器所用的无刷电机驱动器接到锂电池上，经驱动器线性降压输出 5V。

（2）通过飞控板上两片 LM1117-3.3 稳压芯片从 5V 降压到 3.3V，分别用于供给主控芯片和供给外围接口。

原理图设计如图 9.4 所示。

3. 处理器最小系统电路设计

处理器最小系统主要包括主控芯片、SWD/JTAG 调试电路、外围接口、外部晶振电路以及上电复位电路,参照 STM32F427VIT6 处理器的数据手册所推荐的原理图进行设计,得到最小系统电路原理图如图 9.5 和图 9.6 所示。

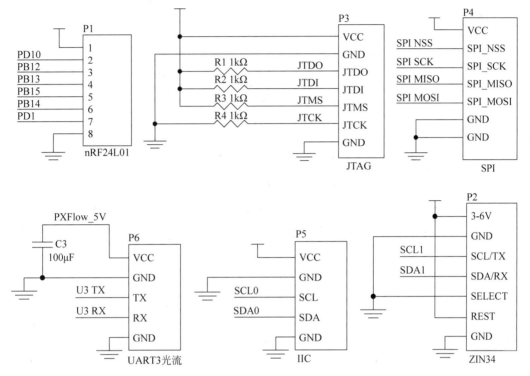

图 9.3 外围部分接口插座原理图

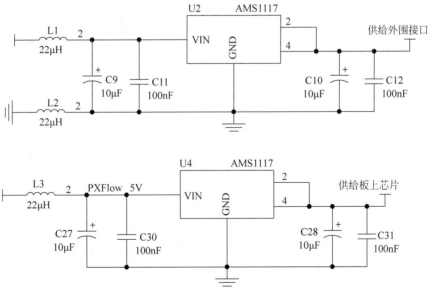

图 9.4 电源管理模块原理图

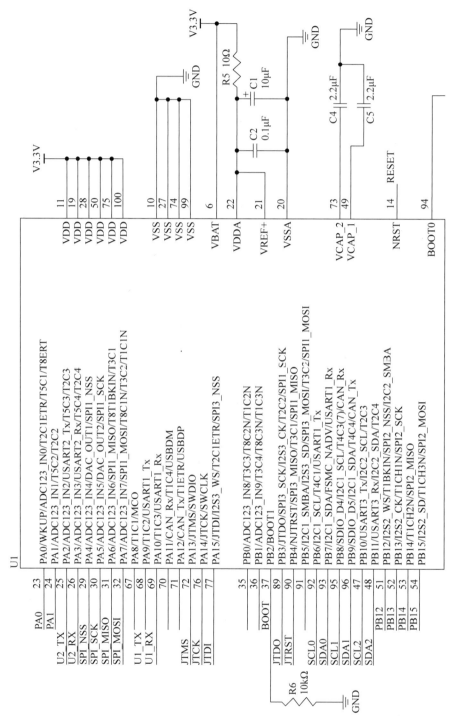

图 9.5　STM32F427VIT6 最小系统原理图（1）

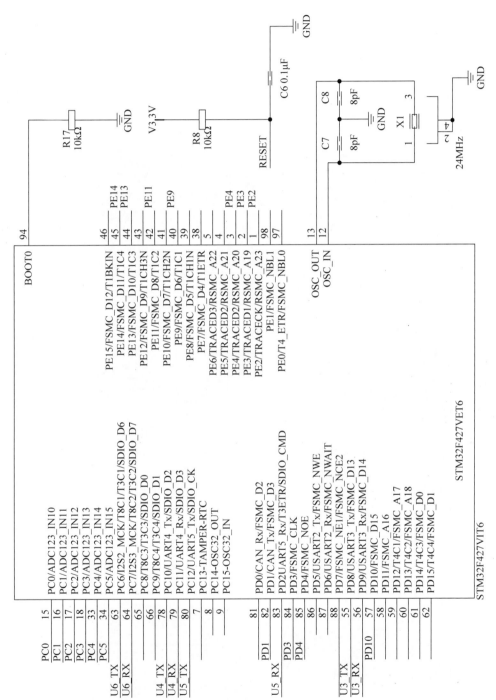

图 9. 6 STM32F427VIT6 最小系统原理图（2）

9.1.4　PCB 设计图

PCB 设计需要特别注意器件的摆放位置,MPU-9150 九轴传感器尽量放在板子中心,其外围器件距离尽量靠近,芯片下要布接地的扇热覆铜,同时还需要特别注意它的轴向是固定的,并且与控制飞行的程序轴向对应,在摆放时必须按照如图 9.7 所示的指示方向摆放,并标明 X、Y、Z 的正方向。

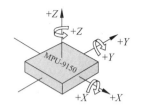

图 9.7　九轴传感器轴向图

4 层 PCB 板的各层设计图应遵从相应的布线排版规则,各层 PCB 图如图 9.8、图 9.9 与图 9.10 所示。

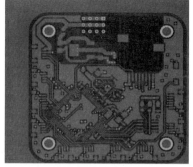

图 9.8　PCB 顶层布局图与设计图

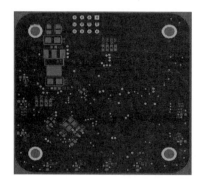

图 9.9　PCB 底层布局图与设计图

图 9.10　PCB 电源层与接地层设计图

9.2　飞控板软件设计

9.2.1　总体软件设计

飞控板控制软件对于实时性的要求非常高,本次方案采用 C 语言进行系统软件的设计。在主程序中先执行各类硬件和软件的初始化函数,初始化完成后进入 while(1)循环。除了数据通信和超声波测距以外,其余飞控板所要执行的功能均在 400Hz 的主时间中断中依次进行,数据通信程序在收到数据时会触发端口中断,超声波模块的数据接收也会在数据采集到之后触发中断处理数据并存入变量。

飞行器飞行控制板软件的设计方案如下:首先,借助 STM32F427 的开发例程熟悉 STM32F4 系列的程序架构,构建底层代码,配置时钟、引脚以及各种端口。其次,编写飞控程序的上层代码,上层代码包括四旋翼飞行器姿态控制、高度控制、水平位移控制等。最后,添加完各种上层代码以后连接底层代码与上层代码,加入传感器联合调试。飞行控制板的软件框图如图 9.11 所示。

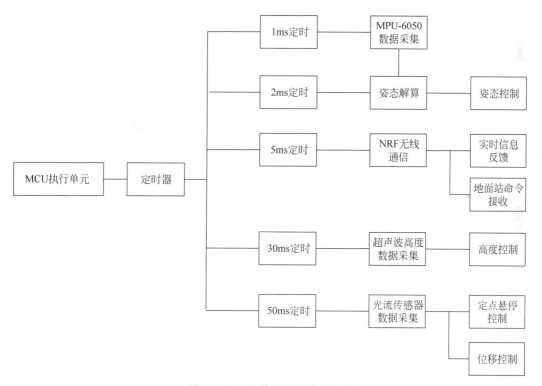

图 9.11　飞行控制板的软件框图

9.2.2　软件程序设计

本书设计的飞控板使用了 ST 公司开发的 CubeMX 软件进行代码配置。这款软件是针对 STM32 系列芯片设计的一款可以直观地配置底层代码、时钟树配置以及端口配置的软件,配置完成后可以自动生成工程文件,使用 Keil 就可以打开工程继续进行下一步编程。

1. 时钟配置

在飞控板设计中,使用了 STM32F427 自带的内部晶振,内部晶振频率为 16MHz,通过倍频配置后,系统时钟的工作频率为 180MHz。

使用自动生成的工程文件后,可以打开看到已经生成了使用 HAL 库函数进行编写的系统时钟配置代码,具体代码如下:

```
RCC_OscInitStruct.OscillatorType = RCC_OSCILLATORTYPE_HSI;
RCC_OscInitStruct.HSIState = RCC_HSI_ON;
RCC_OscInitStruct.HSICalibrationValue = 16;
RCC_OscInitStruct.PLL.PLLState = RCC_PLL_ON;
RCC_OscInitStruct.PLL.PLLSource = RCC_PLLSOURCE_HSI;
RCC_OscInitStruct.PLL.PLLM = 8;
RCC_OscInitStruct.PLL.PLLN = 180;
RCC_OscInitStruct.PLL.PLLP = RCC_PLLP_DIV2;
RCC_OscInitStruct.PLL.PLLQ = 4;
```

第一行代码的作用是声明使用内部高速晶振 RCC_OSCILLATORTYPE_HSI,接下来 HSICalibrationValue = 16 这一句设定了内部高速晶振的频率,这里需要与芯片数据手册对照看内部晶振数值是否错误。其后的代码就是设置分频和倍频的系数,具体的计算方法如下:

```
FVCO = FS * (PLLN/PLLM)
SYSCLK = FVCO/PLLP = FS * (PLLN/(PLLM * PLLP))
FUSB = FVCO/PLLQ = FS * (PLLN/(PLLM * PLLQ))
```

其中,FS 就是所用晶振的频率;SYSCLK 是指系统时钟,也就是工作频率;FUSB 是指 USB、SDIO、RNG 的时钟频率。

时钟树配置完毕后,需要配置芯片的 PWM 波功能,在 STM32 中使用时钟端口复用为 PWM 波功能,需要配置 PWM 波的初始化函数、占空比设置函数。此处需要注意飞行器所用电调能接收的 PWM 波最高频率为 600Hz。

2. UART 接口配置

UART 接口是最为常用的数据接口之一,配置过程简单,使用极为方便,该接口使用 TX 和 RX 两条线路进行通信,配置主要参数就是接口的波特率。配置代码如下:

```
huart3.Instance = USART3;
huart3.Init.BaudRate = 115200;
huart3.Init.WordLength = UART_WORDLENGTH_8B;
huart3.Init.StopBits = UART_STOPBITS_1;
huart3.Init.Parity = UART_PARITY_NONE;
huart3.Init.Mode = UART_MODE_TX_RX;
huart3.Init.HwFlowCtl = UART_HWCONTROL_NONE;
huart3.Init.OverSampling = UART_OVERSAMPLING_16;
```

第一行代码声明使用串口为 UART3,该接口是提供给读取光流传感器数据使用的,使用 UART 接口时关键要保证双方串口波特率一致,所以在查询 PX4Flow 光流传感器数据手册推荐的波特率后,设定串口波特率为 115200。接下来的第三行之后依次是设置字长 8 位、停止位 1 位、无奇偶校验位等内容。

配置好后的 UART3 接口读取的数据需要传递给光流部分的飞控上层代码进行处理，输出的数据可以传回地面站进行观察，数据需要加入九轴传感器数据和超声波高度数据进行修正。

3. NRF 模块以及 SPI 接口配置

SPI 接口是使用比较多的一种接口，通常用在数据量大、速度要求比较快的通信中。SPI 的端口分别是 MOSI(主输出从输入)、MISO(主输入从输出)、CSN(片选端口)、CE(模块控制引脚)、SCK(时钟引脚,主芯片输出给模块)以及 IRQ(中断信号引脚)。

在本方案中主要使用在 NRF24L01 模块与主控芯片的连接。NRF24L01 的 SPI 接口最高速率为 10MHz,具体的配置代码如下：

```
hspi2.Instance = SPI2;
hspi2.Init.Mode = SPI_MODE_MASTER;
hspi2.Init.Direction = SPI_DIRECTION_2LINES;
hspi2.Init.DataSize = SPI_DATASIZE_8BIT;
hspi2.Init.CLKPolarity = SPI_POLARITY_LOW;
hspi2.Init.CLKPhase = SPI_PHASE_1EDGE;
hspi2.Init.NSS = SPI_NSS_SOFT;
hspi2.Init.BaudRatePrescaler = SPI_BAUDRATEPRESCALER_2;
hspi2.Init.FirstBit = SPI_FIRSTBIT_MSB;
hspi2.Init.TIMode = SPI_TIMODE_DISABLE;
hspi2.Init.CRCCalculation = SPI_CRCCALCULATION_DISABLE;
hspi2.Init.CRCPolynomial = 10;
```

在这里还使用了一个函数,用于检测 NRF24L01 与主控芯片连接是否完成,具体代码如下：

```
u8 NRF24L01_Check(void)
{
    u8 buf[5] = {0XA5,0XA5,0XA5,0XA5,0XA5};
    u8 i;
    SPI2_SetSpeed(SPI_BAUDRATEPRESCALER_16);
    NRF24L01_Write_Buf(NRF_WRITE_REG + TX_ADDR,buf,5);
    NRF24L01_Read_Buf(TX_ADDR,buf,5);
    for(i = 0;i < 5;i++){
        if(buf[i]!= 0XA5)break;}
    if(i!= 5){
        return 1;}
    else return 0;
}
```

这部分代码对于调试 SPI 接口非常有用,大致原理是,用主控芯片通过 MOSI 端口写入 NRF24L01 的寄存器的 5 个数据,数据都是 0XA5,之后再通过 MISO 端口读回相应寄存器的值,若 5 个值都是正确的,则判断 NRF 模块连接成功。

此外,还需要加入一些代码与上层飞控连接起来,包括 NRF 模块的模式设置以及操作函数。NRF24L01_TxPacket 函数在数据交换时将会被用到,按照通信协议打包之后的数据将通过此函数发送到地面站,此函数在 nrf_sendstate()进行调用,将数据发送地面站。

4. I²C 接口配置

I²C 接口共使用两条线路,分别是 SCL 和 SDA。与其他接口都不相同的是,I²C 接口的数据传输仅使用一条线,即 SDA;另一条线路 SCL 作为时钟,数据传输方向都需要通过 I²C 接口传输的指令控制,这就导致 I²C 接口的时序非常重要,必须按照标准 I²C 通信协议来编写程序。

利用芯片的普通 GPIO 口,可以编写程序模拟 I²C 接口。首先在 i2c.c 内编写 I²C 操作函数,包括 I²C 接口初始化、I²C 信号起始和终止、I²C 接口应答和不应答、I²C 接口等待应答以及 I²C 读/写字节,这部分需要特别注意对 SCL 接口的延时设置,需要与对应模块的最高读写速度对应,例如,对于 MPU-9150 设置 SCL 脉宽为 $2\mu s$,而超声波 KS-109 模块读写速率较低,SCL 脉宽设置为 $10\mu s$,延时长短则是通过调用函数 delay_us() 来实现。

9.2.3 程序移植对接

配置完各个端口后,完成了底层代码生成和上层飞控程序的编写,其后需要将各部分代码对接起来,各个模块数据的对接其实在配置端口时已经基本完成,这里主要是 NRF 模块通信协议与地面站程序的对接。通信协议如表 9.1 所示。

表 9.1 飞行器与地面站通信协议

飞行器与地面站双方通信数据包格式		
	字节数	数据内容
字头	1Byte	01010101 和 10101010 交替发送
接收方地址	5Byte	0x11,0x23,0x58,0x13,0x58
数据	32Byte	
crc 校验	2Byte	0xFFFF
飞行器发送地面站数据内容(飞行状态数据)				
int16[0]	int16[1]	int16[2]	int [3]	int [4]
Pitch	Roll	Yaw	高度(cm)	SumX(cm)
int [5]	int [6]	(地面站通过 16 来判断是否为飞行器端发送的数据,是则显示数据在 LED 上,否则不执行)		
SumY(cm)	16			
地面站发送飞行器数据内容(控制飞行器飞行数据)				
int16[0]	int16[1]	int16[2]	int16[3]	int16[4]
Pitch	Roll	Throttle	Yaw	Mod
int16[5]	飞行器收到数据,判断是否为 13,是则执行飞行控制命令,Mod 为解锁闭锁指令			
13				

这部分的对接主要注意此处需要同时设置地面站与飞控板的通信频道一致,在程序中设置 Chanal 值即可,本方案采用频道五十五进行通信,成功对接以后,各个传感器的数据能在地面站的 OLED 屏幕上显示,如图 9.12 和图 9.13 所示。

未起飞时飞行器停于地面,由于高度小于 KS-109 测量最小高度 8cm,所以高度显示为 8cm,位移值此时 X、Y 均为 0,欧拉角 pitch 和 roll 值由于放大了 100 倍。往往由于飞行器并不完全水平会有几十到一百的数值显示,此时偏航 yaw 为 0,手持飞行器进行测试平移后,高度、位移以及三个欧拉角都发生了变化,值均在正常范围内,则通过测试可以试飞了。

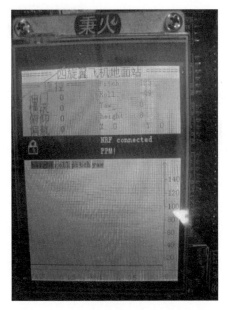

图 9.12　飞行器未起飞时地面站数据

图 9.13　飞行器抬高 50cm 地面站数据

## 第10章

"空中交警"——基于无人机的应急交通指挥系统

10.1 概述

本书提出了一个基于四旋翼无人机的空中应急交通指挥系统,当交通路口遇到紧急状况时,交警可以用手中的 App 控制飞行器飞到指定路口的上空悬停并当作紧急交通指示灯用。紧急指示灯有两种模式,第一种是全自动的红绿灯模式;第二种是可由 App 控制的紧急疏导模式,可手动选择四面的车流方向,能够在 App 上实时观看路口的车流情况。在飞行器飞向指定地点的过程中,飞行器能自主识别并且避开飞行过程中遇到的路灯、路牌等障碍物。这一系统不仅可以大大减轻交警的工作,而且为路面的及时疏导创造了条件,对于治理交通拥堵有重要意义。

10.2 系统方案

基于四旋翼无人机的应急交通指挥系统包括无人机端和手机端,其系统方案主要包括硬件方案、通信方案和功能方案。

10.2.1 硬件方案

无人机端安装有 Intel MinnowBoard、自主设计的飞控板、德州仪器公司的 TM4C123G LaunchPad、四面 LED 显示屏、华硕 Xtion 深度摄像头、微软 HD-3000 摄像头、各类传感器和其他无人机所必须使用的基本器件。

Intel MinnowBoard 系统作为主控板,装有 Ubuntu 14.04 操作系统,是无人机的系统核心。通过无线网络、串口或者 USB 端口接收来自各类设备信息,并对各类设备进行统一的调度和管理。

自主设计的飞控板搭载德州仪器公司制造的 ARM 芯片,提供丰富的外接接口,用于使能各类传感器,并接收来自于各类传感器的数据,实现无人机的稳定飞行和动作控制。同时飞控板与 Intel MinnowBoard 通过串口相连,接收 MinnowBoard 的调度。

TM4C123G LaunchPad 用于控制 LED 显示屏,让 LED 显示屏显示动态交通信号灯或者指示灯。同样,该开发板通过串口与 Intel 板相连,接收来自 Intel 板对于 LED 灯的间接控制信号,实现 LED 屏幕功能的多样化。

华硕 Xtion 深度摄像头和微软 HD-3000 摄像头分别通过 USB 与 Intel MinnowBoard 相连,传回原始数据由 Intel 板进行处理,并实现实时避障和实时视频等功能。

手机端通过 WiFi 与 Intel 主控板相连,用于指令的发布、控制无人机的飞行和无人机上的各类设备、接收无人机发布的视频等。

10.2.2 通信方案

系统启动后,Intel MinnowBoard 利用与其相连的无线模块、hostapd 工具和 dhcp-server 工具开启无线 AP,手机端连接由 MinnowBoard 创建的 WiFi,手机端和 Intel 板连接,形成完整的系统。

连接完成后,Intel MinnowBoard 作为服务器端,开始监听来自于手机端的 Socket 数据包,并根据数据包内容,控制各类设备的工作状态。手机端作为客户端,可以随时向无人机发送控制信息,以间接控制飞行、LED 显示屏等。

Intel MinnowBoard 和飞控板通过串口相连。每当有新的数据产生,Intel 板立即向飞控板发送,飞控板端通过串口中断实现对数据的实时抓取。飞控板接收满一组数据之后,在主时间中断中对数据进行处理,以实现各类特定的飞行控制。

Intel 板与 TM4C123G LaunchPad 通过串口相连。当需要控制 LED 灯时,通过串口向开发板发送数据。与飞控板接收数据的方式相同,接收到数据之后,对 LED 屏幕进行控制。开发板与 LED 屏幕之间通过 IO 口,按照一定的时序,用串行归零码进行数据传输,控制每一个 LED 灯,由于传输速度很快,1024 个 LED 可视为能够同时控制。

华硕 Xtion 深度摄像头和 Intel MinnowBoard 通过 USB 相连,系统启动时,由 Intel 板启动深度摄像头,并每隔一段时间读取深度摄像头采集到的图片数据,进行分析处理后,包装成数据包向飞控板发送。

微软 HD-3000 摄像头也通过 USB 与 MinnowBoard 相连。在系统启动时使摄像头开始工作,利用 mjpeg-streamer 工具,将采集到的图像数据通过 MinnowBoard 创建的 AP,基于 HTTP 协议实现视频传输。

10.2.3 功能方案

应急交通指挥系统的功能包括交通指示、目标飞行、实时避障、实时视频和飞行微调等。

交通指示是本系统的最主要功能之一,实现无人机在紧急情况下作为交通指示灯使用。当出现交通事故时,交警可以通过手机 App 发送控制请求,设定无人机上交通指示灯的显示模式和显示状态,设计了三种交通指示灯模式。在飞行器上电后,LED 屏幕显示"WARNING",以警示人远离飞行器。当飞行器在空中悬停后,可通过手机 App 设定 LED 工作在"自动红绿灯"模式,交通信号灯根据系统时钟自动变换红绿灯。使用者还可以将 LED 红绿灯设置为手动模式,单独手动设定 12 个方向的红绿灯颜色,以适应更加复杂的交通情况。

TM4C123G LaunchPad 可以几乎同时控制 1024 个 LED 灯,可以轻松实现任意图案的显示,采用片内定时器能够实现图像的动态变换。

目标飞行提高了本系统的易用性。当无人机起飞后,使用者只需要在手机 App 中输入目标位置并发送至无人机,无人机就能转向目标地点并自主飞向目标地点,在目标地点上空悬停。采用光流传感器用于定位,以提高本系统演示时的定位精度,使无人机能够较为精确地飞往目的地点。

实时避障是为了提高本系统的安全性。在目标飞行的过程中,利用华硕 Xtion 深度摄像头传回的深度图像进行分析处理后,实时监测前方是否有障碍物出现,若出现障碍物,则立即计算出障碍物相对于飞行器的坐标位置,并告知飞控板,由飞控板实施避障。本系统主要实现在遇到竖杆状障碍物时,通过左右偏移控制来实现避障。

Intel MinnowBoard 接收到实时视频以后,通过 HTTP 协议发布视频,利用手机 App 端的视频控件访问相应网页,就可以观看到实时视频。由于 WiFi 信号随距离衰减较快,本系统所传视频设定为"320×240,15 帧/秒",在保证一定清晰度的前提下,让视频信号更加稳定。

飞行微调是当定位位置稍有偏差时,使用者能够通过手机 App 中设置的微调按钮,控制无人机一定范围内的前后左右以及自选方向的控制,保证无人机能够正确、精确悬停在目标位置,稳定悬停并指示交通。系统功能框图如图 10.1 所示。

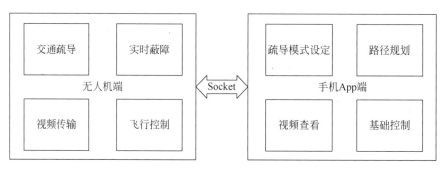

图 10.1　系统功能框图

10.3　硬件框架

10.3.1　总体硬件框架

应急交通指挥系统的硬件总体框架如图 10.2 所示,无人机实物图如图 10.3 所示。

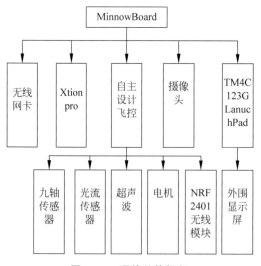

图 10.2　硬件总体框架

图 10.3 无人机实物图

10.3.2 硬件模块选型

1. MinnowBoard turbo 开发板

MinnowBoard turbo 采用 64 位 Intel 凌动 E3826 的 CPU,集成 Intel 高清显卡。视频和数字音频输出通过 HDMI 与模拟音频经扩展板单独可用。其他 I/O 包括微型 SATA2、USB 3.0(主机)、USB 2.0(主机)、千兆以太网、I^2C、SPI,并通过 FTDI 电缆串行调试。GPIO 引脚中有 2 个引脚支持 PWM。除此之外,x64 的架构使得其可以支持 Linux、Ubuntu、Android、Win 8.1、Win 10 EOT 等各类系统,极大地拓展了其应用领域,同时也降低了开发者的开发难度。

2. 外围机架

四旋翼无人机的机架部分采用 exauv 的天际 EX400 异形机架。机架直径为 400mm,四轴的保护架为自主设计。利用 AutoCAD 软件画出与原机架契合的碳板纤维,再利用原有的螺丝孔位与原机架固定。

3. 自主设计飞控板

自主设计的飞控板使用德州仪器(TI)公司的 TM4C123G 作为主控芯片,其中根据需要设计有一个 SPI 通信口与无线模块 NRF 通信,两个串口分别与光流传感器和 MinnowBoard turbo 开发板通信,一个 JTAG 口用来对芯片烧写程序,引出两个 I/O 口用来获取超声波数据,引出 4 个 I/O 口用来控制电子调速器。飞控板上还分别接有九轴传感器 MPU-9150 和 LED 灯。

4. WS2812B 可编程全彩像素软屏

WS2812 是一个集控制电路与发光电路于一体的智能外控 LED 光源,其外形与5050LED 灯珠相同,每个元件即为一个像素点。像素点内部包含了智能数字接口、数据锁存信号整形放大驱动电路,还包含有高精度的内部振荡器和 12V 高压可编程恒流控制部分。数据协议采用单线归零码的通信方式,像素点在上电复位以后,DIN 端接收从控制器传输过来的数据,首先送过来的 24 位数据被第一个像素点提取后,送到像素点内部的数据锁存器,剩余的数据经过内部整形处理电路整形放大后,通过 DO 端口输出给下一个级联的像素点,每经过一个像素点的传输,信号减少 24 位。像素点采用自动整形转发技术,使得该像素点的级联个数不受信号传送的限制,仅仅受限信号传输速度的要求。

5. Ausu xtion pro live 体感摄像头

Asus xtion pro live 设计采用 PrimeSensor 公司的端到端解决方案,PrimeSensor Reference Design 是解决方案中的传感器组件。PrimeSensor 深度影像获取技术的基础是 Light Coding——利用近红外光对场景进行编码。该解决方案利用标准 CMOS 影像传感器从场景中读取经过编码的光线。PrimeSensor 的 SoC 芯片与 CMOS 影像传感器相连,并执行并行运算逻辑,对收到的光线编码进行解码,生成场景的深度影像。这套解决方案不受环境光线的影响。

6. 无线网卡

Intel 7260 双频网卡,工作频段为 2.4GHz 和 5GHz,传输速度最高可达 1000Mbps。但是不加天线的网卡 WiFi 信号非常微弱,需要额外增加天线。结合实际需求,最后选择了华硕 rt-ac68u ac66u 的线状天线,频段为 2.4GHz 和 5GHz,增益为 5dB,长度为 6cm,加上天线后,可以提高无线信号的稳定性和连接质量。

7. 微软 HD-3000

由于采用的视频传输功能 MJPG-streamer 需要摄像头支持 mjpeg 图像模式,所以选用了微软的 HD-3000 摄像头。这款摄像头支持 UVC 免驱动使用,并且具有体积小、底座可折叠的特点,非常适合安装在无人机上。同时还自带工作指示灯,方便测试时检查摄像头的工作情况。

8. 光流传感器 PX4Flow

参见第 2 章。

9. 超声波模块 US-100

参见第 2 章。

10.4　软件流程

10.4.1　机器人操作系统

机器人操作系统(ROS)是一个适用于机器人的开源操作系统。它运行时的"蓝图"是一种基于 ROS 通信基础结构的松耦合点对点进程网络。ROS 是一个分布式的进程(也就是节点)框架,以 ROS 为子操作系统,将 Socket 数据接收、深度数据获取与处理、LED 灯控制、视频传输、无人机姿态控制构建与规划抽象成符合 ROS 规范的节点。在该系统下完成与节点的通信与数据传递,节点间异步运行的机制大幅度减小了系统的实时计算压力。在此基础上,进行传感器数据预处理和避障检测。

10.4.2　飞控程序

飞控程序负责传感器数据采集、处理和飞行控制,是飞行控制的关键所在。本系统所编写的飞控程序是在 OpenPilot 开源飞控库的基础上,根据实际需要自行设计和调试的。

1. 中断处理

主时间中断依次调用各类函数,以实现各种功能。对于不需要以 400Hz 的频率调用的硬件或不能以太高频率使用的硬件,则在若干个主中断中仅执行一次,防止中断运行时间溢出,影响姿态结算和调整的稳定性。

在串口数据传输、超声波距离测量的过程中,端口中断的优先级也必须高于主时间中断。为了保证主时间中断在新的时间中断到来之前完成所有程序,端口中断程序设计以简单为原则,更为复杂的计算则放在主时间中断之中进行。

2. 超声波数据处理

超声波数据获取后,飞行器实际的油门量为遥控输出的油门量减去由高度进行 PID 计算所得出的控制量(输出油门量=遥控器油门量-PID 结果)。在这样的条件下,当实际油门量所产生的升力刚好与飞行器重力相抵消时,飞行器达到平衡状态。而每当飞行器高度变化或遥控输出油门量变化,飞行器都能通过上升或下降达到新的平衡。

3. 光流数据处理

采用的光流传感器为 PX4Flow,需要对其中的参数按实际情况进行调整,已达到可以使用的精度。通过 PX4 console 可以对 PX4Flow 的固件程序进行编译,通过地面站软件 QGroundControl 可以烧写固件程序,进而查看光流的波形是否符合要求。

对于角度修正,只需要将串口中获取的 integrated_xgyro 和 integrated_x 相减即可获得角度补偿后的数据。需要对光流进行高度修正,方法是通过定一个基准高度,在此高度下,每隔 5cm 移动相同的距离,记录输出的像素值,再通过 Excel 拟合一个公式,即高度的修正公式,高度修正后的像素与距离对应成比例关系,此时在除以一个系数,即可得到距离值。

10.4.3 避障

传感器得到的深度数据是对外界障碍物探测的主要手段。系统采用点云数据提取地面信息的方法,然后再转换为系统后期处理所需的激光扫描数据。

得到相应的 640 个点的深度数据后,先对每两个数据点之间求导(即在算法中为相减)得到一左一右两个边缘数据点位置,再通过这两个边缘点位置的相对像素点位置、像素点深度距离,结合三角变换得到实际的物体宽度,判断宽度是否在某一范围内来确定是否将其视为障碍物。当其确认为障碍物时,再通过像素点相对于 Xtion pro 的方向得到障碍物与 Xtion pro 之间的角度关系。最后将角度信息与距离信息结合,得到障碍物与无人机之间的相对坐标。结合相对坐标信息,改变无人机的飞行轨迹。

10.4.4 LED 控制

本系统中所使用的四面 LED 显示屏串行连接,仅用一个数据输入端口与开发板相连,数据传输通过单线归零码实现,其 0、1 码和 Reset 码的输入码型如图 10.4 所示,其数据传输时间如表 10.1 所示。

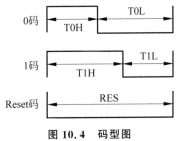

图 10.4 码型图

表 10.1 LED 数据传输时间

码型	码型的含义	码元宽度/μs	误差范围/ns
T0H	0 码,高电平时间	0.4	±150
T1H	1 码,高电平时间	0.85	±150
T0L	0 码,低电平时间	0.85	±150
T1L	1 码,低电平时间	0.4	±150
RES	初始化码,低电平时间	50 以上	

每个 LED 灯由 24 位的串行码进行控制,实现 256 位全彩显示。采用了 TM4C123G LaunchPad,通过操作寄存器来改变引脚电平。将 LED 屏幕的动态控制设计在开发板程序的主时间中断之中,根据接收到的串口数据,修改相应的标志位,实现不同模式图案的显示。

10.4.5 AP 无线热点

在本系统中,通过手机对飞行器进行远程控制是十分重要的一部分。为了使手机和飞行器无线互联,利用官方给 Intel MinnowBoard 所配备的扩展板和 Wireless 7260AC 网卡,开设无线 AP 和手机相连。

Ubuntu 系统自带 AP 工具。然而使用自带的 AP 工具不能自由设置无线网络信道,而是默认使用 1 信道。在学校这种人员密集的场所,有大量位于常规信道 1、6、11 上的公共 WiFi,若 AP 也使用这三个信道,数据传输将大大受阻,难以获得流畅的实时视频信号。

为了解决这个问题,采用 hostapd 工具实现 AP 网络的建立。hostapd 是一个用于 AP 和认证服务器的守护进程,它实现了 IEEE 802.11 相关的接入管理。使用 hostapd 建立无线 AP 之后,手机能够搜索到 AP,但无法获取 IP 地址。因此,hostapd 还需要配合 dhcp3-server。在 MinnowBoard 上建立一个 DHCP 服务器,为接入无线 AP 的设备自动动态分配 IP 地址,使 MinnowBoard 能够与接入设备正常通信。

将 AP 的信道设定在 1、6、11 常规信道之外,能够有效提高 WiFi 的传输速率,满足视频传输的要求。

手机和 MinnowBoard 互联之后,就能够实现 Socket 收发、视频传输等功能。

10.4.6 手机 App

辅助控制飞行的手机 App 是在 appAndroid Studio 平台下开发的,分为登录界面和 4 个功能界面,使用 Shared Preferences 数据存储方法,具有记忆上次输入的账号和密码的功能与验证用户的功能。

activity 为了使三个功能界面进行无缝切换,使用三个 fragment。第一个 fragment 是飞行控制,有一键起飞和一键降落功能,目标位置的设定和飞行器的微调,它们都是通过 Socket 与飞行器上的 MinnowBoard turbo 开发板通信实现的。第二个 fragment 是关于飞行器外围 LED 屏的控制,同样是通过 Socket 与飞行器上的 MinnowBoard turbo 开发板通信实现的。第三个 fragment 是获取飞行器摄像头的视频,通过使用 webview 控件,获取网页的视频。

10.4.7 视频传输

MJPG-streamer 是一个轻量级的视频服务器软件,可应用在基于 IP 协议的网络中,从网络摄像机中获取并传输 JPEG 格式的图像到浏览器,如图 10.5 所示。

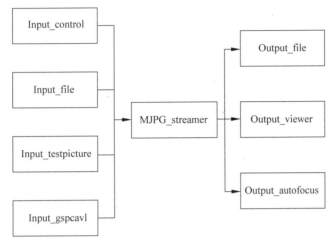

图 10.5 MJPG-streamer 关系图

由于创建的无线 AP 信号随距离衰减比较严重,传输图像的大小和帧数会影响图像能被流畅观看的距离和范围。

选用"320×240,15 帧/秒"的图像进行传输,保证图像有一定的清晰度和流畅性的同时,能够实现更远距离的图像传输,且不影响手机和无人机之间的其他功能实现。

10.4.8 数据通信协议

数据通信主要有三方面: MinnowBoard turbo 开发板和手机的通信、MinnowBoard turbo 开发板和飞控板的通信、MinnowBoard turbo 开发板和 TI LaunchPad 的通信。

MinnowBoard turbo 开发板通过 Socket 与手机进行通信,通信的形式由数据类型位+数据,数据类型位占 1 字节,数据占的位数不定,共有 7 种数据类型,具体如表 10.2 所示。

表 10.2 数据通信协议(1)

数据类型位	数据类型位含义	数据大小/Byte	数据含义
0	目标点位置	4	X、Y 的值各占 2 字节,表示目标点坐标
1	偏移微调量	3	X、Y 的自旋方向各占 1 字节
2	LED 显示自动	0	无
3	LED 手动调整	2	12 个红绿灯方向各占 1 位
4	LED 显示警告	0	无
5	控制飞行器一键起飞	0	无
6	控制飞行器一键降落	0	无

MinnowBoard turbo 开发板通过串口和飞控板进行通信。通信的形式是帧头+数据类型位+数据,帧头占 4 字节,固定为 _CMD,用作数据同步。数据类型位占 1 字节,数据占的

位数固定,为 16 字节。有数据时传数据,无数据时数据填充为 0,共有 5 种数据类型,具体如表 10.3 所示。

表 10.3　数据通信协议(2)

数据类型位	数据类型位含义	数据大小/Byte	数据含义
0	体感传感器偏移量	4	X、Y 的值各占 2 字节,表示障碍物坐标
1	目标点位置	4	X、Y 的值各占 2 字节,表示目标点坐标
2	偏移微调量	3	X、Y 的自旋方向各占 1 字节
3	一键起飞	0	无
4	一键降落	0	无

MinnowBoard turbo 开发板通过串口与 TI LaunchPad 进行通信,通信的形式是帧头＋数据类型位＋数据,帧头占 4 字节,固定为_CMD,用作数据同步。数据类型位占 1 字节,数据占的位数固定,为 8 字节。有数据时传数据,无数据时数据填充为 0,共有 3 种数据类型,具体如表 10.4 所示。

表 10.4　数据通信协议(3)

数据类型位	数据类型位含义	数据大小/Byte	数据含义
0	LED 显示自动	0	无
1	LED 手动调整	2	12 个红绿灯方向各占 1 位
2	LED 显示警告	0	无

## 第11章

四旋翼自主飞行器探测跟踪系统

本章的任务是设计并制作四旋翼自主飞行器探测跟踪系统,包括设计制作一架四旋翼自主飞行器、飞行器上安装一支向下的激光笔,制作一辆可遥控小车作为信标。飞行器一键式启动后,飞至小车上方,用遥控器控制小车到达不同位置,飞行器能跟随小车飞行或悬停于小车上方。小车到达终点后飞行器择地降落并停机。

11.1　系统方案

本系统主要由遥控小车和四旋翼自主飞行器组成。其中飞行器主控板的外围接口主要由超声波 KS-109 模块、OV7670 摄像头模块、无线串口通信模块、NRF 无线通信模块组成;遥控小车主控板外围接口主要由蓝牙模块和无线串口通信模块组成。通过对比分析,分别选择了以下几个模块。

11.1.1　定点悬停方案

采用 OV7670 摄像头模块结合瑞萨 RX23T 芯片对地面的图像进行二值化处理,对于白色地面上需要确定黑色小车在图像上的位置来说,可以对图像上一定面积的黑色块像素坐标平均后得到其中心坐标,通过 PID 控制飞行器移动使中心坐标在图像的中心来实现定位。由于地面只有黑白点,二值化处理的阈值较好确定,中心坐标较精确,测试后可行。

11.1.2　悬停于小车上方

飞行器的定高由超声波控制。当飞行器由地面过渡到小车正上方时存在一个高度的改变,导致超声波高度数据突变,飞行器飞行高度不稳。可采用特殊表面形状吸音材料铺设在小车顶部来解决高度突变问题。

利用吸音材料特殊的材质及特殊结构,使得超声波发射到小车顶上后被直接吸收而无法反射,高度直接用之前的地面高度值替换,从而达到"屏蔽"小车的效果。经实际测试,小车顶部有了吸音材料后,飞行器经过小车时高度较为平稳。

11.2 系统理论分析与计算

11.2.1 图像处理

探测跟踪系统中定点悬停和追踪小车功能是通过图像处理来实现的,图像采集是通过 OV7670 摄像头采集灰度图进行二值化处理后,如果在图像中检测到的大小像小车的黑色区域,则将黑色区域的中心相对于图片中心的偏移量传给飞控,然后控制飞行器向使偏移量为零的方向移动,模拟依靠光流悬停的处理程序进行 PID 调节控制移动。

1. 阈值

本次图像处理的数据是二值化图像,光照和灯光对二值化处理的效果影响较大,因此阈值选择十分关键。经过实际测量,选取的二值化阈值为 110,大于该阈值则判该点为白点,小于该阈值则为黑点。

2. 图像格式及分辨率

因为瑞萨 RX23T 的片内 RAM 有限,所以不可能把图片保存下来之后再处理。为了提高图片处理速度,配置 OV7670 图片输出为 YUV 格式,输出分辨率为 320×240 像素。由于飞行器飞行高度有限,为了提高摄像头视野,将原先的镜头换成了广角镜头。

11.2.2 小车与飞行器的距离感应

当小车与飞行器的距离范围在 1.5m 以内时,飞行器会发出声光报警的感应信号提示。此功能是通过小车与飞行器上的一对 433MHz 无线通信模块实现的。要求靠近感应提示响应距离为 1.5m,距离较短,原来无线通信模块的天线过长不适合使用,需要对大线改造,制作适合 1.5m 才能接收到信号的天线长度及形状,并且天线安放的角度及位置也会影响到通信的有效距离,需要通过实际测试来确定最佳的安放位置及角度。

11.3 电路与程序设计

11.3.1 系统组成

四旋翼自主飞行器探测跟踪系统的原理框图如图 11.1 所示。

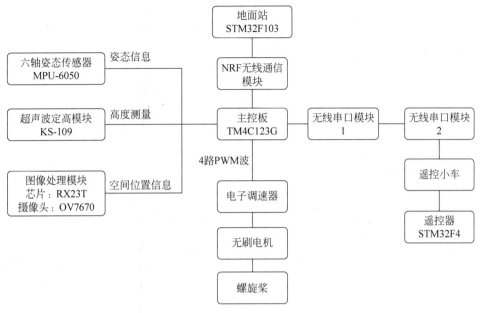

图 11.1　系统组成框图

11.3.2　原理框图与电路原理图

1. 定点悬停原理框图

定点悬停原理框图如图 11.2 所示。

图 11.2　定点悬停原理框图

2. 声光报警原理框图

声光报警原理框图如图 11.3 所示。

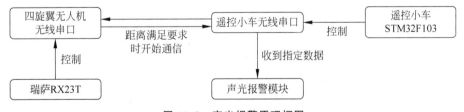

图 11.3　声光报警原理框图

3. 系统软件与流程图

四旋翼自主飞行器探测跟踪系统各个模块的流程框图如图 11.4～图 11.7 所示。

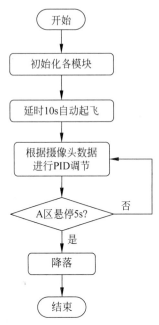

图 11.4　定点悬停流程图

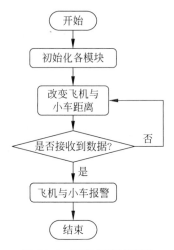

图 11.5　声光报警流程图

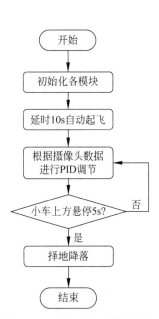

图 11.6　小车上方悬停流程图

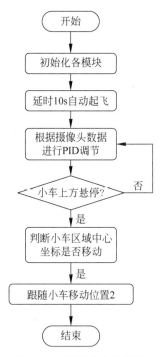

图 11.7　跟踪小车流程图

11.4 测试步骤

1. 超声波定高测试

定高测试是起飞前必须先进行的第一步。在场地内,飞行器通电但不起飞,手持飞行器使飞行器处于不同高度,测试数据正确且基本保持不变。手持飞行器使飞行器平稳地上下运动,观察高度数据同样平稳变化无突变值。手持飞行器经过小车上方,观察高度数据基本无变化,超声波模块工作正常。

2. 飞行器测试

飞行器上电后,飞控板上的瑞萨主板正常工作,能通过遥控器控制飞行器起飞、前后左右运动、降落等功能,飞行器部分工作正常。

3. 遥控小车测试

遥控小车上后,通过遥控器可控制小车前后左右运动,并可以调节速度,小车工作正常。

4. 摄像头测试

摄像头与 PC 用 USB 线连接,手持摄像头,通过串口将拍摄到并处理后的图像画面传回 PC 端观察,能在 PC 端观察到正确的二值化及标出黑色区域的中心位置,摄像头模块工作正常。

5. 无线串口通信模块测试

将小车放置在场地的中心区域,手持飞行器从远处慢慢靠近小车,当距离在 1.5m 左右时飞行器和小车开始声光报警,远离小车超过 1.5m 范围后取消报警。从各方向对报警模块进行测试,报警距离基本一致,无线串口通信模块通信正常。现场测试场景如图 11.8 所示。

图 11.8 飞行器跟踪小车

## 第12章

灭火飞行器

本章的任务是设计一个灭火飞行器。防区中有 4 个用红色 LED 灯模拟的火源,飞行器起飞后从 A 处进入防区,并以指定巡航高度在防区巡逻。发现防区有火源,用激光笔发射激光束的方式模拟灭火操作。所有火源全部熄灭后,飞行器从 B 处飞离防区返航,返航途中需穿越一个矩形框。从起飞到降落的整个操作过程时间越短越好。飞行器活动区域示意图如图 12.1 所示。

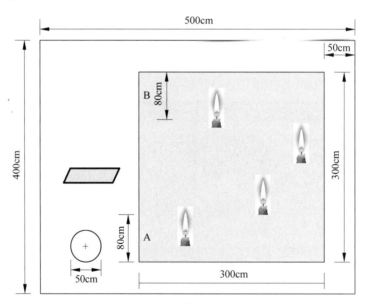

图 12.1 消防飞行器活动区域示意图

12.1 概述

本章设计了一个基于 TM4C123G 飞控板的四旋翼飞行器,其中包括 OpenMV 图像处理模块、ESP8266 的 WiFi 模块、PMW3901 光流传感器、NRF 无线串口模块、VL53L0X 激光定高模块,主要涉及定高算法、PID调节算法、图像处理算法等。通过算法及硬件相配合,用飞行器上的 OpenMV 图像处理模块实现模拟火源的定位,结合激光笔发射激光模拟灭火,基于 PMW3901 光流传感器实现定高巡航及路径规划,最终实现了定点悬停、模拟灭火、定高、巡航等功能。

12.2　系统方案

本系统采用的四旋翼自主飞行器主要由 OpenMV 图像处理模块、ESP8266 的 WiFi 模块、PMW3901 光流传感器、NRF 无线串口模块、VL53L0X 激光定高模块组成,另外由高亮红色 LED 灯模拟火源。下面分别讨论这几个模块的选择。

12.2.1　定点悬停方案的论证与选择

飞行器需要在火源上空定点悬停后才能灭火,悬停的方案选择如下:

方案一:图像处理识别定位。

飞行器需要识别的对象有起飞时的圆形、灭火区域的红色 LED 灯光以及空中的矩形框等,可以根据这些特征图像进行不同位置的悬停,采用 OPENMV3 M7 摄像头模块对地面情况进行识别,对所有点平均后得到中心坐标,通过使中心坐标向图像中心坐标靠拢控制飞行器移动来实现定位。

方案二:光流定位。

PMW3901 是一款超轻低功耗智能光学流动传感器,尺寸小、质量轻,具备非常高的感光度,具有定点范围宽、光照要求低、输出速率高的优点,可以保证飞行器的稳定性。经分析与测试,这种光学流动传感器性能非常好,在复杂地面可以做到精确定位,在地面铺设白布的情况下也能做到比较好的悬停效果。

综合以上两种方案的实际光流悬停效果,选择图像处理的帧率较高定点悬停较好的方案二。

12.2.2　寻找模拟火源方案的论证与选择

方案一:使用 OV2640 摄像头和 STM32F407 处理器的图像处理模块。

此模块可以对图像中只有单个目标时的实时处理,但该芯片处理速率与可用资源有限,开发效率不高。本任务寻找 4 处火源的放置有一定随机性,摄像头可能同时看到 4 个火源对图像处理速率要求较高,故此模块不符合要求。

方案二:OpenMV 模块。

OpenMV 是基于 Python 的嵌入式机器视觉模块,目标是成为机器视觉界的 Arduino。其成本低、易拓展,开发环境友好,除了用于图像处理外,还可以用 Python 调用其硬件资源进行 I/O 口控制。经过测试,本模块可以较快寻找到模拟火源并有较丰富的接口可控制。

综上分析,选择方案二。

12.2.3　定高功能的论证与选择

适合飞行器定高的传感器有超声波或激光,飞行器灭火系统对高度的稳定要求比较高。提出以下两个解决方案。

方案一:KS-109 超声波模块。

超声波工作原理是接收反射波,但在实际测试过程中,如场地不足够空旷且发射波频次较高时,反射的超声波可以通过多次反射后仍旧被模块接收到,形成干扰达不到高度稳定。另外,超声波的稳定测量距离有限,对地面平整度和材质也有一定要求。但其优点是不会受外界光线的影响。

方案二:VL53L0X 激光定高模块。

本模块发射能量集中的激光到物体上,采用接收器接收到的光子的时间来计算距离,最远测量距离可达 2m,非常适合中短距离测量的应用,适用于本任务的 1.5m 定高要求,实测中定高高度比较稳定。但该模块在有阳光直射的地面极易受到干扰。

综合以上两种方案,选择以上两种方案都使用,采取超声波和激光定高的融合算法。

12.2.4 巡航功能的论证与选择

本章所设计的灭火飞行器需要在巡航过程中寻找模拟火源,巡航的路径和稳定性对寻找火源起到很关键的作用,为此提出以下两种方案。

方案一:S 形路线巡航。

飞行器进入巡航区域后,飞行器按照 S 形航线在区域内巡航,发现模拟火源后飞行器抵达火源上方,执行灭火任务。执行完灭火任务后继续返回原定巡航路线继续巡航。这种方案的好处在于能实现对巡航区域的全覆盖无死角,但所需时间较长,对飞行器的续航能力有较高的要求。

方案二:定点巡航。

将巡航区域划分为 9 个区域,并将其坐标存在一个链表内,飞行器进入巡航区域后,按照链表顺序抵达这 9 个区域中心定点,在定点上悬停识别图像有无模拟火源,若有将其坐标存入链表中,并对找到的火源发射激光束模拟灭火,然后继续按链表中坐标执行飞行任务,整个过程按照固定路径走完整个区域。这种方案的好处是巡航时间大大缩短。

经过测试,摄像头能在 9 个定点上覆盖整个巡航区域,因此选择了方案二。

12.2.5 灭火方案的论证与选择

方案一:依靠飞行器抵达模拟火源上方时,通过图像处理使得飞行器悬停在火源上方并且打出激光模拟灭火。该方案的好处是程序易于编程,但是对于飞行器的稳定性有较高的要求。

方案二:将激光笔安装在舵机云台上,利用双轴舵机云台高灵活性,对激光实行辅助瞄准。当飞行器在火源上方一定范围内悬停时,舵机上的 OpenMV 识别火源并且控制舵机跟踪目标,保证激光能够在较长时间内稳定地打在指定范围内。

综上分析,选择方案二。

12.2.6 穿越方案的论证与选择

当飞行器从 B 处飞出火源检测区域后,悬停在矩形框前,为保证较高的穿窗成功率,穿窗方案有以下两种:

方案一：图像识别矩形框。穿越的矩形框是黑色矩形框，飞行器左右方向的定位通过对黑色矩形框的左右两个边界进行识别。上下方向的定位通过黑色矩形框中心点的高度控制定高实现，可以实现较为精准的定位，但对矩形框背景要求是单一浅色，不能太复杂。

方案二：根据窗前飞行线路坐标位置用光流定位，上下方向的定位通过黑色矩形框中心点的高度控制定高实现。这样实现最简单，但穿窗成功率取决于飞行器的稳定性。

综合优劣最后选择方案二。

12.3　系统理论分析与计算

12.3.1　图像处理

寻找模拟火源是通过 OpenMV 图像处理模块采集图像后经二值化处理识别来实现的。将检测到的较高亮度区域的中心相对于图片中心的偏移量转换为控制舵机运动的 PWM 波，进而使用舵机控制激光笔跟踪模拟火源进行模拟灭火。

1. 阈值

本次图像处理的数据是二值化图像，光照和灯光对二值化处理的效果影响较大，因此阈值选择十分关键。实际测量选取时，采用的是 LAB 模型，使用 OpenMV 自带的 IDE 手动测得阈值，高于这一阈值则说明模块找到模拟火源，低于阈值则表明没有找到。

2. 图像格式及分辨率

本次使用的是 OpenMV 模块配置 OV7670 摄像头，输出格式采用 RGB565，输出分辨率为 320×240 像素。

12.3.2　定位悬停处理

定位悬停主要处理的是 OpenMV 采集的图像数据。首先，对模拟火源的识别与定位。由于是用红色 LED 灯模拟火源，因此通过识别亮度来将其与其他背景物体区分开；其次，通过计算该物体中心的坐标来进行定位。利用 PMW3901 模块建立的绝对坐标系，通过修改 PMW3901 光流的位置数据来前往目标地点，同时将光流实际数据存储起来以建立飞行器的轨迹。

当飞行器在巡航过程中 OpenMV 出现个别帧失去目标的情况时，OpenMV 会给飞控板发送一个数值，当飞控内部计算此数值的累计值达到一定量时，飞控判断确实"跟丢"目标，并回到原来的巡航路线；当累计值未达到一定量时，飞控会忽略丢失帧，OpenMV 将继续给飞控板发送偏移量，使飞行器到达目标上方。

12.3.3　高度数据修正

由于飞行器在移动的过程中机身会有所倾斜，会影响 PMW3901 模块对于高度数据的采集，从而影响到飞行器飞行高度。因此利用飞行器自身姿态数据对激光获取的高度数据进行修正。

12.4　电路与程序设计

12.4.1　系统组成

灭火飞行器系统总体组成框图如图 12.2 所示。

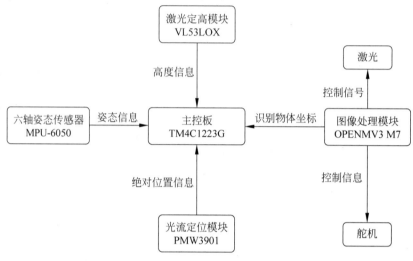

图 12.2　系统组成框图

1. 程序功能描述

（1）飞控部分。采集位置、高度、姿态数据，并与导航板进行通信，保证飞行器的稳定并完成相关飞行动作。

（2）OpenMV 部分。识别目标并处理，将偏移量传输给飞控，输出 PWM 波使激光笔在一定时间内亮起。

2. 程序设计思路

飞控部分与导航部分相互协作完成功能。飞控部分控制飞行器定点飞行，当飞行器接收到导航部分的偏移量时飞行器会飞到目标上方，接收到导航板的飞离信号后，飞控会控制飞行器飞离目标上方回到定点飞行的轨迹上。

12.4.2　原理框图与电路原理图

1. 定点悬停原理框图

定点悬停原理框图如图 12.3 所示。

图 12.3　定点悬停原理框图

2. 激光打点原理框图

激光打点原理框图如图 12.4 所示。

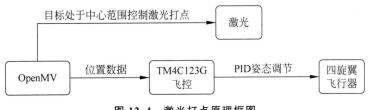

图 12.4　激光打点原理框图

12.4.3　系统软件与流程图

定点悬停流程图见图 12.5,寻找火源及灭火流程图见图 12.6,识别矩形框流程图见图 12.7。

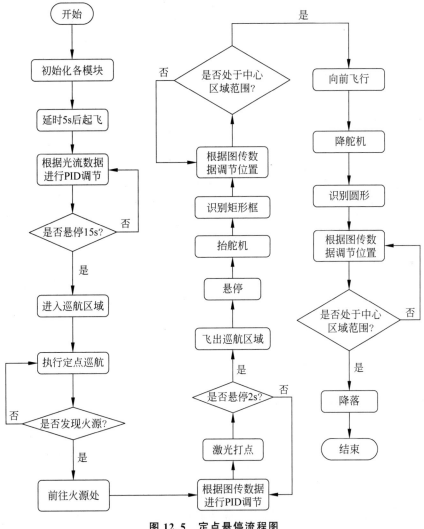

图 12.5　定点悬停流程图

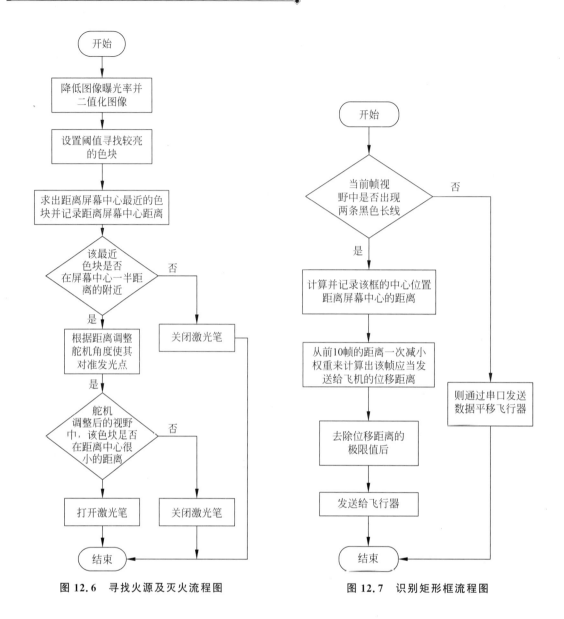

图 12.6　寻找火源及灭火流程图　　　　图 12.7　识别矩形框流程图

12.5　系统测试

12.5.1　各模块测试

1. 飞行器部分

飞行器上电后,飞控板各指示灯正常工作,能通过遥控器无桨情况下操作起飞电机工作正常,手动前后左右运动,遥控降落能停机等功能,飞行器部分工作正常。

2. PMW3901 模块

将飞行器放在水平有标尺架子上,前后移动飞行器一定距离,观察地面站光流返回数据,然后将飞行器旋转 90°,重复前面的动作。观察到地面站显示光流数据即飞行器平移距离。无人机起飞稳定悬停后,使用遥控器干扰无人机前后左右移动,无人机在经过自身调整后很快回到之前悬停点,表明悬停 PID 参数合适。PMW3901 模块工作正常。

3. VL53L0X 模块

在场地内,飞行器通电但不起飞,手持飞行器使飞行器处于不同高度,地面站显示测试数据正确且基本保持不变。手持飞行器使飞行器平稳地上下运动,观察高度数据同样平稳变化无突变值。测试 VL53L0X 模块工作正常。

4. OpenMV 模块

手持 OpenMV,通过 USB 串口与 PC 连接,调用其官方 IDE 对实际拍摄到并处理后的画面进行观察和数据分析,能在 PC 端观察到正确的图形以及给出该图形所在像素点坐标。手持装有 OpenMV 模块的飞行器使其视野范围内出现 LED 灯,地面站显示可以正常识别出 LED 灯的坐标位置,OpenMV 模块工作正常。

5. 舵机模块

用分压板引出 5V 给舵机供电,将其信号线接在 OpenMV 的 I/O 口,OpenMV 能通过 I/O 口输出 PWM 波。上电瞬间,舵机响应回归初始位置,用手轻轻地扳动舵机,明显感觉到较大阻力。然后改变占空比,舵机快速响应并稳定转动到对应角度位置,将 OpenMV 挂在舵机上,较小幅度晃动飞行器,绑在 OpenMV 上已校准瞄准火苗的激光笔能锁定跟踪火源中心。测试舵机模块工作正常。

12.5.2　飞行任务测试

1. 定点悬停

飞行器在圆形区一键启动后,起飞在 150cm±10cm 高度悬停 15s 后降落,测试悬停时间基本稳定在 15s 左右,激光笔能照射在起飞时的圆形区域,可实现定点悬停功能。

2. 寻找模拟火源并模拟灭火

飞行器从 A 区进入巡航区域后,可以在识别到 LED 亮灯后移动到其上方,舵机控制激光笔能发射激光束持续 2s 灭火。改变 LED 亮灯的数量及分布情况,飞行器都能识别到每个光源并发射激光束。在检测到没有火源后飞行器能从 B 区离开防区。

3. 穿过矩形框

飞行器穿过 B 点后,在图像模块的识别指引下,飞行器穿过矩形框并自行回到终点降落。经测试,整套动作可在 2min 左右完成。

综上所述,飞行器能基本实现起飞后巡航、发现火源后灭火、穿窗再返回的完整过程,本设计基本达到设计要求。

## 第13章

四旋翼目标识别飞行器

本章的任务是在室内场地（30m×30m，高度 10m）随机放置 4 个不同形状的标志（黑色），包括大正方形 50cm×50cm、圆形（直径 40cm）、正三角形（边长 40cm）、小正方形 30cm×30cm，圆形和大小两个正三角形在场地范围内任意放置。飞行器从放置在场地一角的大正方形中心一键起飞，自动按圆形、三角形、小正方形顺序飞行，在每一个标志物上完成降落和起飞，最后降落到小正方形中心。场地示意图如图 13.1 所示。

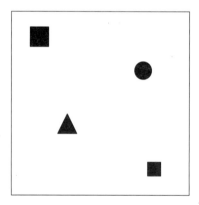

图 13.1　场地示意图

13.1　四旋翼目标识别飞行器概述

四旋翼目标识别飞行器的关键在于图形识别。本章所设计的四旋翼飞行器能完成定点定高悬停、自主巡航、识别形状、在各个目标上自动起飞与自动降落。四旋翼飞行器图像识别主要通过 STM32F4 处理器加 OV2640 摄像头模块来完成。将采集到的数据进行二值化处理得到黑白图，再用外法线算法识别轮廓，计算出面积和周长，最后根据面积和周长的比值来识别图形。定高和悬停主要是通过光流模块来实现，当飞行器飞到一定的高度，光流可以根据拍到的图像和角度调整位置，使之悬停在一个位置。飞行器的巡航控制也通过光流来实现，根据光流的趋于零点的特性，将起点大正方形坐标设置为(0,0)，以网格编号扫描方式按顺序遍历所有区域中心坐标位置。

13.2　四旋翼飞行器的系统组成

13.2.1　四旋翼飞行器的程序设计

由于四旋翼飞行器需要在空中平稳飞行,对实时性要求非常高,所以在程序设计时用定时中断执行各类传感器的数据采集及处理、中断处理过程中飞行器有两种模式:一种是悬停模式;另一种是位移模式。当飞行器识别到图形后,进入悬停模式,执行姿态解算、定高、悬停、收发数据等任务。当飞行器得到飞行数据时则进入位移模式。除了数据通信和超声波测距外,其余功能均在 400Hz 的主时间中断中依次执行。串口通信模块收到数据则会触发接

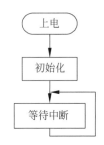

图 13.2　飞控主程序流程图

收中断,超声波模块也会在数据采集到之后触发中断处理数据。采用一个主时间中断,免去了对于中断优先级复杂的设置,重要的处理程序不会被其他中断所打断,易于确认每一模块的稳定性。飞控主程序流程图如图 13.2 所示。

13.2.2　主要模块

在四旋翼目标识别飞行器系统中,最为关键的是目标识别模块。本系统中图像识别使用自制的 STM32F4 图像采集板,如图 13.3 所示。

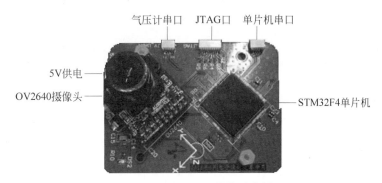

图 13.3　STM32F4 图像采集板

STM32F4 的主频达到 168MHz,使得 STM32F4 尤其适用于需要浮点运算的应用。摄像头选择 OV2640 摄像头。该传感器体积小,工作电压低,提供单片 UXGA 摄像头和影像处理的所有功能。UXGA 图像最高达到 15 帧/秒(SVGA 可达 30 帧/秒,CIF 可达 60 帧/秒)。用户可以完全控制图像质量、数据格式和传输方式。

13.3　软件设计

13.3.1　系统方案

四旋翼飞行器是一个欠驱动系统,有 4 个输入和 6 个自由度,具有不稳定、强耦合等特点。因此,除了受到自身机械结构以及旋翼空气动力的影响外,也特别容易受到外界的干

扰。为了实现飞行器的平稳飞行,并完成高度控制、悬停、位移控制、测试飞行动作等功能,由 3 个姿态角以及机体所受合力计算出控制飞行器机体姿态和运动方向的 4 个控制量 U1、U2、U3、U4。根据这 4 个控制量和 4 个电机的转速之间的关系,便可计算得到 4 个电机的转速 W1、W2、W3、W4,从而控制飞行器 6 个自由度输出。

13.3.2　PID 控制器

PID 控制器的流程框图如图 13.4 所示。

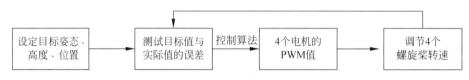

图 13.4　PID 控制器的控制流程框图

首先,设定好目标姿态、目标高度和目标位置;其次,测量实际值与目标值之间的误差,通过单片机的控制算法,解算得到 4 个电机的 PWM 值;最后,不断地对 4 个螺旋桨转速进行调节,使实际值与目标值的误差不断减小,从而达到无限接近目标值的状态。

13.3.3　图像识别

1. 轮廓搜索

图传数据发送流程以及图像识别流程分别如图 13.5 和图 13.6 所示。

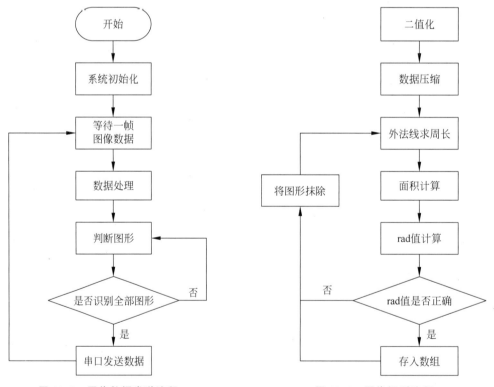

图 13.5　图传数据发送流程　　　　**图 13.6　图像识别流程**

　　一个图像被采集进计算机后,处理使它生成一个二值图像矩阵(其中,图形部分全为白,背景部分为黑,为了便于分析,将图形部分每个点都用1表示,背景点用0表示)。如果二值化阈值取得合适,通常采集进计算机的图像边缘都会有些小锯齿,内部一般无空洞,也不会产生长条形的边缘噪声。

　　要搜索出图形的轮廓,就是要把二值矩阵里的1找到。考虑到算法的实时性应用,算法要尽量简单高效,所以采取从左到右、从上到下的扫描顺序在图像矩阵中搜索轮廓的第一个点。设按逆时针的方向搜索轮廓,开始从矩阵左上角放上3×3像素的模板,模板共9格,左下角开始从1编号逆时针编到8中间为0。可以推出,设轮廓第一点在此3×3模板的0位置,那么第二点只可能从1位置开始搜索,而不可能出现在5、6、7、8位置。那么在剩下的1、2、3、4位置上肯定能找到第二个轮廓点。至此,轮廓的第一点和第二点找到。便可以沿外法线方向搜索下一个轮廓点进而搜索出整个图形轮廓。

　　1) 外法线

　　设X0和X1为已搜索到的轮廓中的两个前后相邻点,X0在此3×3模板的中心,X1在此模板的左下角,通过对这两点的连线方向的左外侧做垂射线,即外法线方向,要搜索的下一点对应就是搜索7位置的点。

　　用外法线方法搜索整个轮廓的好处是:可以沿着图形的边沿把每一个1值点都快速找到而不用去搜索X0八邻点的每一点。还避免了搜索出的图形轮廓变形,如按指定位置搜索轮廓点会把图形内部的1值点误认为轮廓点。

　　2) 算法实现

　　(1) 按从上到下、从左到右的顺序扫描二值矩阵,得到第一个轮廓点,将它的行列坐标存入轮廓数组,数组指针加1。

　　(2) 令第一点在此3×3模板的0位置,在第二点可能的1、2、3、4位置上扫描,找到第二个轮廓点,将它的行列坐标存入轮廓数组,数组指针加1。

　　(3) 根据前两个搜索到的轮廓点,设这两点为X0和X1,X0始终置于3×3模板的中心0位置。搜索下一个轮廓点,对应到模板的编号,如果X1在1位置,那么下一个轮廓点的搜索应从7位置开始,在此模板中心的八邻点中沿逆时针方向搜索出值为1的图形点。

　　2. 图形判断

　　识别地面放置物体的形状是圆形、三角形还是正方形,采用面积法用于图形识别,其思想在于先由边缘检测的结果得到图形轮廓的周长,由兴趣点区域的像素点数目得到面积,由周长的平方与面积之比算出RAD值,依据比值落在不同的区间,来确定图形的几何形状。

　　各个图形之间RAD值的比较如图13.7所示。图中比较了正方形、圆形、十字形和三角形在旋转、非旋转及平均RAD值,通过对不同的RAD值大小进行判断,从而识别出不同的图形。

RAD	旋转1	旋转2	非旋转	平均值
正方形	0.726	0.681	0.694	0.700
圆形	0.912	0.912	0.912	0.912
十字形	0.406	0.377	0.439	0.407
三角形	0.531	0.556	0.523	0.537

图 13.7　图形 RAD 值

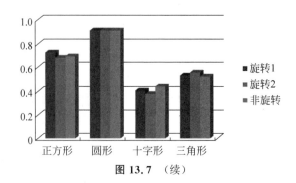

图 **13.7** （续）

13.3.4 自动巡航

由于飞行器的硬件局限性,只能将飞行器稳定悬定在 2m 的高度。但是由于这个高度摄像头的可视范围较小,无法将整个场地拍摄下来一次性找到目标,只能让飞行器在场地上方巡航。

在 2m 的高度,摄像头大致可以看到 3m×3m 的大小的图像,因此可以将场地分为 9 块(每块为 3m×3m),让飞行器按照编号顺序遍历所有的位置,先找到圆形,如果在巡航中找到三角形或正方形则记忆区域编号及坐标位置,以便下一步的寻找线路。

13.3.5 一键起飞与降落

在本系统中,飞行器在起飞之后,所有的降落与再次起飞都只能由飞行器自动控制。由于设置光流传感器只有在飞行器飞到一定高度才能起作用,而如果光流不起作用的话,飞行器将不能悬停,所以在起飞时,应该给油门一个较大的增量数值,使飞行器快速升到光流传感器数据能使用的高度,这样飞行器就可以大致悬停在起飞点坐标附近。当光流传感器开始工作时,逐步减少油门的增量,最终飞行器稳定在所设定的高度。

而当飞行器识别到图形且要降落时,缓慢减少飞行器的油门数值,使得飞行器稳定降落,降落减油门和起飞加油门一样都有按指数衰减过程控制,整个降落过程是先快后慢,当飞行器快要落地的时候,使下降速度降到最低,以防飞行器撞击地面弹跳翻机。

13.3.6 断电保护

实际飞行中难免会出现飞行器失控的状态,这种状况下往往会出现遥控器无法控制飞行器,导致飞行器在实验室保护网中乱飞,直到挂在网上,此时螺旋桨会被网缠绕使电机堵转。这种情况下一般飞行器的电机、电调或其他硬件将会受损,飞行器硬件的修理会耗大量时间,同时可能出现飞行器飞出保护网伤人的情况,所以加入了断电保护的功能。在程序中加入如果飞行器的翻滚角、俯仰角大于 25°,高度超过 2m,那么飞行器将自动断电,且不能再次启动,只有重新上电,飞行器才能重新起飞。

13.4 调试方案

1. 光流测试

(1) 初步先用手拿着飞行器移动一定的距离,看地面站的数值是否一致。

(2) 飞行器一键起飞,观察起飞点与飞行器悬停位置的距离。由于重心或电机电调不一致等原因,垂直起飞会有所偏移,可以适当在遥控上增加相反方向的偏移量。

2. 图形识别测试

(1) 用STM32F4图像采集板在测试地点连接计算机观察图形的二值化效果,修改阈值使其效果最佳。

(2) 手持飞行器在飞行时的高度上正对地面图形,观察地面站显示的图形识别结果以及图像在画面中的坐标位置是否正确。

(3) 用遥控器操纵飞行器起飞,当飞到图形正上方时,观察地面站以上结果是否正确。

3. 高度测试

在飞行器静态和飞行过程中观察地面站的高度数值,看是否稳定在 2m 左右,是否会有数据的跳动。

4. 巡航测试

通过观察地面站显示可知飞行器是否在不同区域都能按照指定的顺序完成一个循环的飞行。

## 第14章

激光打靶四旋翼飞行器

14.1 概述

任务要求设计并制作一架四旋翼飞行器,飞行场地区域大小 3m×4m,靶子垂直竖立在场地边缘,靶子正视图如图 14.1 所示,图中 5 个环的直径(cm)分别是 50、40、30、20、10,环位于靶子的中心。飞行器上安装有激光笔、舵机、光流模块、OpenMV 模块、超声波定高模块等。激光笔与 OpenMV 模块都安装在舵机上且指向方向一致。飞行器放置在场地自选位置,一键式启动飞行器起飞。飞行器识别靶环中心位置后,激光笔向靶环打光点和鸣叫发声 0.5s。

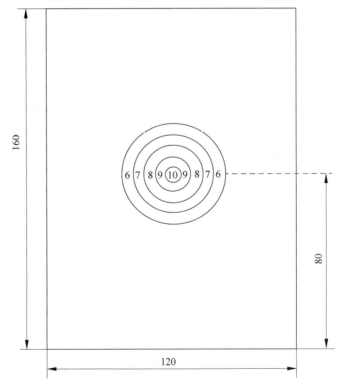

图 14.1 靶子正视图(单位:cm)

本章所设计并制作的四旋翼飞行器自主打靶系统能够利用 OpenMV 识别目标图形,控制激光笔进行打靶,同时蜂鸣器鸣叫,这一系列动作要求在一键起飞后自主完成。

图像处理过程通过 OpenMV 实现,对视野中最大的圆进行识别,若飞行器与靶心偏移过大,则由 OpenMV 发送位置坐标使其校正,以保证视野中心点向圆心靠近。当圆心与图像视野中心距离在一定范围内时,蜂鸣器发声,激光笔进行打靶。

该激光打靶四旋翼飞行器实现了飞行器自动起飞、降落、悬停、自旋一系列动作以及在一定范围内识别标靶并向中心进行激光射击的功能。

14.2　设计与实施方案

14.2.1　室内定位方案选择

定高采用 KS103 超声波传感器,如图 14.2 所示,用于测量飞行器当前的飞行高度。模块发出 8 个 40kHz 的超声波脉冲,然后检测回波信号。当检测到回波信号后,模块进行温度值的测量,对测距结果进行校正后输出。

图 14.2　超声波定高模块实物图

使用光流作为悬停方案,Pix4Flow 光流传感器可以在较大范围内输出图像间的帧差,达到较为准确的室内定点悬停的效果。OpenMV 作为靶心定位的图像识别工具,完成在 X、Y 轴方向的瞄准任务。

14.2.2　图像识别方案

图像识别模块采用的是 OpenMV 模块。OpenMV 是一款小巧、低功耗、低成本的电路板,它可以很轻松地完成机器视觉应用。开发者可以通过高级语言 Python 编程。Python 是一门简单易学功能强大的编程语言,Python 的高效数据结构和简单有效的面向对象编程的特性,可以很容易在机器视觉算法中处理复杂要求的输出,以及使用外部终端触发拍摄或者执行算法,也可以把算法的结果用来控制 I/O 引脚。OpenMV 具有体积小、重量轻、自身集成度高等优点,运用 Python 编程更为简洁直观实现图像识别功能。OpenMV 模块如图 14.3 所示。

OpenMV 摄像头的特点如下。

(1) STM32F765VI ARM Cortex M7 处理器,512KB RAM,2MB Flash,所有的 I/O 引脚输出 3.3V 且 5V 耐受。

(2) 全速 USB(12Mbps)接口,可连接到计算机调试。当插入 OpenMV 摄像头后,计算机会出现一个虚拟 COM 端口和一个 U 盘。

(3) SD 卡槽,拥有 100Mbps 读写速度,允许 OpenMV 摄像头录制视频保存,可以将机器视觉的素材从 SD 卡提取出来。

图 14.3　OpenMV 摄像头图传模块

（4）一个 SPI 总线,高达 54Mbps 速度,允许简单地将图像流数据传给 LCD 扩展板、WiFi 扩展板或者其他控制器。

（5）一个 I^2C 总线、CAN 总线和一个异步串口总线(TX/RX),用来连接其他控制器或传感器。

（6）一个 12 位 ADC 和一个 12 位 DAC。

（7）3 个 I/O 引脚,用于舵机控制,所有的 I/O 口都可以用于中断和 PWM 波输出。

（8）一个 RGB LED(三色)、两个高亮的 850nm IR LED(红外)。

（9）OV7725 摄像头在 80fps 下可以处理 640×480 8 位灰度图或者 320×240 16 位 RGB565 彩色图像。OpenMV 摄像头有一个 2.8mm 焦距镜头在一个标准 M12 镜头底座。如果想使用更多的定制镜头,安装也极为便利。

14.2.3　飞控方案

四旋翼飞行器整体构架图如图 14.4 所示。

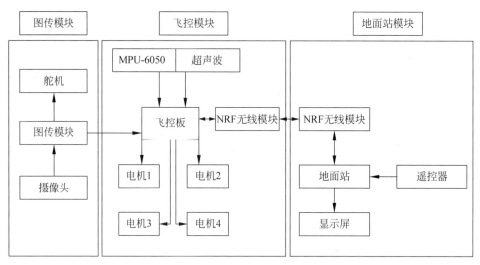

图 14.4　四旋翼飞行器整体构架图

可以把四旋翼飞行器划分成为三部分：图传模块、飞控模块和地面站模块,其中根据项目要求地面站模块只用于飞行器调试参数时使用,在正式飞行时地面站模块将关闭不参与控制,飞行器完全按照自动飞行来达到任务要求。

主飞控板采用了德州仪器 Tiva 系列的 TM4C123G 微控制器,此系列微控制器基于 Cortex-M4F 内核,有高效的信号处理和浮点运算功能,同时集成了高级运动控制(拥有 2 个 PWM 模块,共有 16 个高级 PWM 输出信号,可用于运动控制或者电源控制),多种串口通信(SPI、UART、I^2C 模块)等。微控制器通过电机驱动程序控制飞控板上输出的四路 PWM 波占空比,以调节 4 个电机转速,实现对四旋翼飞行器运动状态的控制。飞控板上主要器件是 MPU-6050 六轴传感器。飞控板实物图如图 14.5 所示。

TM4C123G 微控制器外设包括系统外设(DMA、EEPROM、GPIO、Watchdog Timer 等)、串行通信外设(USB OTG、SSI、UART、I^2C、CAN controller)、模拟外设(ADC)以及运动外设(PWM、QEI)。

JTAG I²C通信

超声波 NRF无线通信 电调驱动

图 14.5 飞控板实物图

MPU-6050 是一个大小只有 4mm×4mm×0.9mm 的六轴运动处理传感器,以数字输出六轴的旋转矩阵、四元数、欧拉角格式的融合演算数据,集成了三轴 MEMS 陀螺仪,三轴 MEMS 加速度计,1 个可以扩展的数字运动处理器(Digital Motion Processor,DMP)。DMP 使用 MPU 的一个外部引脚产生中断,可用 I²C 接口连接一个第三方的数字传感器(如磁力计)。扩展之后,它可以利用 I²C 或 SPI 接口输出一个九轴的信号。

MPU-6050 对加速度计和陀螺仪分别采用 3 个 16 位的 ADC,将它们测量出的模拟量转换成数字量输出。用户可以控制传感器的测量范围,其中陀螺仪性能参数如下。

(1) 电压。3~6V。

(2) 电流。小于 10mA。

(3) 体积。15.24mm×15.24mm×2mm。

(4) 焊盘间距。上下 100mil(2.54mm),左右 600mil(15.24mm)。

(5) 测量维度。加速度:三维,角速度:三维,姿态角:三维。

(6) 量程。加速度:±16g;角速度:±2000°/s。

(7) 分辨率。加速度:6.1×10^{-5}g;角速度:7.6×10^{-3}°/s。

(8) 稳定性。加速度:0.01g;角速度 0.05°/s。

(9) 姿态测量稳定度。0.01°。

(10) 数据输出频率 100Hz(波特率 115 200)/20Hz(波特率 9600)。

(11) 数据接口。串口(TTL 电平),I²C 直接连 MPU-6050,无姿态输出。

14.2.4 地面站系统选择

基于 STM32F1 系列开发的地面站系统,使用了串口、SPI 口、LCD 屏接口、I/O 口等,通过一个 I/O 口捕获遥控器的 PPM 波,解析后生成遥控器的数据显示并传送给飞行器。使用 SPI 口接 NRF 模块可以实现对飞行器的远程操控和数据回传,其实物图如图 14.6 所示。STM32 基于固件库的开发方式,使开

图 14.6 地面站实物图

发者只需要调用库的应用程序接口 API 而不需要直接对底层寄存器进行操作,运用大量的例程就可以建立起满足不同需求应用程序,从而降低了开发周期。

14.2.5　NRF 无线通信模块

NRF2401 支持多点间通信,最高传输速率超过 1Mbps,采用 SoC 方法设计,只需少量外围元件便可组成射频收发电路,是业界体积最小、功耗最少、外围元件最少的低成本射频系统级芯片。

14.2.6　开发平台

(1) 飞控开发平台:Embedded Workbench for ARM。
(2) OpenMV 开发平台:OpenMV IDE。
(3) 软件编程语言:C 语言＋Python。

14.3　程序设计

14.3.1　飞控部分

飞控程序流程图如图 14.7 所示。

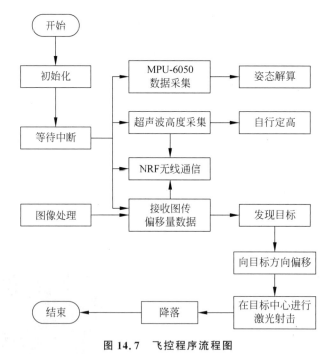

图 14.7　飞控程序流程图

飞控程序主要完成以下任务。
(1) 对 MPU-6050 六轴传感器数据进行数据解析。
(2) 对超声波 KS-103 模块采集高度。飞行器通过 PID 调节实现定高飞行,并且将高度数据发送给地面站显示。

（3）NRF 无线通信。NRF 作为在飞控板和地面站的数据传输模块，实现遥控器控制飞行器飞行，而且通过地面站 LCD 屏来显示飞控板发来的飞行参数，可以监控数据发现飞行器各个传感器工作是否正常。

（4）光流悬停模块上摄像头可以向地面高速拍照，通过计算得到飞行器的相对偏移量数据发送给飞控板，再通过 PID 调节算法，保证飞行器在水平方向的悬停。

14.3.2　姿态控制

飞行器的姿态控制对外的接口是三个 stabDesired 参数：分别是油门（throttle）、俯仰（pitch）和横滚（roll），对应着飞行器空间中高度、前后、左右的姿态。另外还有遥控器的控制姿态指令和光流传感器生成的偏量共同影响飞行器的姿态，从而达到控制飞行器按照意图飞行的目的。

14.3.3　图传板通信

飞控板对 OpenMV 的通信使用函数 UART2_STInit(uint32 Baud_rate) 进行串口初始化，包括设定串口的波特率（9600）、中断类型（接收中断）、中断函数（UART2_IRQHandler）等。中断函数接收图传板的靶心识别数据，一般采用 switch case 语句进行帧的接收和确认。图传板向飞控板发送帧分为两种，分别是找到靶子和未找到靶子。

找到靶子的帧为 73 1a 08 YL YH XL XH HOLD xx xx FIND 88（十六进制），其中 73 为帧头，后面是命令字和数据长度，YL 与 YH 为 Y 方向偏移量的低位和高位，XL 与 XH 为 X 方向偏移量的低位和高位，HOLD 是舵机状态的标志位，后跟随的二位 xx xx 是舵机的角度，FIND 为是否找到靶子的标志位，88 是结束位。

未找到靶子的帧为 73 3c 00 88，前后同样是为了防止数据帧接收错误的帧头 73 和帧尾 88，中间是命令字和数据长度。

为数据帧设置了一个缓存区结构体 imgresult_temp，每次接收 1 字节，当 case 语句走到帧尾"88"，同时接收到"88"正确时，说明此数据帧完整被接收到，就将缓存区的数据赋给处理数据用的变量结构体 imgresult。下一步运行处理靶心偏移量调整飞行器位置的程序，主要的算法是反馈调节与简单滤波处理，并采用 PID 算法来调节飞行器瞄准靶心。

14.3.4　PID 调节与滤波

PID 调节指比例（P）、积分（I）、微分（D）调节。比例调节是线性调节，直接决定反馈作用的大小；微分调节是对反馈的变化速度进行限制，是对未来的趋势做预测并进行调节；积分调节由于有积分时间的累加，可以消除静态误差。

滤波过程是为了保证数据的正确性。如果没有滤波，飞行器受到干扰产生异常数据会对结果有不良影响。对飞行器接收到的偏移量数据先去掉异常的大数据，然后再进行平滑滤波。

14.3.5 图传

对靶子图像识别采用 microPython 编程的 OpenMV 模块。OpenMV 官方网站已经给出许多功能库和所需的实例函数,学习使用入门较快。由于靶子是垂直地面放置,所以需要调整激光笔水平对准图像中心位置,之后对靶环图像只要识别最外围较厚的一圈取中心点即可。下面首先对帧缓存做一个解释。

```
import framebuf;          //输入帧缓存定义
```

对于每个 RGB565 像素,帧缓冲区都需 2 字节,所以有如下代码:

```
fbuf = FrameBuffer(bytearray(320 * 240 * 2),320,240,framebuf.RGB565);
```

FrameBuffer 是一个函数,可直接调用的帧缓存的函数;byterrary 是一个矩阵,用来存储所有点的信息,因为采用的是 RGB565 模式,所以这里要用 2 字节。使用 RGB565 模式的原因简单来讲就是 RGB 各用 5 位、6 位、5 位来记录红、绿、蓝这三个色素,因为每个色素的低位对于图像一个点的颜色影响不大,所以用 RGB565 模式正好只占用 2 字节,方便数据处理与通信。

```
import sensor,image,time,ustruct
from pyb import Pin,Timer,UART,LED
```

输入 4 个函数分别为传感器、图像、时间和数据格式。即端口输入、晶振及 uart 串口和 LED 灯。

```
//初始化定时器
tim = Timer(4,freq = 400)
//设置采集的频率为 400Hz
pwm = tim.channel(1,Timer.PWM,pin = Pin("P7"),pulse_width_percent = 60)
这里用 PWM 波控制舵机,端口为 p7,占空比为 60 %
uart = UART(3,9600)
//初始化 UART3 串口,波特率 9600
uart.init(9600,bits = 8,parity = None,stop = 1,timeout_char = 1000)
//使用给定参数初始化
sensor.reset()
//传感器初始化
sensor.set_pixformat(sensor.RGB565)
//设置传感器读取的数据为 RGB565 模式
sensor.set_framesize(sensor.QQVGA)
//设定其边框大小
sensor.skip_frames(time = 2000)
thresholds = (75,100, - 128,127, - 128,127)
//设定识别的物体的阈值
blue_led = LED(3)
//设置哪一个 LED 灯亮
clock = time.clock()
//时钟
```

```
def find_max(circles):
    if circles:
        max_size = 0
        for circless in circles:
            if circless.magnitude() > max_size:
                max_circle = circless
                max_size = circless.magnitude()
                if max_circle:
                    return max_circle
```

这是在拍摄到图像的整个范围内寻找哪个是最大的圆形，如果找到，则直接输出最大的圆形。

```
while(True):
    clock.tick()
    img = sensor.snapshot()
    img.binary([thresholds])
    img.invert()
    circles = img.find_circles(threshold = 8000, x_margin = 10, y_margin = 10, r_margin = 10)
c = find_max(circles)
```

输入摄像头图像，并且对其找大圆，设定其边缘大小等，找到其中最大的圆。

```
    if c:
        img.draw_circle(c.x(), c.y(), c.r(), color = (255, 0, 0))
        if(abs(c.x() - 80) < 5 and abs(c.y() - 60) < 5):
            pwm.pulse_width_percent(35)
        else:
            pwm.pulse_width_percent(60)
        print(c)
        uart.write(ustruct.pack("< b", 0x73))
        uart.write(ustruct.pack("< b", 0x1a))
        uart.write(ustruct.pack("< b", c.x()))
        uart.write(ustruct.pack("< b", c.y()))
        uart.write(ustruct.pack("< b", c.r()))
        uart.write(ustruct.pack("< b", 0x88))
        blue_led.on()
    else:
        uart.write(ustruct.pack("< b", 0x73))
        uart.write(ustruct.pack("< b", 0x3c))
        uart.write(ustruct.pack("< b", 0x88))
        pwm.pulse_width_percent(60)
        print("not found")
        blue_led.off()
print(clock.fps())
```

该段程序在找到最大的圆以后执行，先把所得到的圆全都二值化。设定判别靶心对准阈值，x 在 80±5 之内，y 在 60±5 之内，符合条件就发送占空比为 35 的 PWM 波，表示找到,否则就是没找到(占空比为 60),之后将结果通过串口发给飞控即可。

开机后先做初始化,OpenMV 开始工作,摄像头启动,将 RGB 数据做二值化及滤波处理,调用图像处理算法,寻找视野范围内最大圆形,串口输出水平方向视野中心相对圆心的水平偏移量,飞行器据此调整飞行姿态并朝着目标中心靠近,以保证激光射击打在圆形目标靶的正中心。激光打靶实现流程框图如图 14.8 所示。

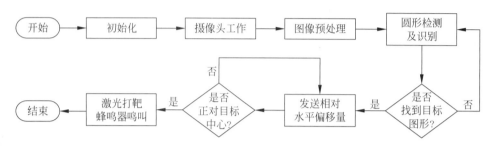

图 14.8 激光打靶软件流程框图

目前对于二值图像较准确的几何图像快速识别轮廓提取算法,一般有用折线分段、对分段曲线拟合、多边形近似逼近和折线近似等方法,它们都存在计算量大、运算速度慢的问题。相比之下,基于外法线方向搜索封闭图像轮廓,以及基于折点的图像形状快速识别,算法快速,既能达到较高准确度,又能适应实时性较高的应用场合下的图形识别。轮廓作为描述目标特征的一种主要方式,在目标识别中发挥着重要作用。基于轮廓的图像识别具有运算速度快,准确度高的特点,在图形发生拉伸、旋转等变形时也能很好地对图形进行识别。

OpenMV 靶心识别效果图如图 14.9 所示。

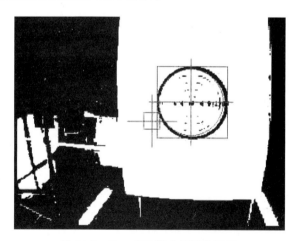

图 14.9 OpenMV 靶心识别效果图

14.3.6 地面站

地面站开机后先进行初始化,在屏幕上画出不同的显示区域,其中有遥控器的 4 个通道数据、飞行器的姿态数据、图像识别结果标志等,并且在屏幕上能画出各个飞行器的姿态数据的曲线图,直观地观看数据的变化,以便程序调试,其流程图如图 14.10 所示。

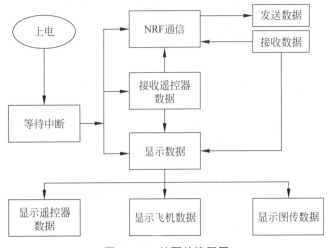

图 14.10　地面站流程图

14.4　系统测试

系统组装制作后的实物图如图 14.11 所示。飞行器的工作流程如下：飞行器上电初始化，一键起飞，MPU6050 开始工作采集六轴数据，超声波或气压计采集高度数据并与六轴数据融合，通过 PID 调节后定高平稳飞行，姿态高度等数据通过 NRF 无线模块发给地面站，地面站实时显示获得信息。图传模块利用摄像头将拍下的每一帧画面进行算法处理，对图像进行特征识别，识别出特定大小圆后，利用激光笔打向圆心。

图 14.11　四旋翼飞行器实物图

14.4.1　图传测试

（1）测试条件：实验室白色地面和圆形靶。

（2）使用器件：OpenMV、地面站。

（3）测试方案：手持安装有 OpenMV 模块的飞行器，对准圆形靶。

（4）测试结果：当 OpenMV 镜头对准了圆形靶识别到最外圈大圆时，激光笔发射激光束到靶子上，观测光点位置是否在靶心修正激光笔安装位置。飞控板发送识别结果至地面站显示。当调整安装完成，OpenMV 模块镜头正对圆形靶，模块识别到目标时，板上 LED 蓝色提示灯会亮。

14.4.2　识别结果通信测试

（1）测试条件：飞控板、OpenMV 与计算机通过串口两两连接。

（2）测试工具软件：串口调试助手、IAR 调试平台。

（3）测试方案：用串口建立 OpenMV 与计算机的 USB 转串口模块连接，计算机利用串口调试助手查看调试 OpenMV 模块发送的图像识别结果帧。建立飞行器和计算机之间的连接，计算机用 JTAG 连接飞控板，利用 IAR 的在线调试功能查看飞控板接收 OpenMV 实时传输的数据。经过调试，实现飞控板与 OpenMV 的通信。

14.4.3　系统测试

（1）测试条件。前期各模块测试工作完成，数据通信正常，悬停飞行姿态稳定。

（2）测试结果。将目标圆形靶放在场地中规定范围内，飞行器在起飞点上电，等待电调鸣叫初始化完成，飞行器一键式起飞。飞行器在 80cm 高度巡航，当摄像头捕捉到目标圆形后，飞行器悬停调整目标圆心到图像中心，继而进行激光打靶及鸣叫动作，一系列任务完成后自动降落。

## 第15章

自主跟踪四旋翼飞行器

15.1 自主跟踪四旋翼飞行器概述及发展现状

15.1.1 概述

在移动机器人领域,即时定位与地图构建以及目标跟踪被认为是实现移动机器人真正自主运行的两大基础。对于飞行器的完全自主飞行,则智能化要求更高,实现难度也更大。自主跟踪四旋翼飞行器主要是通过设定跟踪目标、视觉定位与实时建图功能,实现四旋翼飞行器对目标的跟踪飞行。

15.1.2 发展现状

最近几年机械传感器的出现使得陀螺仪及加速传感器的成本大幅度下降,催生了微型飞行器的开发热潮。纵观目前的微型飞行器控制方案,都是简单利用 GPS 结合气压计和光流传感器实现飞行器的定位及导航。但是此方案无法实现飞行器的精确定位,以及在室内任何环境下的使用。同时简单的 GPS 导航无法做到有效避障。之前的 Lily 无人机曾经引起热议,当时可以说是一夜爆红,如图 15.1 所示。

图 15.1 Lily 无人机

无人机业内关注点几乎都落在了其自动跟拍的功能上。其用到的技术是 GPS 定位、无视觉定位、无障碍检测、利用 GPS 获得飞行器的实际位置以及与人身上佩戴的追踪器的相对位置,根据两者的位置差实现跟拍功能。由于没有避障功能,跟拍功能只能在室外空旷区域使用,所以 Lily 在当时仍是一个技术有待成熟的产品。

但是 Lily 这个产品的出现却显示出了无人机这个产业的趋势,国内外几大无人机研发制造商都在之后半年内相继推出 Follow 功能。Follow 功能在自主移动机器人领域是一个非常重要的功能,是实现机器人路径记忆以及跟踪的基础,路径记忆与追踪和实时建图与定位是自主移动机器人的两大基础。

名为 Hover Camera 的跟拍飞行器外形非常酷似计算机硬盘,成为旅行者们的自拍神器,如图 15.2 所示。

图 15.2　Hover Camera 的跟拍飞行器

由于它轻薄的外形和强大的飞行能力,一经公布就吸引了全球自拍爱好者的目光。它操作简单,采用碳纤维外壳包裹扇叶,可以保护机身不易损坏。按下开关后放手即可飞行,在手机端可以选择追踪对象,方便自拍。

它可以兼容所有计算机的视觉算法,能够自动跟随追踪对象,而且不会撞上其他物体。随便推动它也能立即调整平衡,只要伸手抓住跟拍飞行器,即可让它停止飞行,操作起来十分方便。当它没有电时也能自我保护慢慢地降落地面。碳纤维结构的机身保证了降落时的安全。

跟拍飞行器采用高通骁龙 801 处理器,结合人工高智能技术,可以自动识别、追踪处于运动中的人脸,还可以稳定地进行 360°全景拍摄。跟拍飞行器仅重 240g,它配备 1300 万像素摄像头,支持 4K 视频的拍摄,同时在机身底部有朝地面的镜头和声呐,以保证悬停时的平稳飞行。

然而 Hover Camera 也存在光流定高不可靠和光线条件要求苛刻的弊端。

15.2　硬件系统设计

本方案采用深度摄像头 Xtion 作为目标检测的硬件基础。
硬件系统框图如图 15.3 所示。

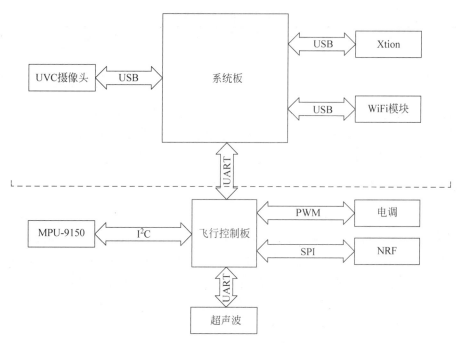

图 15.3　硬件系统框图

15.2.1　机械设计

为了满足飞两层机架板件的连接,同时由于尼龙螺丝韧性较好,在发生比较剧烈的碰撞时起到缓冲的作用,从而保护整体机架结构。

最终在保证强度的基础上机架的尺寸定在比较小型的 250cm 轴距,空机架重量被控制在 50g 以内,如图 15.4 所示。

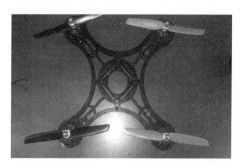

图 15.4　超轻机架

动力配置有两套动力方案:方案一,电池 7.4V(2s,750mA · h,25C)电机 GF2205(2850kV);方案二,电池 11.1V(3s,1300mA · h,35C)电机 JF2208(2000kV)。两套方案电调都是 12A,螺旋桨都用 6045。二套方案的动力配置参数如表 15.1 所示。表中整机重量不含系统板和外接的传感器。

表 15.1　动力配置数据

	整机重量	最大推力	推重比	平均电流	留空时间
方案一	250g	1652g	6.6	10A	约 5min
方案二	380g	3180g	8.4	8A	约 6min

由表 15.1 分析可知,方案一整机极轻,更适合剧烈的特技动作,而方案二则能提供更多的有效载荷,同时高电压方案使得电子调速器电流更小,有效减少电子调速器的发热情况,因此方案二更适合本项目的应用。

15.2.2　传感器

1. MPU-9150 九轴姿态传感器

MPU-9150 芯片集成了加速度计、陀螺仪和磁力计,大小只有 4mm×4mm×1mm。陀螺仪精度为 16bit,范围有 ±250、±500、±1000、±2000°/s 可选,自带低通滤波器,截止频率可选。加速度传感器的精度也为 16bit,范围有 ±2、±4、±8、±16g 可选,自带高通滤波,截止频率可选。磁场传感器的精度为 13bit,范围为 ±1200μT。模块内部带有 DMP(数字运动处理单元),可以用硬件实现姿态解算。

2. Xtion RGBD 深度摄像头

华硕的 Xtion 摄像头是 PrimeSense 公司的第二代深度摄像头,如图 15.5 所示。相比 Kinect,体积更小,功耗更低,无须独立供电,能更好地满足系统要求。

该摄像头由一个红外散斑发射器和一个红外摄像头组成的深度摄像头、一个 RGB 摄像头以及一组立体声麦克风组成。深度摄像头的有效距离为 0.32～10m,有效角度:水平 58°,垂直 45°,对角线 70°,接口与供电采用 USB 2.0 接口,图像分辨率为 640×480 像素,帧率 30Hz。

图 15.5　Asus Xtion RGBD 摄像头

3. RGB 全局快门摄像头

选用 MT9V032 这款摄像头,分辨率 752×480 像素,帧率 60Hz,10bit 数字输出,最高达到 100dB 的动态范围,灵敏度达到 4.8V/Lux-sec。这款摄像头采用全局快门(global shutter),能够达到更好的动态效果。

全局快门表示摄像头获取一张图像时,每一个像素的曝光时间是严格一致的,这就使得在拍摄运动图像时能保持图像的几何特性。同时在频闪光源的环境下或者屏幕成像时不会发生图像亮度不均匀。快门方式效果对比如图 15.6 所示。

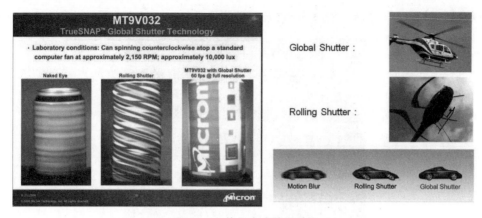

图 15.6 快门方式效果对比

15.2.3 通信模块

1. NRF24L01 模块

选用的 NRF24L01 模块包含 NRF24L01P+PA+LNA,带功率 PA 和 LNA 芯片、射频开关、带通滤波器等组成了专业的全双向的射频功放,使得有效通信距离得到极大拓展。此模块在室外可以实现 800m 以上的有效数据传输。

2. RTL8188EUS 2.4g WiFi 模块

选用的 RTL8188EUS 模块支持 IEEE 802.11b、IEEE 802.11g、IEEE 802.11n,如图 15.7 所示。

调制模式 802.11b:DSSS(CCK、DQPSK、DBPSK),802.11g/n:OFDM(BPSK、QPSK、16QAM、64QAM),在 802.11n 模式下可以达到最大 150Mbps 的传输速率。

天线使用 5dB 软天线,重量轻,效果较好。

图 15.7 RTL8188Eus 2.4g WiFi 模块

15.2.4 飞行控制板设计

1. 核心芯片选型

核心芯片选用 TI 的 TM4C123GH6PMI 开发板如图 15.8 所示。这款芯片是 TI 公司出品的 Cortex-M4 内核的 ARM 处理器,具有硬件浮点单元,主频最高达 80MHz,片内 256KB 的 Flash,32KB 的 SRAM、2KB 的 EEPROM、集成式 10/100 以太网 MAC+PHY、数据保护硬件、8 个 32 位计时器、2 个 12 位 ADC 采样频率达到 2MSPS、带有充足的脉宽调制以及脉宽捕获接口、USB H/D/O 以及大量其他串行通信接口。

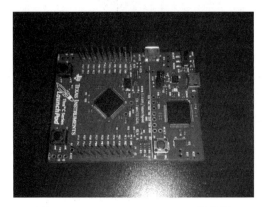

图 15.8　TI TM4C Launch Pad 开发板

2. 电路设计

电源部分设计为两组独立的供电：一组为核心芯片供电；一组为九轴传感器以及外围设备供电，如图 15.9 所示。LDO(低压差线性稳压)芯片选择 LP2985，其封装为 SOT23-5，体积非常小，压差 2.5V 时可以提供最大 150mA 的稳定输出。

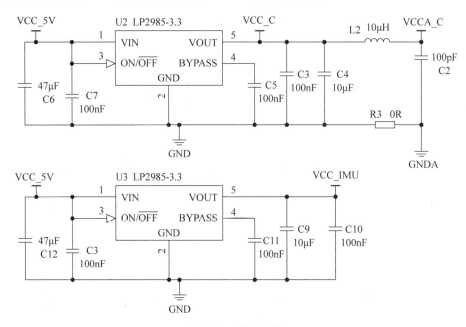

图 15.9　电源电路

3. 飞行控制板布局

由于是在微型飞行器上使用，因此对飞控板的体积有比较高的要求，将飞控板大小设计为 3.6cm×3.6cm。

飞控板反面有电源输入、PWM 输出以及 JTAG 调试接口，正面留有 3 个复用接口，分别是两个 I^2C、UART 复用接口和一个 SPI 接口、脉宽捕获复用接口。飞行控制板布局如图 15.10 所示。

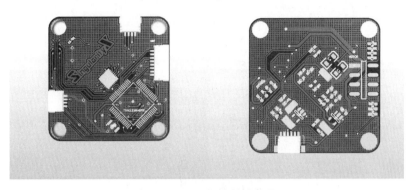

图 15.10　飞行控制板布局

15.2.5　系统板设计

1. 核心板最小系统选型

综合考虑体积以及性能,选择使用三星公司的 Exynos 4412 处理器,Cortex-A9 四核,主频达到 1.4GHz。次处理器有两种封装的核心板,POP 封装与 SCP 封装,具体的区别如表 15.2 所示,其实物图如图 15.11 所示。

表 15.2　核心板参数对比

	尺寸	RAM	存储器
POP	5cm×6cm	片内 1GB	16GB 片外 EMMC
SCP	6cm×7cm	片外 2GB	16GB 片外 EMMC

考虑到飞行器空间的限制,最后选择了 POP 封装的核心板实物图。

图 15.11　POP 封装的核心板实物图

2. 电路设计

系统板的外围设备大多为 USB 设备或者其他 5V 供电的设备,因此首先需要一级降压电路得到 5V 电源,5V 电源电路如图 15.12 所示。考虑到核心板满负荷运作电流约为 700mA,同时要给外围供电设备留出足够的电流余量,还考虑到输入输出压差比较大,选用 MP1584EN DCDC 降压芯片,此款芯片可以提供最大 3A 的输出电流。

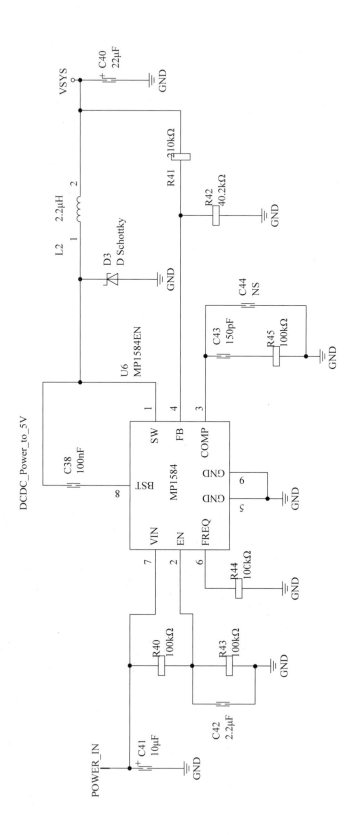

图 15.12 5V 电源电路

反馈端基准电压为 0.8V,故根据公式:

$$V_{\text{Out}} = 0.8 \times \frac{R_{41} + R_{42}}{R_{42}}$$

选取 $R_{41} = 210\text{k}\Omega$,$R_{42} = 40.2\text{k}\Omega$,即可得到输出电压 V_{Out} 约为 4.98V。

Exynos 4412 系统板的工作电压为 2.65～5.5V,但其原本是为类似手机、平板电脑这样的嵌入式设备设计的,其最佳工作电压为 4.0V,在此电压下,性能和发热将能做到最好的平衡,所以在 5V 电源的基础上添加了一级 4V 稳压,见图 15.13,同样考虑到电流比较大,但是压差却很小,因此选择了一款特别适合低压差环境下工作的 DC-DC 降压芯片——RT8065。

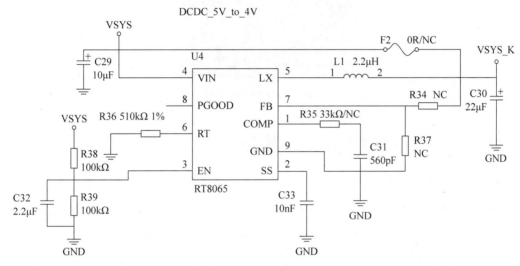

图 15.13　4V 核心板电源

在以上两组电源电路中都添加了一个电源输出使能延迟,保证系统板外部供电稳定后才输出电压。

由于 Exynos 4412 系统板的 I/O 口电平为 1.8V 而外围电路多为 3.3V 或者 5V,为了保证数据的可靠传输使用 TXS0102DCU 电平转换芯片桥接处理器 I/O 口与外部设备,见图 15.14。

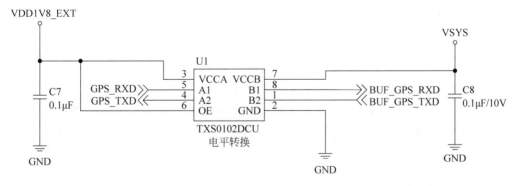

图 15.14　电平转换电路

3. 系统板布局

系统板布局图如图 15.15 所示。

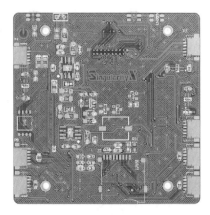

图 15.15　系统板布局图

15.3　飞行控制板软件系统设计

15.3.1　系统总体设计

飞行控制板的软件系统框图如图 15.16 所示。

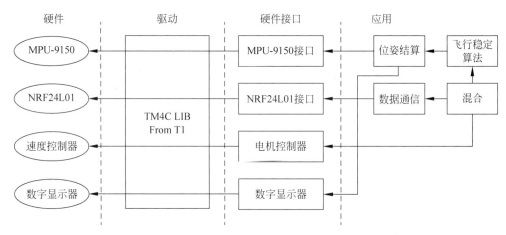

图 15.16　飞行控制板的软件系统框图

飞行控制板软件主要分为底层接口驱动、功能函数库以及功能应用。在进行软件开发时,开发环境使用 IAR Embedded Workbench For ARM,IAR 是一种增强型一体化开发平台,其中完全集成了开发嵌入式系统所需要的文件编辑、项目管理、编译、链接和调试工具。

15.3.2　硬件接口程序

1. MPU-9150 接口程序

MPU-9150 可以看作是一条 I^2C 总线上连接了一个 MPU-6050 六轴传感器以及一个

AK8975 电子罗盘,因此硬件接口分为 MPU-6050 接口以及 AK8975 接口。MPU-6050 接口定义如表 15.3 所示。

表 15.3　MPU-6050 接口定义

void　mpu6050_soft_init(void)	初始化
void　mpu6050_soft_write_reg(uint8 reg,uint8 Data)	设置寄存器值
uint8 mpu6050_soft_read_reg(uint8 reg)	读取寄存器值
int16 mpu6050_soft_getdata(uint8 REG_Address)	读取传感器数据

AK8975 接口与 MPU-6050 一致,此处不再赘述。

2. NRF24L01 接口程序

NRF24L01 使用 SPI 接口程序实现高速的数据传输,SPI 速率配置为 10MHz 已经足够发挥其无线模块的性能,其接口定义如表 15.4 所示。

表 15.4　NRF24L01 接口定义

uint8　nrf_init(void(* pfnHandler)(void))	NRF 初始化
uint8 nrf_IRQ_reg(void(* pfnHandler)(void));	检查中断寄存器
uint8　nrf_link_check(void)	链路检查
uint32　nrf_rx(uint8 * rxbuf,uint32 len)	数据读取
uint8　nrf_tx(uint8 * txbuf,uint32 len)	数据发送
nrf_tx_state_e nrf_tx_state()	查询状态
void　nrf_handler(void)	中断回调函数实体
uint8　nrf_rx_fifo_check(uint32 offset,uint16 * val)	数据缓冲状态查询

3. 串口数字示波器接口程序

为了便于在调试过程中更加直观地观测数据,设计了一个能够将数据通过 UART 串口或者通过 NRF 输出,在计算机上的 USB 转串口输入,计算机上运行虚拟数字示波器定量显示收到数据的接口程序。虚拟示波器接口定义如表 15.5 所示。

表 15.5　虚拟示波器接口定义

float OutData[]	输出通道
void OutPut_Data_uart()	通过 UART 输出数据
void OutPut_Data_nrf()	通过 NRF 输出数据

15.3.3　位姿解算

位姿解算中的数据滤波、数据融合以及姿态解算具体可参考本书第 3 章的相关内容。这里主要介绍位姿解算的相关内容。

1. 位姿解算的基本思路

在姿态解算的基础上,可以将重力加速度从加速度传感器的裸数据中剔除,剩下的加速度计中分量即为飞行器本身的实际加速度,对这个数据进行积分即可得到速度,再一次积分即可得到位姿,即移动的距离。虽然加速度数据存在较大的噪声,但在两次积分过程后,还是有比较好的数据平滑性的,但由于是积分过程,因此一定存在累积误差。

2. 积分累积误差的消除及加速度计零点的自适应矫正

为了消除累积误差,必须要有额外的能够直接读取绝对位姿量的传感器,比如超声波可以获得绝对高度值,或者是视觉里程计可以直接获得六自由度的绝对量。但是这几种方式可能存在较高的延时,实时性较差,直接用来闭环控制效果会很不理想,但是用来矫正惯性导航的误差则是一个非常不错的选择。

本系统中将加速度计预测值与其他传感器得到的绝对值进行比较,根据预测误差来实时调整加速度计的零点。

15.3.4 飞行稳定算法

四旋翼飞行器的设计理念,即利用传感器技术和控制技术代替直升机上利用复杂的机械结构与物理规律实现的飞行稳定系统。

1. 直升机的飞行稳定系统

直升机的飞行稳定系统是纯机械的。常见的即为贝尔-希拉控制系统。

所谓陀螺效应,就是旋转着的物体具有像陀螺一样的效应,其实质是旋转坐标系下的惯性效应。陀螺效应有两个特点:进动性和定轴性。当高速旋转的陀螺遇到外力时,它的轴的方向是不会随着外力的方向发生改变的,而是轴围绕着一个定点进动。大家如果玩过陀螺就会知道,陀螺在地上旋转时轴会不断地扭动,这就是进动。

这种效应一直伴随着直升机的飞行。例如,要使直升机仰俯,就必须使直升机左右的升力不平衡而不是使其前后不平衡。基于这种原理,下面就来解释遥控直升机的所谓贝尔-希拉操纵方式。

整个控制系统存在两组陀螺、主旋翼及希拉小翼。当机体发生倾斜时,小翼平面由于陀螺效应会维持之前的状态,由小翼拉动主旋翼的螺距,使其在一个旋转周期内螺距并不相等,由于整个旋翼平面上输出的拉力并不平均,所以产生一个将机体状态恢复原始状态的回复力。

2. 四旋翼飞行器的飞行稳定系统

1) 比例式稳定算法

比例式稳定算法直接控制角速率,无法控制角度的漂移,其算法框图如图 15.17 所示。

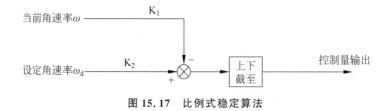

图 15.17　比例式稳定算法

2) 自平衡算法

自平衡算法直接控制角度,其算法框图如图 15.18 所示。

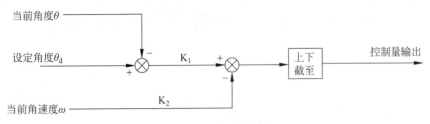

图 15.18 自平衡算法

3) 方向锁定算法

方向锁定算法结合了上述两种算法,直接控制角速率,且能够锁定当前角度,防止角度偏移,其算法框图如图 15.19 所示。

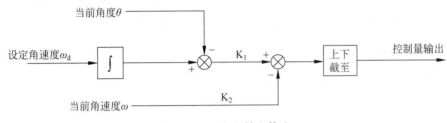

图 15.19 方向锁定算法

15.3.5 数据通信

1. 数据缓冲

由于数据传输与控制算法运行是异步的,并且考虑到可能需要访问历史数据,在通信模块中添加了一个循环队列形式的缓冲 FIFO,用于数据缓冲。为了最大限度地优化缓冲 FIFO,将 FIFO 大小设置为 256 字节,同时设置两个 unsigned char 型的指针——读指针与写指针。这样设计的优点在于,指针上下越界时会自动回到 FIFO 另一端,自动解决了循环队列两头的连接问题。FIFO 长度为 256,意味着第 257 个数据将把第一个数据覆盖。

2. 帧同步

帧同步使用同步码,并且使用锁定算法提取同步码,减少漏同步概率。

3. 通信协议

帧格式、发送数据包格式及接收数据包格式分别如表 15.6～表 15.8 所示。

表 15.6 帧格式

Byte	[0..2]	[3]	[4..4+k]
定义	同步码	数据长度 k	数据包

表 15.7 发送数据包格式

Int	[0]	[1]	[2]	[3]	[4]	[5]	[6]	[7]
定义	Roll	Pitch	Yaw	Gx	Gy	Gz	Ax	Ay
Int	[8]	[9]	[10]	[11]				
定义	Az	Mx	My	Mz				

表 15.8　接收数据包格式

Int	[0]	[1]	[2]	[3]	[4]	[5]	[6]	[7]
定义	Roll	Pitch	Yaw	Throttle	Model			

15.4　系统板软件系统设计

本课题人跟踪图像处理使用三星 Exynos 4412(ARM,Cortex A9)芯片的系统板,运行 Ubuntu 系统,并使用 ROS 次级操作系统作为平台进行开发。使用 UART 通道从飞控板读取飞行器位姿,结合六自由度解算等算法初步确定相对位置与路径;使用 USB 接口从深度摄像头与 UVC 摄像头采集 VGA 与深度图像,进行机器视觉算法处理,识别跟踪目标;通过 UART 接口将控制信号发回飞行控制板,实现飞行器自主跟踪飞行。

15.4.1　软件系统总体设计

软件系统总体结构框图如图 15.20 所示。

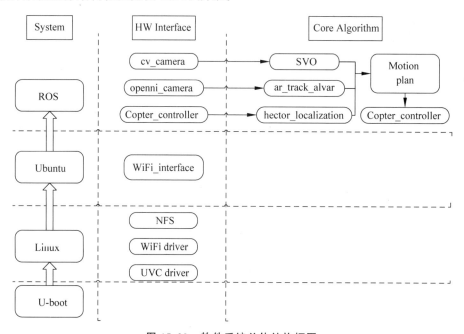

图 15.20　软件系统总体结构框图

系统分为几个层次,最底层为 U-boot,上面是 Linux 内核,然后是基于 Linux 的 Ubuntu 系统,最后是 ROS(Robot Operating System)次级操作系统。

有了系统之后,需要各个驱动来连接需要的硬件。其中 Linux 内核层面的包括 NFS (Network File System,网络文件系统驱动),用来访问远程操作系统版的文件系统;WiFi Driver 用来驱动 RTL8188eu 芯片,配合 Ubuntu 下的 WiFi 接口来实现 WiFi 网络连接与数据传输;UVC(USBVideo Class) Driver 用来驱动 USB 全局快门(global shutter)摄像头。

在 ROS 系统层面,首先通过 cv_camera 节点程序读取 USB 摄像头数据,openni_

camera 节点读取 Xtion 摄像头数据，Copter_controller 节点通过飞控板读取飞行器当前位姿等，并将这些数据发布，方便之后的算法程序调用。

之后，SVO[4]节点订阅 cv_camera 的摄像头数据，通过计算特征点等，计算出飞行器的相对位置；ar_track_alvar 节点通过订阅 openni_camera 节点的深度数据和彩色图像，来辨认出 ar_tag 标识，确认目标物体方位；hector_localization 节点通过订阅 Copter_controller 节点传送过来的传感器信息进行六自由度解算，得出飞行器的位置等信息。

最后，Motion plan 节点通过以上信息，对下一步飞行器的姿态做出规划，并通过 Copter_controller 节点传到飞控板，实现飞行器自动控制。

15.4.2　交叉编译环境搭建

1. 交叉编译简介

交叉编译简单地说就是在一个平台上生成另一个平台上的可执行代码。同一个体系结构可以运行不同的操作系统，同一个操作系统也可以在不同的体系结构上运行。就项目而言，交叉编译就是在 x86 机器上编译生成 ARM 平台可以运行的程序。

需要交叉编译的原因有两个：首先，在项目的起始阶段，目的平台（ARM）尚未建立，因此需要做交叉编译，以生成所需要的 U-boot（启动引导代码）以及 Linux 操作系统核心（kernel）；其次，当目的平台能启动之后，由于目的平台上资源的限制，当编译大型程序或者遇到难以解决的错误时，依然可能需要用到交叉编译。

2. 交叉编译环境搭建

交叉编译环境工具使用 arm-none-linux-gnueabi-gcc。

arm-none-linux-gnueabi-gcc 是基于 GCC 的 ARM 交叉编译工具，可用于交叉编译 ARM 系统中所有环节的代码，包括裸机程序、U-boot、Linux kernel、filesystem 和 App 应用程序。

首先，下载 arm-none-linux-gnueabi 工具，使用：

```
# sudo - i
```

切换到 root 权限下，之后执行：

```
# tar - vxjf arm - 2009q3 - 67 - arm - none - linux - gnueabi - i686 - pc - linux - gnu.tar.bz2 - C /opt
```

将交叉编译工具解压至/opt 下。

其次，设置环境变量：

```
# gedit ~/.bashrc
```

在.bashrc 文件的末尾最后添加一行，来增加一个环境变量。

```
export PATH = "/opt/arm - 2009q1/bin: $ PATH"
```

最后，使刚才的环境变量设置生效：

```
# source /.bashrc
```

设置完成之后，进行验证，终端输入：

```
# arm-none-linux-gnueabi-gcc-v
```

运行结果如图 15.21 所示,则交叉编译环境搭建完成。

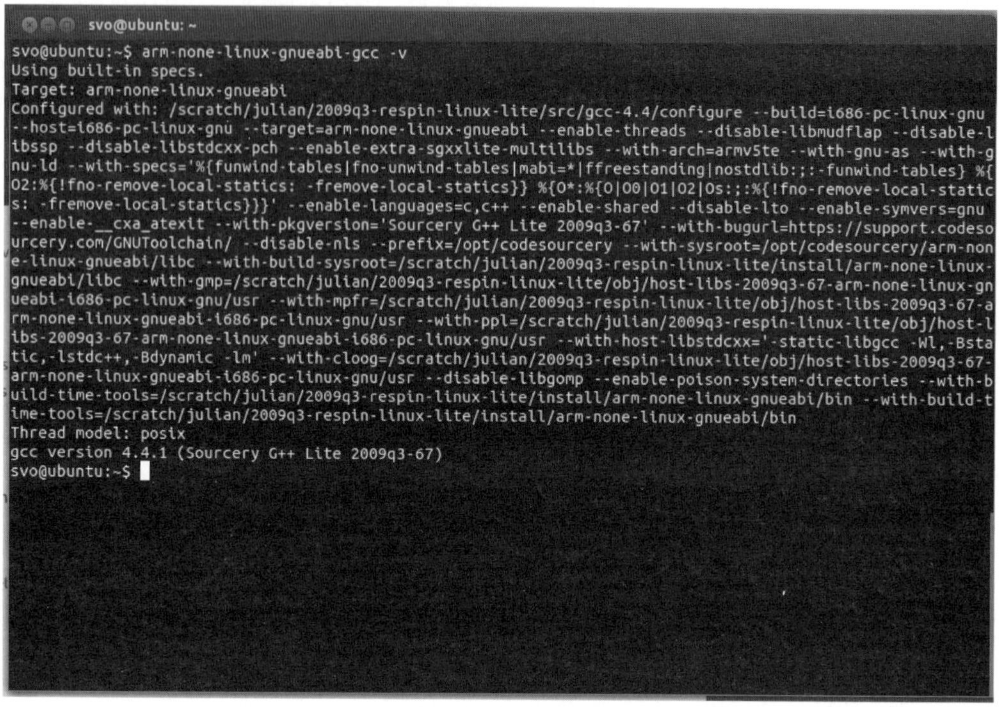

图 15.21　交叉编译环境

15.4.3　系统板 U-boot

1. U-boot 简介

U-boot 是一种普遍用于嵌入式系统中的 Boot Loader,Boot Loader 是在操作系统运行之前执行的一小段程序,它可以初始化硬件设备,建立内存空间的映射表,从而建立适当的软硬件环境,为最终调用操作系统内核做好准备。Boot Loader 的主要运行任务就是将内核映象从硬盘上读到 RAM 中,然后跳转到内核的入口点去运行,即开始启动操作系统。系统在上电或复位时通常都从地址 0x00000000 处开始执行,而在这个地址处安排的通常就是系统的 Boot Loader 程序。

2. U-boot 编译、烧写

解压开发板资料中的 U-boot 文件 iTop4412_uboot_scp_20140217.tar.gz,进入解压后生成的 iTop4412_uboot 文件夹,并执行:

```
# ./creat_uboot.sh
```

执行完命令后在 iTop4412_uboot 文件夹中通过交叉编译生成 u-boot-iTop-4412.bin,这个就是可供下载的 U-boot 文件。

如要烧写 U-boot,将 U-boot 文件复制到 SD 卡 sdupdate 文件夹中,在串口终端执行:

```
# sdfuse flash bootloader u-boot-iTOP-4412.bin
```

3. U-boot 相关操作

1) 选择启动方式

通过拨码开关选择从内部 EMMC 启动,或从 SD 卡启动。

2) 磁盘管理

如给内部 EMMC 分区、格式化,命令为:

```
#fdisk － c 0 1700 300 300
#fatformat mmc 0:1
#ext3format mmc 0:2
#ext3format mmc 0:3
#ext3format mmc 0:4
```

意义:给 EMMC 分 4 个区,一个 fat 分区,3 个 ext3 分区,其中第二个分区约为 1.8GB。分区、格式化 MICROSD 卡如下:

```
#fdisk － c 1 1700 50 50
#fatformat mmc 1:1
#ext3format mmc 1:2
#ext3format mmc 1:3
#ext3format mmc 1:4
```

3) 刷新 U-boot、Kernel、文件系统升级

(1) 刷新 U-boot:将 U-boot 文件 u-boot-iTOP-4412.bin 放入 SD 卡 sdupdate 文件夹中,串口终端进入 U-boot 执行:

```
# sdfuse flash bootloader u－boot－iTOP－4412.bin
```

(2) 刷写 Kernel:将 x86 机器上交叉编译生成的 Kernel 文件 zImage_sd 放入 SD 卡 sdupdate 文件夹中,串口终端进入 U-boot 执行:

```
# sdfuse flash kernel zImage_sd
```

(3) 刷写文件系统:串口终端进入 U-boot,执行:

```
# cd  /media/(带有 Ubuntu 压缩文件的磁盘名,也有可能是别的名字)
# tar － xvf ubuntu_12.04.tar.gz － C/media/EMMC 的磁盘名
```

15.4.4 Ubuntu 操作系统

1. 操作系统简介

Ubuntu(乌班图)是一个以桌面应用为主的 Linux 操作系统,其名称来自非洲南部祖鲁语或豪萨语的“ubuntu”一词,意思是“人性”“我的存在是因为大家的存在”,是非洲传统的一种价值观。Ubuntu 基于 Debian 发行版和 GNOME 桌面环境,而从 11.04 版起,Ubuntu 发行版放弃了 Gnome 桌面环境,改为 Unity。与 Debian 的不同在于它每 6 个月会发布一个新版本。Ubuntu 的目标在于为一般用户提供一个最新的、相当稳定的、主要由自由软件构建而成的操作系统。Ubuntu 具有庞大的社区力量,用户可以方便地从社区获得帮助。

2. 内核及文件系统编译

Linux 是一种开源计算机操作系统内核。它是一个用 C 语言写成、符合 POSIX 标准的

类 Unix 操作系统。

Linux 是一个一体化内核(monolithic kernel)系统。"内核"指的是一个提供硬件抽象层、磁盘及文件系统控制、多任务等功能的系统软件。一个内核不是一套完整的操作系统。一套基于 Linux 内核的完整操作系统称为 Linux 操作系统,或是 GNU/Linux。Linux 内的设备驱动程序可以方便地以模块化(modularize)的形式设置,可以完全访问硬件,并在系统运行期间可直接装载或卸载。

编译需要的内核,先解压开发板提供的内核源码,然后进入内核源码文件夹,修改 Makefile 中的编译器路径为交叉编译器路径,运行:

```
$ make menuconfig
```

接着就可进入内核配置菜单,如图 15.22 所示。

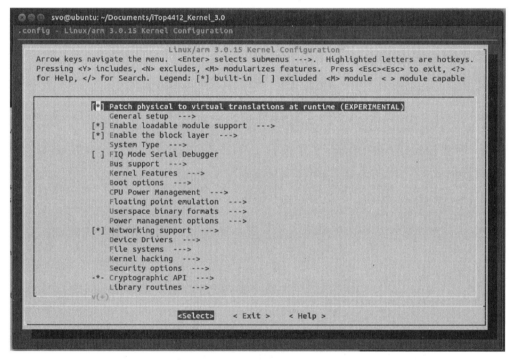

图 15.22　内核配置菜单

之后就可以选择加载需要的内核驱动,如 USB、NFS 等,并可以选择启动位置等功能。设置完成后,Exit 退出,运行:

```
$ make
```

开始编译内核。

3. 硬件驱动

UVC 摄像头在内核中加载相应配置,WiFi 模块则从网上下载源码后更改编译器位置,为交叉编译位置后编译生成,再在内核中静态载入 module。

15.4.5 ROS 次级操作系统

1. ROS 操作系统简介

ROS(Robot Operating System)是一个机器人软件平台,它能为异质计算机集群提供类似操作系统的功能。ROS 的前身是斯坦福人工智能实验室为了支持斯坦福智能机器人STAIR 而建立的交换庭(switchyard)项目。

ROS 是开源的,是用于机器人的一种后操作系统,或者称为次级操作系统。它提供类似操作系统所提供的功能,包含硬件抽象描述、底层驱动程序管理、共用功能的执行、程序之间的消息传递、程序发行包管理,它也提供一些工具程序和库,用于获取、建立、编写和运行多机整合的程序。

ROS 的首要设计目标是在机器人研发领域提高代码复用率。ROS 可以分成两层,低层是上面描述的操作系统层,高层则是广大用户群贡献的实现不同功能的各种软件包,例如定位绘图、行动规划、感知、模拟等。

2. 接口程序

1) cv_camera

cv_camera 调取 OpenCV 的 UVC 摄像头接口库,从摄像头读取数据并发布。

运行 cv_camera 后,使用 rostopic list 可以看到其发布的 topic。其中,camera_info 包括摄像头基本数据如分辨率、标定信息等;image_raw 为摄像头原始图像。在 rviz 中订阅/camera/image_raw 的数据,就可以看到当前摄像头读到的数据。由于是广角摄像头,需要经过标定,结合标定数据才能使后面的程序正确计算出飞行器状态等。为此,制作了 8×6、每格 10cm 的标定板,如图 15.23 所示。

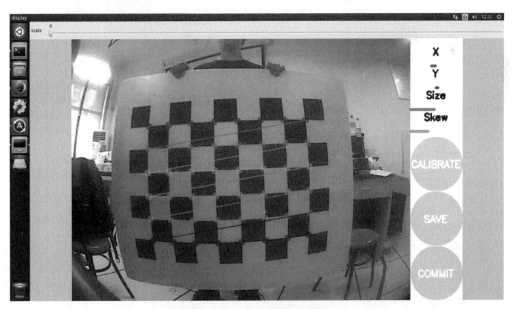

图 15.23 摄像头标定程序

最后,生成如图 15.24 所示的标定数据。

```
cal.yaml (/home/ros/RPG_Es) - gedit

cal.yaml ×
image_width: 640
image_height: 480
camera_name: narrow_stereo
camera_matrix:
  rows: 3
  cols: 3
  data: [407.93332, 0, 308.243458, 0, 408.067551, 226.684076, 0, 0, 1]
distortion_model: plumb_bob
distortion_coefficients:
  rows: 1
  cols: 5
  data: [-0.397907, 0.126731, -0.005268999999999999, 0.001433, 0]
rectification_matrix:
  rows: 3
  cols: 3
  data: [1, 0, 0, 0, 1, 0, 0, 0, 1]
projection_matrix:
  rows: 3
  cols: 4
  data: [290.172086, 0, 310.348204, 0, 0, 336.390254, 215.190147, 0, 0, 0, 1, 0]

                          Plain Text ▾   Tab Width: 8 ▾        Ln 1, Col 1      INS
```

图 15.24　摄像头标定结果

2）openni_camera

OpenNI（开放自然交互）是一个多语言、跨平台的框架，它定义了编写应用程序并利用其自然交互的 API。OpenNI API 由一组可用来编写通用自然交互应用的接口组成。OpenNI 的主要目的是形成一个标准的 API，来搭建视觉和音频传感器与视觉和音频感知中间件通信的桥梁。这里使用的 OpenNI2 只负责操作硬件，提供应用数据，与中间件保持独立。支持华硕的 Xtion 以及微软的 Kinect。

运行 OpenNI2 节点之后就会打开 Xtion 深度摄像头，读取图像数据并发布点云 topic，在 RVIZ 中订阅深度点云数据之后可以看到如图 15.25 所示的结果。

图 15.25　深度摄像头得到的深度数据

3）Copter_controller

通信节点通过 UART 接口与飞控板通信，读取飞行器当前位姿等信息，并将最终的决策传输给飞行器。程序框图如图 15.26 所示。

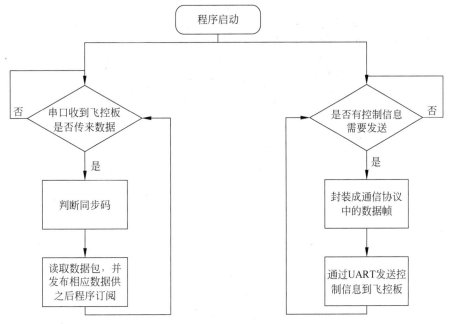

图 15.26　Copter_controller 程序框图

飞控板与系统板通信帧结构如下：

Byte:	[0~2]	[3]	[4~4+k]
定义：	同步码	数据长度 k	数据包

飞控板到系统板传输数据包定义：

int	0	1	2	3	4	5	6	7	8	9	10	11
定义：	Roll	Pitch	Yaw	Gx	Gy	Gz	Ax	Ay	Az	Mx	My	Mz

系统板到飞控板控制信息数据包定义：

int	0	1	2	3	4
定义：	Roll	Pitch	Yaw	Throttle	Mode

15.4.6　机器视觉识别

AR（Augmented Reality，增强现实）是一种实时地计算摄影机影像的位姿及角度并加上相应图像的技术，这种技术的目标是在屏幕上把虚拟世界套在现实世界并进行互动。

这里只是使用其中的一小部分，使用深度摄像头以及机器视觉算法，使计算机能识别

AR Tag 并得出其位置及姿态。

首先通过 ar_track_alvar 的 createMarker 生成 AR Tag,并将其打印后贴于平面上。如图 15.27 所示是 3 个 AR Tag 示例。

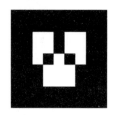

图 15.27　AR Tag 示例

之后修改程序参数,即 ar_indiv_kinect.launch 文件:

```
<launch>
  <arg name = "marker_size" default = "6.6" />
  <arg name = "max_new_marker_error" default = "0.08" />
  <arg name = "max_track_error" default = "0.2" />
  <arg name = "cam_image_topic" default = "/camera/depth_registered/points" />
  <arg name = "cam_info_topic" default = "/camera/rgb/camera_info" />
  <arg name = "output_frame" default = "/camera_link" />
  <node name = "ar_track_alvar" pkg = "ar_track_alvar" type = "individualMarkers" respawn =
"false" output = "screen" args = " $ (arg marker_size) $ (arg max_new_marker_error) $ (arg max_
track_error) $ (arg cam_image_topic) $ (arg cam_info_topic) $ (arg output_frame)" />
</launch>
```

其中第一行 marker_size 是 AR_Tag 的尺寸,即使 createMarker 选定了生成的尺寸,也会由于打印机的不同而产生偏差。其中 max_new_marker_error 和 max_track_error 都是 double 型,表示检测到新标记时的不确定性阈值以及判定标记消失时的跟踪误差阈值,之后是订阅的深度摄像头数据 topic 以及发布的 AR Tag 的位姿 topic。

修改完成后运行:

```
$ roslaunch rbx2_ar_tags ar_indiv_kinect.launch
```

之后程序会通过普通摄像头数据计算确认 AR Tag 的位置及姿态,并会选择性地使用深度数据来得到更好的位姿数据。

程序会将 AR Tag 数据发布在 ar_track_alvar/AlvarMarker,数据格式如下:

```
std_msgs/Header header
    uint32 seq
    time stamp
    string frame_id
uint32 id
uint32 confidence
geometry_msgs/PoseStamped pose
    std_msgs/Header header
        uint32 seq
        time stamp
        string frame_id
```

```
geometry_msgs/Pose pose
    geometry_msgs/Point position
        float64 x
        float64 y
        float64 z
    geometry_msgs/Quaternion orientation
        float64 x
        float64 y
        float64 z
        float64 w
```

　　在计算机视角下,识别到 AR Tag 如图 15.28 所示,图 15.29 为测试结果图,图 15.30 为得到的 AR Tag 位姿数据。

图 15.28　计算机视角下的 AR Tag

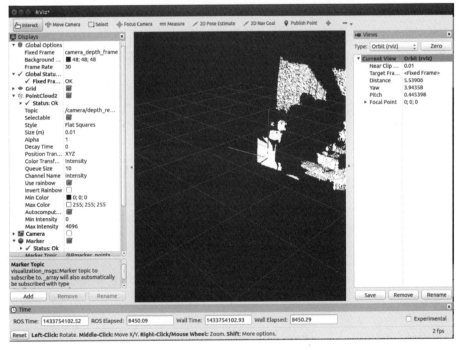

图 15.29　ar_track_alvar 测试

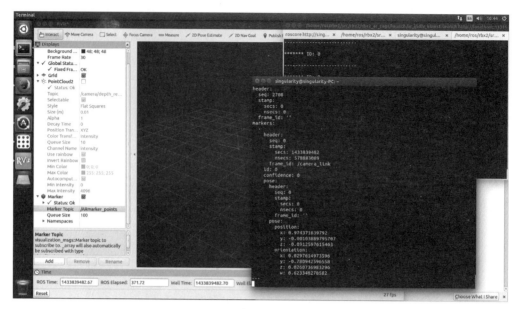

图 15.30　得到的 AR Tag 位姿数据

15.4.7　飞行数据及运动规划

hector_localization 是一个软件包,提供一个机器人或者是平台的完整六自由度姿态解算。它可以同时接收许多传感器数据,并使用扩展卡尔曼滤波对数据进行预处理。主要测量量是从惯性测量单元(MPU-9150 九轴模块)取得的加速度和角速度,解算出的当前位姿示例如图 15.31 所示。其他的传感器取决于不同的应用程序。hector_localization 支持 GPS、磁力计、气压传感器以及一些其他的传感器。

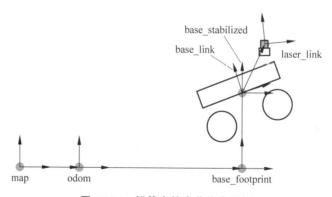

图 15.31　解算出的当前位姿示例

通过从飞行控制板上传的飞行器位姿数据,运用积分等算法,可以粗略计算出飞行器的相对位置、速度等信息。在获得飞行器位姿数据以及目标位置后进行运动规划,使飞行器到达希望到达的位置。

我们所做的应用是对贴有 AR Tag 的小车进行跟踪,即先通过 ar_track_alvar 节点得到目标 AR Tag 相对飞行器的坐标,然后控制飞行器悬停于其上方。其中高度控制用九轴模块和超声波传感器,在飞行控制板上完成定高,飞行器的其他三轴数据由系统板通过PID闭环控制R、P、Y(翻转角、俯仰角、巡航角)发给飞行控制板,间接控制4个螺旋桨的转速,最终对飞行器进行控制。最终的运动控制程序框图如图15.32所示。

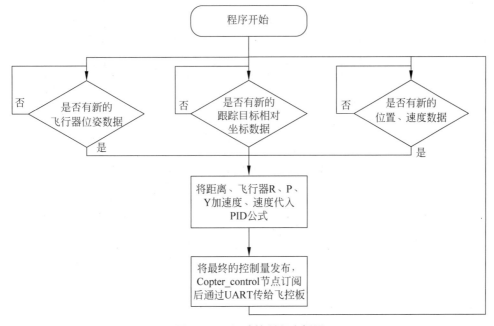

图 15.32 运动控制程序框图

## 第16章

无人机的形状识别和数字识别

无人机的视觉能力是其必不可少的功能之一,识别力强就可以帮人们完成很多特殊的任务,比如航拍、自拍、灾难救援、反恐侦察、监控线路、农业监测等。本章主要介绍基于两种无人机(空心杯小型无人机和穿越机)的两种飞行任务(形状识别和数字识别)的项目案例。

16.1 开发平台

16.1.1 飞控板开发调试平台

Embedded Workbench for ARM,即嵌入式工作平台,是 IAR 公司开发的一个集成开发环境(IAR EWARM,也称为 IAR for ARM)。与其他的 ARM 开发环境相比,IAR EWARM 具有入门容易、使用方便和代码紧凑等特点。

16.1.2 遥控板开发调试平台

Keil MDK-ARM 是美国 Keil 软件公司(现已被 ARM 公司收购)出品的支持 ARM 微控制器的一款 IDE(集成开发环境)。

MDK-ARM 包含了工业标准的 Keil C 编译器、宏汇编器、调试器、实时内核等组件,具有行业领先的 ARM C/C++编译工具链,完美支持 Cortex-M、Cortex-R4、ARM7 和 ARM9 系列器件,包含支持世界一些著名品牌的芯片,如 ST、Atmel、Freescale、NXP、TI 等众多大公司微控制器芯片。

16.1.3 电路板设计平台

Altium Designer 是原 Protel 软件开发商 Altium 公司推出的一体化的电子产品开发系统,主要运行在 Windows 操作系统。这套软件通过对原理图设计、电路仿真、PCB 绘制编辑、拓扑逻辑自动布线、信号完整性分析和设计输出等技术的完美融合,为设计者提供了全新的设计解决方案,使设计者可以轻松进行设计,熟练使用这一软件必将使电路设计的质量和效率大大提高。

16.1.4　3D 打印建模软件

SolidWorks 有功能强大、易学易用和技术创新三大特点,这使得 SolidWorks 成为领先的、主流的三维 CAD 解决方案。SolidWorks 能够提供不同的设计方案,减少设计过程中的错误以及提高产品质量,SolidWorks 资源管理器是同 Windows 资源管理器一样可以方便地管理 CAD 文件,包括 Windows 风格的拖放、单击、剪切、粘贴等,零件设计、装配设计和工程图之间是全相关的,使整个产品设计是百分之百可编辑的。对每个工程师和设计者来说,其强大的设计功能和易学易用的简便操作,使用 SolidWorks 用户能在比较短的时间内完成更多的工作,能够更快地将高质量的产品投放市场。

16.1.5　3D 打印切片软件

Ultimaker Cura 是一个开源 3D 打印机切片应用程序,已被全球超过一百万用户使用,它是 Ultimaker 3D 打印机的首选 3D 打印软件,但它也可以与其他 3D 打印机一起使用。开源软件与大多数桌面 3D 打印机兼容,可以处理最常见的 3D 格式的文件,如 STL、OBJ、X3D、3MF 及 BMP、GIF、JPG、PNG 等图像文件格式。

在使用 SolidWorks 画好 3D 模型后,Ultimaker Cura 将用户的模型文件切割成图层,并生成特定于 3D 打印机的 g 代码文件,文件生成后,可以将 g 代码加载到 3D 打印机以制造物理对象。

16.2　设计目标与技术难点

16.2.1　设计目标

本章研究基于视觉的无人机地面目标的跟踪,是设计制作一架四旋翼自主飞行器,实现遥控飞行器和自主飞行下的黑线循迹和目标形状识别。

具体功能如下。

(1) 飞行器机架、电机、桨和电调的硬件选择,搭建飞行器。

(2) 实现飞行器与遥控器之间的通信,包括飞行器姿态和遥控器数据的传输。

(3) 实现遥控器控制下的稳定飞行。

(4) 使用 OpenMV 编程实现对地面黑线的循线飞行和形状识别。

(5) 实现飞控和 OpenMV 的通信。

(6) 编程实现飞行器自主飞行搜索目标和悬停。

16.2.2　技术难点

无人机的稳定飞行是第一个要解决的问题。在测试识别标志物时发现,在静态情况下的识别准确率要远远高于在飞行过程中的识别准确率,所以解决运动过程中的识别问题是第二个难点。无人机与遥控器的通信,利用遥控器控制无人机,全双工互相发送数据并且准确快速响应是第三个难点。

(1) 小型无人机和穿越机机架的设计。

(2) 飞行器自主飞行稳定控制程序的编写。

（3）用于识别目标的图像处理模块的程序编写。

（4）遥控器的设计与制作。

（5）激光定高和气压计定高的融合。

（6）遥控器的遥感控制和数据传输的程序编写。

（7）运动过程中对标志物的识别。

16.3　实现原理

16.3.1　小型无人机与穿越机的区别

本章制作的小型无人机与穿越机的最主要区别在于使用的电机不同，小型无人机使用空心杯电机，而穿越机使用无刷电机。小型无人机与穿越机的比较如表 16.1 所示。

表 16.1　穿越机与普通空心杯四旋翼无人机的比较

穿越机	空心杯小型无人机
优点：速度快，最高时速可达 260＋ km/h；体积小，重量轻，便于携带；灵活度高，可旋转飞行	优点：较为牢固；不用组装，功能齐全；操作简单，控制稳定
采用无刷电机：无电刷、低干扰；噪音低，运转顺畅；寿命长，低维护成本	采用有刷电机：摩擦大，损耗大；发热大，寿命短；效率低，输出功率小
需电调模块	无电调模块
可载重大	载重弱

穿越机使用无刷电机，无刷直流电机由电动机主体和驱动器组成，是一种典型的机电一体化产品。由于无刷直流电动机是自控式运行的，所以不会像变频调速下重载启动的同步电机那样在转子上另加启动绕组，也不会在负载突变时产生振荡和失步。

无刷电机特点如下。

（1）无电刷、低干扰。无刷电机去除了电刷，最直接的变化就是没有了有刷电机运转时产生的电火花，这样就极大减少了电火花对遥控无线电设备的干扰。

（2）寿命长，低维护成本。少了电刷，无刷电机的磨损主要是在轴承上，从机械角度看，无刷电机几乎是一种免维护的电动机了。

（3）通常被使用在控制要求比较高，转速比较高的设备上。如航模、精密仪器仪表等，对电机转速控制严格。

（4）无刷电机采用变频技术控制的会比有刷电机节能。

有刷电机特点如下。

（1）有刷电机低速扭力性能优异、转矩大等性能特点是无刷电机不可替代的。

（2）通常动力设备使用的都是有刷电机，如吹风机、工厂的电动机、家用的抽油烟机等。

（3）由于碳刷的磨损，通常有刷电机的连续工作寿命在几百到一千多小时，到达使用极限就需要更换碳刷，不然很容易造成轴承的磨损，使用寿命不如无刷电机。

（4）噪音方面主要是看轴承和电机内部组件的配合情况，可以做到基本无噪音。

16.3.2 系统方案

系统主要实现飞行器的遥控器设计、沿黑线飞行和标志物识别,基本方案主要基于以下3点。

(1)飞行器的飞行控制板的制作和算法实现,修改升级已有的飞控板程序,实现对任务飞行的控制。

(2)使用 OpenMV 模块采集地面黑线、标志物信息,利用 micropython 目标识别的图像处理技术,实现对黑线和标志物的识别与定位,将黑线的位置与飞行器的方位信息传递给飞控,实现循线飞行,飞行过程中如发现标志物,则将识别信息传递给飞行器,飞行器做出对不同标志物不同的响应,如自旋一圈、上下移动、悬停几秒等。

(3)遥控器的制作和编程。遥控器对飞行器实现控制,飞行器需要向遥控器返回飞行数据,将飞行数据显示在遥控器的 LCD 屏界面上。

总实现原理框图如图 16.1 所示。

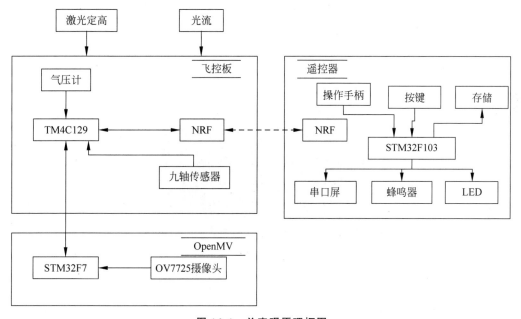

图 16.1 总实现原理框图

16.3.3 传感器选型

1. NRF 模块

NRF 模块采用 E01-ML01SP2V6.1 芯片。E01-ML01SP2 是以挪威 Nordic 生产的 NRF24L01P 为核心、自主研发的小尺寸、自带 PCB 天线、最大发射功率为 100mW 的 2.4GHz 贴片型无线模块。其特点为:超小体积,仅 12.8mm×25mm;RFX2401C 功放方案,最大发射功率 100mW,软件多级可调;理想条件下通信距离可达 1.8km;同时具有 PCB 板载天线和 IPX 接口,用户可根据自身需求选择使用;专业射频屏蔽罩,抗干扰、防静电;支持全球免许可 ISM 2.4GHz 频段;支持 2Mbps、1Mbps 和 250kbps 空中速率;125 个通信频道,满足多点通信、分组、跳频等应用需求;通过 SPI 接口与 MCU 连接,速率达 0～10Mbps;支持 2.0～3.6V 供电;工业级标准设计,支持−40℃～+85℃长时间使用;增强型 ShockBurst,完全兼容 Nordic 所有 NRF24L 系列、NRF24E 系列、NRF24U 系列。

NRF 模块尺寸数据如图 16.2 所示,其引脚定义如图 16.3 所示。

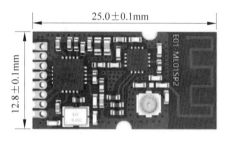

图 16.2　NRF 模块尺寸数据

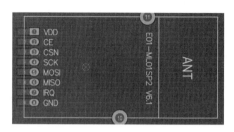

图 16.3　引脚定义

2. PMW3901 室内定点模块

光流定点采用 ATK-PMW3901 室内定点模块,是由 ALIENTEK 推出的一款超轻多功能低功耗光流模块,此模块集成一个高精度低功耗光学追踪传感器 PMW3901 和一个高精度激光传感器 VL53L0X,光流传感器负责测量水平移动,激光传感器负责测量距离。无人机飞控能通过 SPI 协议与该模块进行通信,从而获得 x、y 方向偏移量以及高度数据。光流实物如图 16.4 所示。

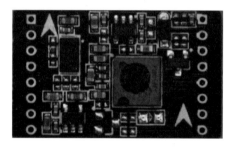

图 16.4　光流实物图

3. BMP280 气压计

BMP280 是一种绝对气压传感器,专为移动应用而设计。传感器模块封装非常紧凑,小尺寸、低功耗。BMP280 作为其前身 BMP180,是基于 Bosch 已证实的具有高精度、线性和长期稳定性、高 EMC 鲁棒性的压敏电阻压力传感技术。BMP280 实物图如图 16.5 所示。

该传感器可检测 0~20 000hPa 的压强,−45℃~+85℃的温度。根据采集的气压值转换为飞行高度。采用超小封装,适合手持及可穿戴设备。该气压测量精度及速率根据需求不同均可进行设置,这种方式能够降低传感器以及系统的功耗。实际应用时,需要选择合适的过采样次数,过采样会增加功耗以及测量时间,主要的测量模式如下。

图 16.5　BMP280 实物图

(1) Sleep Mode——工作电流的典型值 $0.1\mu A$,最大值为 $0.3\mu A$,所有测量工作都停止。

(2) Normal Mode——正常工作,相关工作间隔时间可以通过寄存器控制。

（3）Forced Mode——主控发起一次采集命令，传感器采集一次信号，然后进入 Sleep Mode，等待下次唤起。

气压计原理框图如图 16.6 所示。

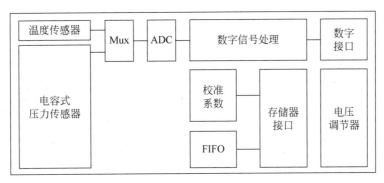

图 16.6　气压计原理框图

16.4　飞行控制板

16.4.1　硬件设计

本方案采用基于德州仪器 Tiva 系列的 TM4C129G 芯片作为飞控板处理器，此系列微控制器基于 Cortex-M4F 内核，有高效的信号处理和浮点运算功能，同时集成了高级运动控制单元（拥有 2 个 PWM 模块，共有 16 个高级 PWM 输出信号），可用于作为电机驱动器的输入控制信号，多种串口通信接口（SPI、UART、I^2C 模块）等。

安装传感器的机架使用 3D 打印，机架内留有两块电池槽，一块负责给飞控板、OpenMV 以及图传板供电，另一块更大容量的电池负责给 4 个空心杯电机供电。用塑料螺丝将飞控板、图传板、OpenMV 固定在机架上。飞控板输出 4 路 PWM 波，分别分配给 4 个三极管驱动电路，三极管驱动电路输出电流给电机带动桨叶转动。飞控板通过一个 SPI 接口和 PMW3901 光流模块进行通信。通过一个 UART 口和 OpenMV 图传板进行通信，接收图传板传回来的图像识别结果数据。空心杯小型无人机飞控板硬件框图如图 16.7 所示，空心杯小型无人机实物图如图 16.8 所示。

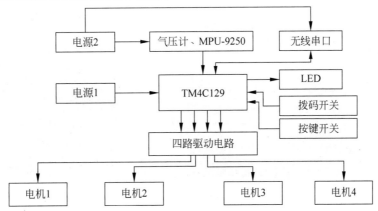

图 16.7　空心杯小型无人机飞控板硬件框图

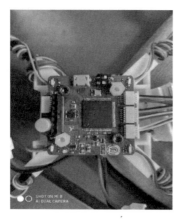

图 16.8　空心杯小型无人机实物图

穿越机的飞控板同样采用了 TM4C129 微控制器,与空心杯小型飞行器的飞控板的区别在于板上没有电机的驱动电路,直接输出 4 路 PWM 占空比波,外接 4 个电调模块,以驱动控制 4 个电机转速,实现对四轴飞行器运动状态的控制。穿越机飞控板硬件框图如图 16.9 所示,穿越机飞控板及飞行器实物图如图 16.10 所示。

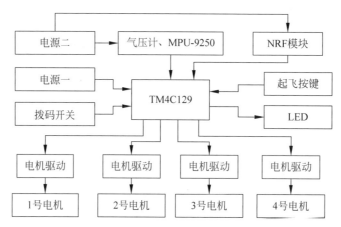

图 16.9　穿越机飞控板硬件框图

图 16.10　穿越机飞控板及飞行器实物图

16.4.2　飞控软件

飞控板编程基于 FreeRTOS 操作系统,在程序里实现了自动起飞、自动降落、改变高度,通过改变光流定点坐标来控制飞行方向;与 OpenMV 进行通信,根据 OpenMV 提供的黑线位置信息以及识别图形的标志位来调整飞行器的位置进行巡线以及做出响应动作;通过 FreeRTOS 操作系统的任务调配,使飞行器保持机体姿态的稳定和通信间的流畅。

上电时开始系统初始化,此时要求飞行器放置水平,初始化完成后,所有 LED 亮 1s,之后蓝灯闪烁表示单片机正常运行。通过二位拨码开关选择飞行任务,定义了 00 为遥控器模式,01 为一键起飞,10 为调试串口时所用。

飞行器位姿初始化流程图如图 16.11 所示,巡航程序流程图如图 16.12 所示。

在任务 stabilizertask 中,首先会读取 1024 个 MPU-9250 的姿态数据并计算方差,当计算出的方差小于阈值 300 000 时,才算通过了起飞自检。之后任务会 1ms 执行一次,先读取原始的加速度、角速度、气压计、磁传感器数据,然后进行姿态解算,高度预估计算,飞行模式和姿态设定,读取光流数据,最后进入 statecontrol 函数自主飞行或 statecontrolnormal 函数遥控飞行,通过 PID 算法控制 4 个电机输出转速的大小。

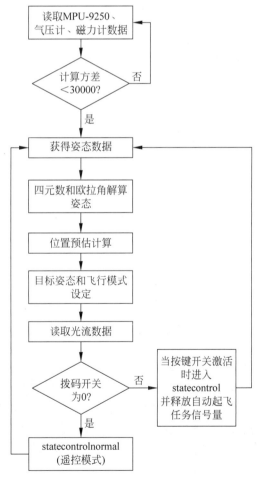

图 16.11　飞行器位姿初始化流程图

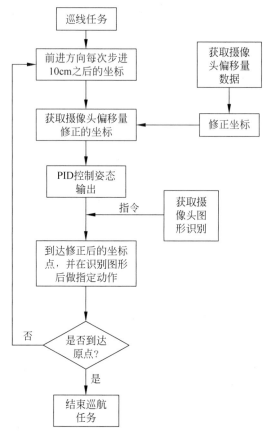

图 16.12 巡航程序流程图

飞控任务总流程图如图 16.13 所示。

程序中最主要有 4 个 FreeRTOS 任务在运行。一个收集数据并解算和控制飞行姿态的 stabilizerTask 任务(优先级 4),以及 3 个自动起飞任务 task1_takeoff、task1_goto、task1_land(优先级都是 3),这 3 个任务在创建之初处于阻塞态,只有激活了自动起飞按钮之后才会释放 task1_takeoff 任务的信号量,task1_takeoff 运行完之后会释放 task1_goto 的信号量,并删除自身。以此类推,task1_goto 完成后释放信号量启动 task1_land,并删除自身,task1_land 运行完后只要删除自身即可。

在飞行任务 task1_goto 中,通过步进的方式来校正飞行器与黑线之间的距离以及检测是否看到了图形。其基本思路是:每走 10cm 检查一下飞行器是在黑线的左边还是右边,若在左边,则下一次不仅向前 10cm 还要向右 10cm,同时检查是否有图形,若有,则不再前进并且做出响应动作。OpenMV 会告诉飞行器相对黑线的位置和是否看到图形。

程序中主要的中断共有 3 个,与无线串口连接的 Uart3、OpenMV 连接的 Uart0 以及与 PMW3901 模块连接的 SPI 接口,优先级全部设为最低(0xE0),可以被 FreeRTOS 打断。

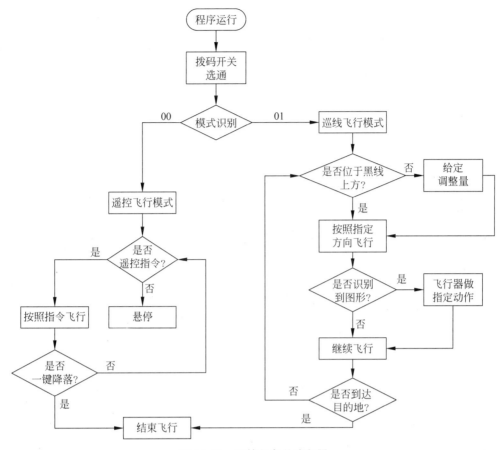

图 16.13　飞控任务总流程图

通过 setCommanderKeyFlight(true)、setCommanderKeyland(false)这两个函数可以让飞行器自动起飞并稳定在指定的高度。通过 setFastAdjustPosParam(0,1,0,100.f)这个函数来设置自动起飞的高度,当前设置的是定高 100cm。

位置控制使用 setpoint 结构体中 position 中的 x 和 y 项,只要在其中代入指定的坐标,光流就会驱动飞行器稳定在该坐标上。同时使用函数

```
void TGT_goto(float TGT_X,float TGT_Y)//光流坐标移动函数
{
  float count_add = 0;
  float delta_tgt_x = 0;
  float delta_tgt_y = 0;

  delta_tgt_x = (TGT_X_last_tgt_x_cm)/10;
  delta_tgt_y = (TGT_Y_last_tgt_y_cm)/10;

  while(count_add < 10)
  {
  tgt_x_out += delta_tgt_x;
  tgt_y_out += delta_tgt_y;
  count_add++;
  vTaskDelay(35);
  }
```

```
last_tgt_x_cm = TGT_x;
last_tgt_y_cm = TGT_y;
}
```

就可以实现目标坐标的缓慢变化,不会使飞行器直接冲向目标坐标,而是一步一步平滑地移动过去。

当飞行器自动起飞后,开始沿黑线飞行,并且使用 OpenMV 通过串口发送的标志位 Fix 来修正自己的飞行路径,飞行器每向前移动 5cm 就会检查一次 Fix 标志位以及找到哪种图案标志位 graph。当飞行器在黑线左边时,Fix 为 1,下一次飞控设定的坐标就不仅会往前移动 5cm,还要往右移动 5cm,右边同理,当飞行器离黑线的距离小于 OpenMV 设定的阈值时,Fix 为 0,即不需要修正。

当标志位 graph 为 1、2 或 3 时(分别代表识别到圆、正方形、三角形),0 代表没有识别到图形,相应图形的计数器开始计数,只有连续 3 次收到同一数值时,才认为是真正识别到了圆,例如,识别圆的代码如下:

```
case 0:                          //无图形
    break;
case 1:                          //圆
    if((graph_last == 1)&&(graph == 1))
    {
    circle_count++;
    }
    else
    {
    circle_count = 0;
    }
    if(circle_count > 2)
    {
      circle_count = 0;
      vTaskDelay(5000);
      graph_en = false;
    }
    break;
```

执行定点飞行程序后,graph_en 将会被置为 false,防止飞行器还没有离开能看到图形的区域导致再次执行识别到图形的任务。graph_en 变量将会在飞行器继续移动 1m 左右之后重新被置为 true,以便能够进入检测到下一个图形的函数。

16.4.3　飞控调试注意事项

飞控测试一般先进行遥控测试。将飞控板上模式开关拨到"00"模式,测试者一键起飞飞行器,并且开始用遥控器控制飞行器,使飞行器能够完成上升、下降、前后左右等十个方向的飞行,且最后在遥控器的指令下一键降落。

完成遥控测试后进行自主巡线测试。将模式开关拨到"01"模式,在地面铺设好的黑线(3m×3m,线宽 5cm)上放置红色的矩形、圆形和三角形色块。按下一键起飞的按键,飞行器开始巡黑线飞行,能识别直角并拐弯,识别到不同的色块做出相应的高度变化、悬停 3s、自旋一周动作,飞行器飞满黑线一圈后自动降落。

（1）小型无人机及穿越机都比较轻小，外界因素对它们影响会比较大。飞行器在使用较长时间后，如果发现飞行效果越来越差，反复调整 PID 以及水平固定偏移量的数值都无法使飞行器稳定，可能机架需要重新加固，机桨、电机磨损应该换新的。

（2）小型无人机及穿越机在与遥控器、OpenMV 通信时，频次不能太快，数据量不能太多，否则占用太多 CPU 时间使飞行器不能够自稳。

（3）电池要及时充电。空心杯电机对电池输出要求非常高，当电池电量不足时，会引起起飞偏移，悬停振荡量大，甚至坠机的问题，电量过放将会损坏电池。

（4）飞行器移动函数的坐标目标值每步不应大于 20cm，否则飞行器直接产生大幅度倾斜。

（5）穿越机无刷电机在发生坠机撞击后，电机被堵转后会造成损伤，影响飞行器的稳定。所以在试飞或调试 PID 参数时最好在飞行器上牵一根绳子保护。

（6）飞行器上有各种板子和传感器导致连线接插件较多，飞行器在飞行时抖动和风速较大，为了飞行器的稳定飞行，所有接口及连接线都应以热熔胶加固以获得最佳稳定性。

（7）组装飞行器时，应保证飞行器的中心没有发生偏移，4 个电机距离中心的距离应保持一致。

16.5　遥控器

16.5.1　硬件制作

空心杯小型无人机和穿越机的遥控器都使用 STM32F103C8T6 作为控制 MCU，外围硬件主要有蓝色 0.96 寸 OLED、NRF 无线模块、摇杆、按键、蜂鸣器、LED 等。遥控器硬件框图如图 16.14 所示。

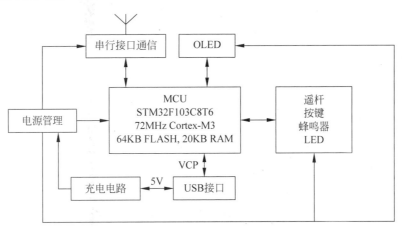

图 16.14　遥控器硬件框图

遥控器 MCU 采用 STM32F103C8T6，是 32 位 Cortex-M3 内核芯片，具有 20KB SRAM、64KB FLASH、7 个定时器、7 通道 DMA 控制器、2 个 SPI、2 个 I^2C、3 个串口、1 个 USB 全速接口、1 个 CAN 接口、2 个 12 位 ADC 及 35 个通用 I/O 口等。遥控器主要使用 SPI、USB、ADC、DMA 等外设，其中 SPI 用于 OLED；USB 主要用于与上位机通信和固件升级；ADC 和 DMA 主要用于采集摇杆电压。遥控器 MCU 电路图如图 16.15 所示。

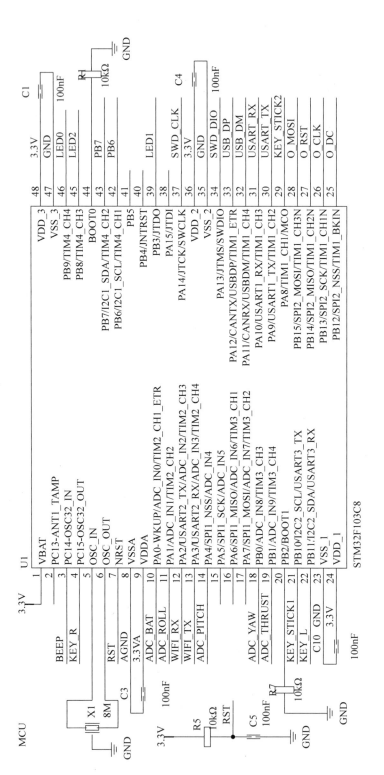

图 16.15　遥控器 MCU 电路图

遥控器使用省电的蓝色 0.96 寸 OLED 做人机交互界面,接口电路如图 16.16 所示。

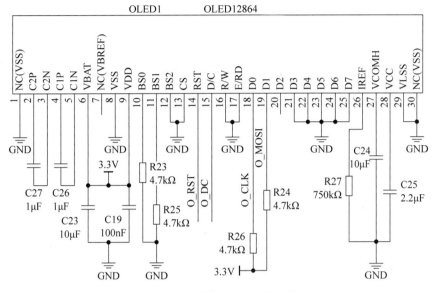

图 16.16 遥控器 OLED 电路图

该蓝色 0.96 寸 OLED 分辨率为 128×64 像素,内部驱动芯片为 SSD1306。该芯片内部集成 DCDC 升压,只需 3.3V 供电即可正常工作,支持 8 位 6800 并口、8 位 8080 并口、I^2C 以及 4 线 SPI 等通信方式。这里使用了 4 线 SPI 方式通信,O_RST 为复位控制脚,O_DC 为数据命令控制脚,O_CLK 为 SPI 时钟控制脚,O_MOSI 为 SPI 数据输入脚。OLED 的控制使用的是 STM32 的 SPI2。

遥控器板有两个带按键的摇杆和两个独立按键,电路图如图 16.17 所示。

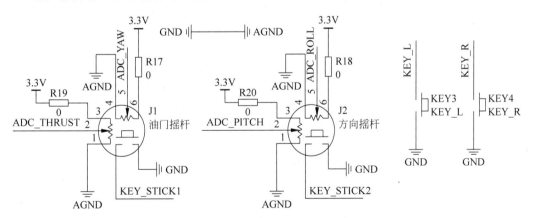

图 16.17 遥控器遥感及按键电路图

遥控器采用的摇杆是带按键和 360°自动回中类型,方便定高飞行操作。一个摇杆有 2 个电位器,电位器中心抽头连接到 MCU 的 ADC 引脚。油门摇杆 2 个电位器的电压 A/D 值转换为对应 THRUST(油门)和 YAW(航向角)的控制值;方向摇杆 2 个电位器的电压 A/D 值转换为对应 PITCH(俯仰角)和 ROLL(横滚角)的控制值。所有电位器采集的 A/D 值为 0~4095,然后将 A/D 值转换为对应控制值。

THRUST(油门)通道控制值为 0~100,当发送 0 表示没有油门输出,发送 100 表示油门满量程输出。

YAW(航向角)通道控制值为−200~200,当发送值 YAW 小于 0 时,飞行器逆时针旋转,YAW 越小旋转越快。相反,当发送值 YAW 大于 0 时,飞行器顺时针旋转,YAW 越大旋转越快。

PITCH(俯仰角)通道控制值为−30~30,当发送值 PITCH 小于 0 时,飞行器向后运动,PITCH 越小运动越快。相反,当发送值 PITCH 大于 0 时,飞行器向前运动,PITCH 越大运动越快。

ROLL(横滚角)通道 AD 值转换成控制值为−30~30,当发送值 ROLL 小于 0 时,飞行器向左运动,ROLL 越小运动越快。相反,当发送值 ROLL 大于 0 时,飞行器向右运动,ROLL 越大运动越快。

所有通道的控制值范围在程序中都可调节,飞行速度就是根据调节 PITCH 和 ROLL 通道的范围值实现的。

遥控器板有 2 个 LED 灯和 1 个蜂鸣器,电路图如图 16.18 所示。

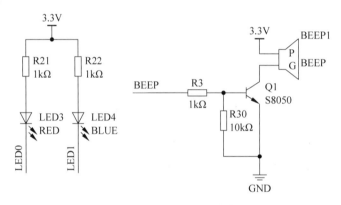

图 16.18 遥控器 LED 与蜂鸣器电路图

LED0(红)和 LED1(蓝)分别用于指示通信失败和通信成功,当通信失败时 LED0 常亮,当通信有干扰时 LED0、LED1 会交替闪烁,当通信良好时 LED1 常亮。蜂鸣器主要用于操作提示和低电量报警。

遥控器板的电源及 USB 接口部分电路图如图 16.19 所示。

TP4059 是一款完整的单节锂离子电池充电器,带电池正负极反接保护,支持高达 600mA 的充电电流。该芯片的充电电流可以通过 PROG 引脚的下拉电阻设定,电路中设置的电阻 R2 为 4.7kΩ,充电电流为 200mA。5V 电源(笔记本或者移动电源)可以通过 USB 线接上遥控器就可以给电池充电。遥控器电池为 200mA·h 1C 的电池,充电电流小于或等于 200mA。

XC6204B302 是一款低压差线性稳压器(LDO),输入电压高达 10.0V,输出 3.0V。因为是线性稳压器,所以输出纹波很小,同时低压差的功能就可以保证输入电压在很低的条件下输出电压也非常稳定。

当无外接 USB 时,单刀双掷开关往上,电池(BAT)连接到 VCC 给 XC6204B302 供电,开关往下打时则断开电池供电。当外接 USB 供电时,单刀双掷开关往下,电池(BAT)连接

到 BAT_CHG 给电池充电,VCC 连接到 5V,XC6204B302 的供电是通过到 USB 接入的
5V,这样就可以一边玩一边充电了。

遥控器板的 SWD 仿真下载接口和 USART1 接口电路图如图 16.20 所示。

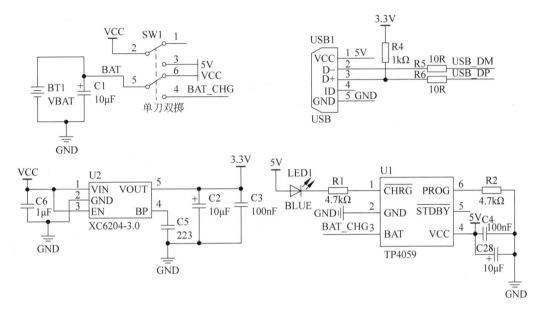

图 16.19　遥控器电源和 USB 接口电路图

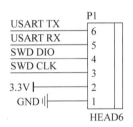

图 16.20　遥控器下载接口电路图

遥控器的下载接口插头中预留了 USART1 接口,方便客户二次开发。

制作 PCB 文件最小间隙采用 8mil,最小线宽采用 10mil,首选线宽采用 20mil,最大线
宽采用 50mil。PCB 板采用双层板结构。遥控器 PCB 板正面与成品图如图 16.21 所示。

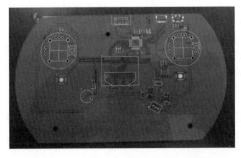

图 16.21　遥控器 PCB 板正面与成品图

16.5.2 软件编程

遥控器发送数据(速度、方向、动作、油门、俯仰、横滚、偏航)给飞行器,控制飞行器的运行;接收从飞行器传输回来的数据(高度、姿态、光流位移量);并将遥控器上发送的数据与接收的数据在 OLED 屏幕上面进行显示。

遥控指令发送的主要过程是先通过按键或摇杆控制指令先构造符合格式要求的ATKP 包,待构造完成后将其放入 ATKP 发送队列中,再通过无线串口发送任务,将 ATKP包从 ATKP 发送队列中取出,并将其放入串口发送数组中,通过串口发送函数将其发送。

遥控器主程序如下:

```
static TaskHandle_t startTaskHandle;
static void startTask(void * param);
int main(void)
{
NVIC_SetVectorTable(FIRMWARE_START_ADDR,0);
NVIC_PriorityGroupConfig(NVIC_PriorityGroup_4);          /* 中断配置初始化 */
delay_init();                                            /* delay 初始化 */
configParamInit();                                       /* 配置参数初始化 */
ledInit();                                               /* led 初始化 */
oledInit();                                              /* oled 初始化 */
beepInit();                                              /* 蜂鸣器初始化 */
keyInit();                                               /* 按键初始化 */
joystickInit();                                          /* 摇杆初始化 */
wifilinkInit();                                          /* 串口初始化 */
usblinkInit();                                           /* usb 通信初始化 */
displayInit();                                           /* 显示初始化 */
xTaskCreate(startTask,"START_TASK",100,NULL,2,&startTaskHandle);   /* 创建起始任务 */
vTaskStartScheduler();                                   /* 开启任务调度 */
while(1){};                                              /* 任务调度后不会执行到这 */
}
/* 创建任务 */
void startTask(void * param)
{
taskENTER_CRITICAL();                                    /* 进入临界区 */
xTaskCreate(wifilinkTxTask,"WIFILINK_TX",100,NULL,5,NULL);   /* 创建串口发送任务 */
xTaskCreate(commanderTask,"COMMANDER",100,NULL,4,NULL);      /* 创建飞控指令发送任务 */
xTaskCreate(keyTask,"BUTTON_SCAN",100,NULL,3,NULL);          /* 创建按键扫描任务 */
xTaskCreate(displayTask,"DISPLAY",200,NULL,1,NULL);          /* 创建显示任务 */
xTaskCreate(configParamTask,"CONFIG_TASK",100,NULL,1,NULL);  /* 创建参数配置任务 */
vTaskDelete(startTaskHandle);                    /* 删除开始任务 */
taskEXIT_CRITICAL();                             /* 退出临界区 */
}
```

在主程序中,首先进行系统的初始化,包括中断、配置参数、LED、OLED、蜂鸣器、按键、摇杆、串口等模块。其次创建优先级不同的各类能够实现遥控器相关功能的任务,包括界面显示、按键扫描、无线串口发送等。

遥控器界面显示流程图如图 16.22 所示。

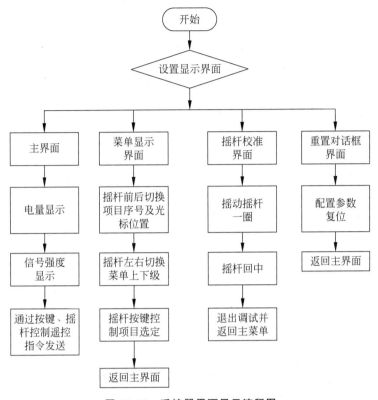

图 16.22　遥控器界面显示流程图

界面显示任务每 50ms 刷新一次界面。主界面中主要实现电量显示、信号强度显示、加锁操作、低电量报警、飞行器已准备好起飞提示、摇杆和按键控制遥控指令发送的功能；菜单显示界面主要通过摇杆选择项目；摇杆校准通过一系列步骤来测试摇杆功能；重置界面通过配置参数复位来实现系统重置。不同界面的切换是通过按键模块来控制的。

16.6　OpenMV 视觉识别

16.6.1　硬件设计

OpenMV 是一款具有图像处理功能的可编程的单片机摄像头模块，可以较简单地帮助使用者完成机器视觉应用。用户可以通过高级语言 Python 编程处理复杂的机器视觉算法。

图像处理功能主要分为两种模式，即调试模式与正常飞行模式。调试模式中，模块连接计算机可显示采集图像，通过观察计算机上显示的图像设置图像参数。正常飞行模式中，模块脱机独立工作，寻找到目标位置计算出目标与飞行器相对位置，发送给飞控板。OpenMV nano 模块正反面图如图 16.23 所示。

OpenMV nano 是一款小巧、低功耗、低成本的电路板，模块尺寸为 27mm×27mm。它基于 STM32F765VI ARM Cortex M7 处理器，速度最快可达到 216MHz，并且拥有 512KB RAM 和 2MB Flash。OpenMV 模块与摄像头用排线连接，模块固定在飞行器底部，预留串口与飞行器通信。

图 16.23　OpenMV nano 模块正反面图

OV2640 摄像头模块采用 1/4 寸的 200 万像素 CMOS 传感器制作,具有高灵敏度、高灵活性、体积小、工作电压 3.3V、支持 JPEG/RGB565 格式输出等特点,通过 SCCB 总线控制。OV2640 的 UXGA 图像最高达到 15 帧/s(SVGA 可达 30 帧/s,CIF 可达 60 帧/s)。用户可以完全控制图像质量、数据格式和传输方式。所有图像处理功能过程包括伽马曲线、白平衡、对比度、色度等都可以通过 SCCB 接口编程。

为了将 OpenMV nano 模块固定在机架底部,并固定住 SCCB 排线的摄像头,设计了一块小型的安装板,用 3D 打印机打印制作后,将模块安装在上面时摄像头正好能嵌入在其中心圆孔上,如图 16.24 所示。摄像头支架上设计了一圈三面包围的围墙,对摄像头进行全方位的保护,同时对围墙增加了加强筋结构,使得围墙的强度得以提高。这个支架通过四根立柱与 OpenMV 的控制板组合,仅需少量胶水即可固定住,为摄像头提供稳固支撑和保护。

OpenMV
nano模块

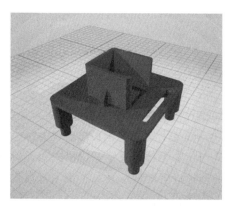

图 16.24　　OpenMV 摄像头固定板设计图

16.6.2　软件部分

OpenMV 模块软件工作流程图如图 16.25 所示。

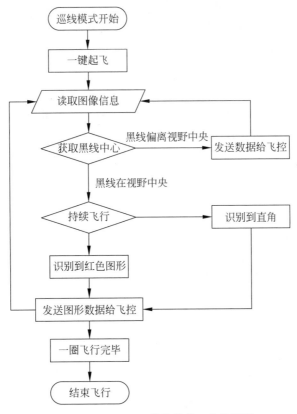

图 16.25 OpenMV 模块软件工作流程图

1. 数字识别

放在黑线上的图形可以不是"形状"而是"数字",同样可以实现根据不同数字飞行器响应不同的动作。飞行器在探黑线飞行的同时也在执行识别任务,若识别到数字,则发送该数字给飞控,飞控根据接收数字判断是否需要做响应动作。

数字识别大致尝试了3种方法:模板匹配、神经网络和自定义特征。结果发现,模板匹配在静止条件下识别率较高,并需要存储模板;神经网络的识别率也比较高,但是需要大量数据作训练,也需要存储数据;自定义特征的算法实时处理识别无须存储,能实现飞行过程中 99% 识别率。

自定义特征根据 0~9 这 10 个数字的像素特征来进行识别。用占满 A4 纸大小的数字作为测试对象,将其分为 9 块区域,另外添加水平 4 条线,竖直 4 条线来辅助判断。提取 18 个特征点:一整个区域内总像素,9 块区域内的像素数,8 条线段上的像素数。将 10 个数字中每个数字的 18 个特征点保存为列表(初始化时定义),先使用 OpenMV 提供的寻找色块功能,来寻找视野里最大的色块,框定找到的数字。再通过色块位置(w,h,x,y)划分 9 个区域以及 8 条线的位置,锁定了数字的每个区的位置,就可以通过遍历(指定步进遍历)计算每个区域和线段上的像素数。计算完毕后,将这些像素数存在空列表里。

由于飞行过程中,高度有一定波动,这就使得视野内识别到的色块大小会变化,且像素数会变化,故通过比例系数法来对因高度变化而产生的像素变化进行修正,即将当前识别到色块的总像素数记录下来,用当前的总像素除以初始化时预设的总像素,得到比例系数 K。

在计算当前色块每一区域内的像素时,乘上该比例系数就可以实现修正,使得高度和数字大小均变为无关变量。最后,我们将当前色块内的 18 个特征区域的像素与 10 个数字的原始预设对应区域的像素相减,最后将 18 个特征区域的差值相加,得出偏差值。找出偏差值最小的数字,作为识别结果。由于 2 和 7、3 和 5 的特征难以区分,故当识别到上述数字时,再次分析特定区块内的像素数,得出最终结果。

飞行时由于数字的摆放角度不同,拍摄到的数字可能不是正向的,故增加了旋转矫正,解决了因数字的随机摆放而导致的识别率下降。核心代码如下:

```
# 初始化 10 个数字的 18 个特征值
all_pixel = [1194,926,1268,1053,1334,1153,1443,843,1160,1469]
pixel_1 = [145,91,107,74,7,194,139,97,132,182]
pixel_2 = [87,228,122,96,210,98,117,98,78,115]
pixel_3 = [164,0,230,174,159,77,100,224,153,192]
pixel_4 = [169,0,0,40,156,118,243,0,111,192]
pixel_5 = [0,185,76,121,54,103,103,100,129,107]
pixel_6 = [141,7,183,162,184,153,160,95,152,231]
pixel_7 = [171,42,184,77,139,87,209,34,156,63]
pixel_8 = [78,197,183,56,124,76,66,169,48,68]
pixel_9 = [179,85,84,204,263,199,205,0,147,195]
x_line1 = [22,4,7,6,8,5,1,7,10,4]
x_line2 = [13,13,26,18,22,19,24,21,27,22]
x_line3 = [13,31,32,34,70,23,21,27,23,24]
x_line4 = [29,6,7,0,8,17,21,10,23,32]
y_line1 = [4,6,7,10,8,1,15,43,11,8]
y_line2 = [16,9,11,9,18,8,8,9,16,19]
y_line3 = [14,9,10,9,19,9,18,9,16,9]
y_line4 = [0,39,44,27,9,0,26,9,0,29]
thresholds = (54,2,66, - 14, - 18,56)              # 阈值分割
    if max_blob:
        # img.draw_rectangle(max_blob.rect())
        all_pixels = max_blob.pixels()
        i = max_blob.x()   # region_Y
        j = max_blob.y()   # region_X
        divids_x = max_blob.w()                      // 3# 色块区域分 9 块
        divids_y = max_blob.h()                      // 3
        while(j < max_blob.y() + max_blob.h()):
            i = max_blob.x()
            while(i < max_blob.x() + max_blob.w()):
                temp = img.get_pixel(i,j)            # 返回指定位置的灰度像素值
                if temp == (0,0,0):                  # 如果指定位置灰度像素值为 0 则不分配区域
                    x_regi = 0
                    y_regi = 0
                    if(i - max_blob.x()) < divids_x * 1# x 分配到 1 区
                        x_regi = 1
                    elif(i - max_blob.x()) < divids_x * 2# x 分配到 2 区
                        x_regi = 2
                    elif(i - max_blob.x()) < divids_x * 3# x 分配到 3 区
                        x_regi = 3
                    if(j - max_blob.y()) < divids_y * 1# y 分配到 1 区
```

```
                                  y_regi = 1
                        elif(j - max_blob.y()) < divids_y * 2# y 分配到 2 区
                                  y_regi = 2
                        elif(j - max_blob.y()) < divids_y * 3# y 分配到 3 区
                                  y_regi = 3
                  # 区域划分为 9 块
                        if x_regi == 1 and y_regi == 1# xy 都为 1 区,则落在(1,1)
                              pixels_1 += 1
                        elif x_regi == 2 and y_regi == 1# x 在 2 区,y 在 1 区,则落在(2,1)
                              pixels_2 += 1
                        elif x_regi == 3 and y_regi == 1:
                              pixels_3 += 1
                        elif x_regi == 1 and y_regi == 2:
                              pixels_4 += 1
                        elif x_regi == 2 and y_regi == 2:
                              pixels_5 += 1
                        elif x_regi == 3 and y_regi == 2:
                              pixels_6 += 1
                        elif x_regi == 1 and y_regi == 3:
                              pixels_7 += 1
                        elif x_regi == 2 and y_regi == 3:
                              pixels_8 += 1
                        elif x_regi == 3 and y_regi == 3:
                              pixels_9 += 1
                  i += 4# 横向寻找跨度为 4
              j += 4# 纵向寻找跨度为 4
# 像素分配
def uartsend(delta_x,delta_y):                    # 串口发送协议
# deltax,deltay 为发送的 x,y 相对于原点坐标的偏移量
      uartbuf = bytearray([0x73,
                            int(delta_x),
                            int(delta_x)>> 8,
                            int(delta_y),
                            int(delta_y)>> 8,
                            0x3C])
      uart.write(uartbuf)
      print(uartbuf)
def get_command(command):                         # 串口接收协议
      while(uart.any()):
          uart_buf_get[0] = uart.readchar()
          if(uart_buf_get[0] == 0x73):
            uart_buf_get[1] = uart.readchar()
            uart_buf_get[2] = uart.readchar()
            if uart_buf_get[2] == 0x3C:
                command = uart_buf_get[1]
      return command

def adjust_angle(max_blob):                        # 旋转矫正
      global img
      if max_blob:
          angle = max_blob.rotation() * 180 / 3.1415926
```

```
    img = img.rotation_corr(z_rotation = 90 - angle)
```

2. 形状识别

对彩色图像转换为二值化图像,设置两种不同的阈值分别对黑色和红色敏感。先用黑色阈值判断黑线和偏移情况,然后采用红色阈值进行色块识别。

在识别到红色色块时会画出其对应的外接圆或内切圆。当识别到是正方形或三角形时进行面积比较,识别面积占圆的面积的比值大小范围判断出是正方形或者三角形。当识别到圆形就不需要进行面积比对,直接输出圆形的标志。

飞行时若黑线偏移,调用系统的 img.find_lines 函数,返回一个向量组,其中包含黑线的位置及在视野中的像素,然后通过计算偏差大小判断是否要发送纠偏的指令。

部分代码如下:

```
def judge_circle(img):
    is_circle = False
    max_circle = None
    max_radius = - 1
    new_roi = expand_roi(blob.rect())
    for c in img.find_circles(threshold = 2000, x_margin = 20, y_margin = 20, r_margin = 10, roi
= new_roi):
        is_circle = True
        # img.draw_circle(c.x(), c.y(), c.r(), color = (255, 255, 255))
        if c.r() > max_radius:
            max_radius = c.r()
            max_circle = c
    if is_circle:
        #如果有对应颜色的圆形,标记外框
        # Draw a rect around the blob.
        img.draw_rectangle(new_roi) # rect
        img.draw_rectangle(blob.rect()) # rect
        #用矩形标记出目标颜色区域
        img.draw_cross(blob[5], blob[6]) # cx, cy
        img.draw_circle(max_circle.x(), max_circle.y(), max_circle.r(), color = (0, 255, 0))
        img.draw_circle(max_circle.x(), max_circle.y(), max_circle.r() + 1, color = (0,
255, 0))
    return is_circle
while(True):
    clock.tick()
    red_led.off()
    # blue_led.off()
    green_led.off()
    img = sensor.snapshot() # .binary([THRESHOLD])
    blobs = img.find_blobs([red_threshold_02], area_threshold = 150, x_stride = 2, y_stride = 2)
    if blobs:
    # 如果找到了目标颜色
        # print(blobs)
        for blob in blobs:
            print(blob.density())
        #迭代找到的目标颜色区域
            if judge_circle(img):
```

```
            print('圆形')
            #green_led.off()
            red_led.on()
            print(clock.fps())
        elif blob.density()> 0.49 and blob.density()< 0.6:
            img.draw_rectangle(blob.rect())
            print('三角形')
            #red_led.off()
            green_led.on()
            print(clock.fps())
    else:
        lines =  img.find_lines(threshold = 2000,x_stride = 5,y_stride = 5,theta_margin =
20,rho_margin = 90)
        if(lines):
            for l in lines:#min_degree <= l.theta()) and(l.theta() <= max_degree
                if len(lines) == 2:
                    img.draw_line(l.line(),color = (255,0,0))
                    (c_x,c_y) = calculate_intersection(lines[0],lines[1])
                    cross_x = c_x - img.width()/2
                    cross_y = c_y - img.height()/2
                    c_x = int(cross_x)
                    c_y = int(cross_y)
                    uart.write(uartbuf)
#黑线判断
img = img.binary([black_threshold])
        lines =  img.find_lines(threshold = 2500,x_stride = 5,y_stride = 5,theta_margin =
20,rho_margin = 90)
        img.dilate(2,2)
        if(lines):
            #img = img.binary()
            lines =  img.find_lines(threshold = 2500,x_stride = 5, y_stride = 5, theta_
margin = 20,rho_margin = 90)
            for l in lines:#min_degree <= l.theta()) and(l.theta() <= max_degree
                    x = (l[0] + l[2])/2
                    y = (l[1] + l[3])/2
                    x = x - img.width()/2
                    y = - y + img.height()/2
                    x = int(x)
                    y = int(y)
                    print("x = %s   y = %s" %(x,y))
                    print(clock.fps())
                    img.draw_line(l.line(),color = (255,0,0))
                    #print("change = %s"  %(change))
                    if - 50 < = x < = 50 and - 5 < = y < = 5 :
                        uartbuf = bytearray([0xAA,0x00,0x00,0xAF])
                        uart.write(uartbuf)
```

16.7 通信协议

16.7.1 遥控器发送

飞控与遥控器通信协议如图 16.26 所示。

指令	发送内容
起飞	AA 01 AF
上升	AA 03 AF
降落	AA 08 AF
下降	AA 0A AF
向前	AA 11 AF
向后	AA 14 AF
向左	AA 19 AF
向右	AA 1E AF
后左	AA 22 AF
后右	AA 25 AF
前左	AA 27 AF
前右	AA 29 AF

图 16.26　飞控与遥控器通信协议

16.7.2　形状识别

飞控与 OpenMV 通信协议如图 16.27 所示。

指令	发送内容	
三角	AA 31 AF	
正方形	AA 33 AF	
圆形	AA 35 AF	
直角	AA 37 AF	
偏左	AA 41 AF	线在图像右边
偏右	AA 43 AF	线在图像左边
偏上	AA 45 AF	线在图像下边
偏下	AA 47 AF	线在图像上边

图 16.27　飞控与 OpenMV 通信协议

16.7.3　数字识别

飞控与 OpenMV 通信如图 16.28 所示。

位数	OpenMV到飞行器
0	0x73(帧头)
1	识别到的数字
2	4个方位
3	x修正量
4	y修正量
5	0x3c(帧尾)

图 16.28　飞控与 OparMV 通信

16.8 3D打印机架

机架及各种结构均采用3D打印FDM制造工艺,使得复杂的结构可以轻松地制造出来,同时兼具一定的强度和轻量化。整个过程可分为三步:设计、切片和打印。3D打印流程图如图16.29所示。

首先要使用SoildWorks进行三维模型设计,其次采用Ultimaker Cura 3.6.0对模型进行切片处理,最后将生成的Gcode文件导入到3D打印机中即可开始打印。打印好的模型要先去除打印支撑结构才能正常使用。切片中的各种参数设置以及打印机的工作状态,材料的特性等都会对最终的打印成品的强度质量产生影响。

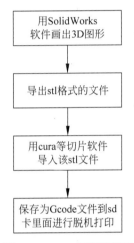

图16.29 3D打印流程图

16.8.1 空心杯小型飞行器机架

空心杯小型飞行器购买了已经含有电机(带减速齿轮)的机臂,3D打印机架的主要工作就是能安装四个机臂、电池、飞控板、光流及OpenMV板。在减轻整体重量的同时还要考虑安装完之后飞行器的重心尽量低一点,同时4个支撑脚的高度能保证安装在下方的光流和OpenMV的摄像头与地面有足够的距离。整体结构及机架设计图如图16.30所示。

在设计机架时,采用了40°机臂设计,即相邻两个机臂间夹角为100°和80°。这样设计的目的在于使得4个螺旋桨既可以位于一个正方形的顶点处,提高了飞行器的性能,又为中间电池舱腾出了空间,同时整体飞行器的体积也较小,提高机动性利于掌控。对于机架上一些强度要求不高的地方可以进行镂空处理,可以大大降低机架的重量。而对于一些关键节点需要进行额外的加强处理,以得到更好的机架耐用性。

16.8.2 穿越机机架

穿越机机架实物图如图16.31所示。

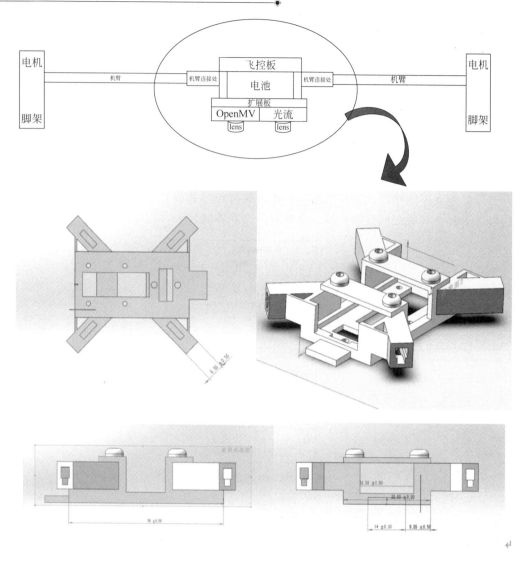

图 16.30 整体结构及机架设计图

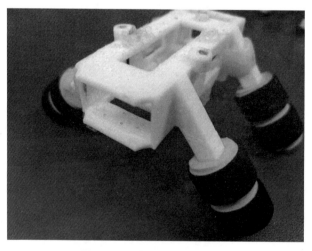

图 16.31 穿越机机架实物图

16.8.3 遥控器外壳

为了使用时双手操控遥杆的方便,免除静电及外界碰撞的影响,遥控器电路板需要有外壳。遥控器外壳设计图如图16.32所示。遥控器的外壳设计上采用了圆弧过渡设计,使得遥控器外壳的每个边缘都足够圆润,这不仅较为美观,也提供了一个良好的握持感。

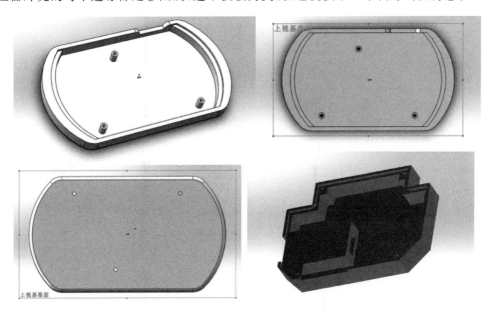

图16.32 遥控器外壳设计图

## 第17章

微型无人机的制作

本章介绍一架四旋翼微型无人机的设计制作过程。无人机制作硬件主要分成 3 部分：飞控板、遥控器和视觉传感器。另外，还有视觉传感器拍摄的图像在手机上显示的 App 编程。

17.1 飞控板硬件设计

17.1.1 功能需求分析

微型四旋翼飞行器结构简单、体积小，载重也会相对大型四旋翼或多旋翼飞行器较轻。为了能够搭载更多的功能模块，飞行器的设计需更加合理，飞行器和挂载模块必须选择小型化且尽可能重量轻的。选定飞行器的基本功能如下。

(1) 系统运行稳定。飞行器担负其他任务的前提是飞行器本身的系统能够稳定正常地运行，即飞行器需具备最基本的飞行能力。

(2) 遥控飞行。飞行器可以在遥控器的控制下，由操作者通过遥控器对飞行器的飞行姿态进行控制。

(3) 定高飞行。飞行器可以在自身系统姿态调节的作用下，实现在稳定高度长时间飞行。

(4) 定点飞行。飞行器可以在自身系统姿态调节的作用下，能够在水平方向上的某一点保持稳定，配合定高功能，实现三维空间上的定点悬停功能。

(5) 偏航飞行。飞行器在实现前、后、左、右飞行后，还应该具有偏航功能，实现水平方向上旋转角度飞行。

(6) 一键操作。遥控器上有按钮控制飞行器一键式起飞和一键式降落。

17.1.2 硬件总体设计

硬件总体设计框图如图 17.1 所示。

飞行控制板的主要功能如下。

(1) 对各个传感器芯片、扩展模块等进行初始化。

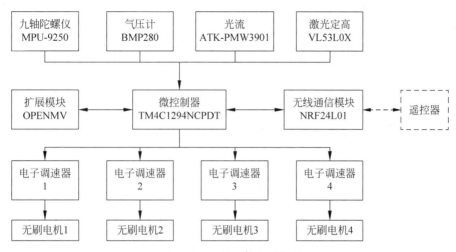

图 17.1　硬件总体设计框图

（2）飞行器对传感器数据采集，数据包括来自九轴传感器 MPU-9250 的姿态数据、BMP280 测量到的海拔高度数据、ATK-PMW3901 测量的位移数据，以及 VL53L0X 测量到的相对高度数据。

（3）根据采集的数据，计算出四旋翼无人机的飞行姿态，并通过串级闭环 PID 算法调整无人机的飞行姿态，计算出电机驱动程序需要的参数。

（4）通过电机驱动程序控制输出四路 PWM 波，调节 4 个电机的转速实现对四旋翼飞行器运动状态的控制。

（5）与遥控器的交互通信。接收遥控器数据以及其他控制命令，同时向遥控器反馈实时姿态数据和各项参数数据。

飞控板采用 TI 的 TM4C1294NCPDT 作为主控芯片。该处理器工作频率较高，性能稳定，可以迅速调整微型四旋翼飞行器的飞行姿态，实现更稳定的飞行。该芯片具有多种外部功能接口且数量较多，可以接入多个传感器和扩展模块，便于二次开发者加入更多传感器模块，提高飞行器的性能，扩展飞行器的用途。除此以外这块芯片还具有大容量的 Flash 内存，便于开发者在飞控程序上加入操作系统。

4 个传感器分别是 VL53L0X 激光定高芯片、PMW3901 光流芯片组成的 ATK-PMW3901 光流模块，以及 MPU-9250 九轴传感器芯片和 BMP280 气压计芯片。其中 PMW3901 光流模块用于获取无人机水平方向位移数据；MPU-9250 九轴传感器用于获取无人机的飞行姿态数据；VL53L0X 用于测量相对高度；BMP280 用于测量绝对海拔高度，两种高度数据经过融合，可以实现高度上的稳定飞行。

此外飞控板上还安装了 NRF24L01 无线射频模块用于飞行器与遥控器之间的通信，由于飞行器在飞行过程中会有轻微的抖动，采用插拔接口容易导致连接异常，因此直接将模块焊接到飞控板上，以保证飞行器的有效连接。

硬件电路主要包括电源电路、TM4C1294NCPDT 最小系统电路、九轴陀螺仪 MPU-9250 及气压计 BMP280 组成的惯性导航（IMU）电路、扩展模块接口电路，以及按键、LED 灯等信息交互电路。

17.1.3 器件选型

微型四旋翼飞行器结构简单体积小,电机的载重量受到了严格限制,在设计过程中,要严格控制飞行器的重量,因此在选型过程中,要对重量、体积、功耗等因素进行充分考虑。

1. 处理器选型

飞控板处理器是飞控系统的核心部分。处理器负责读取各个传感器传回的飞行姿态、高度、位移等数据,并且控制通信模块与遥控器进行通信,并将姿态数据和参数传回遥控器。对姿态数据进行解算后,输出控制电机转动的 PWM 波形,因此,核心处理器需要满足以下要求。

(1) 3.3V 供电,各 I/O 口电压 3.3V。

(2) 至少 4 路 PWM 波输出。

(3) 至少 3 个 I^2C 接口。

(4) 至少 2 个 SPI 接口。

(5) 工作频率不低于 100MHz。

(6) Flash 内存不低于 128Kb。

基于上述考虑,本次设计的微型四旋翼飞行器飞控板选用德州仪器公司出产的 TM4C129 系列芯片作为飞控板处理器。该芯片提供最高工作频率为 120MHz 的 32 位 Cortex-M4F 内核架构。卓越的处理性能与快速中断相结合。支持 SWD 和 Real-time JTAG 两种下载模式,SWD 下载模式仅占用两个芯片功能引脚,Real-time JTAG 下载模式可以实现在线的实时调试。另外,该芯片在外部接口方面的表现也相对突出——8 组数据传输速率为 115.2Kbps 的半双工 UART 通信、4 组 SPI/QSSI、最高速率 3.33Mbps 的 10 组 I^2C、2 组 1Mbps 的 CAN、一组 USB 等外部通信接口,还具有多达 8 路 PWM 输出口。芯片性能如图 17.2 所示。

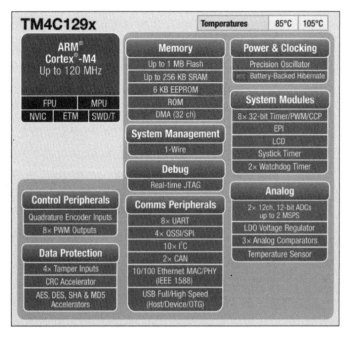

图 17.2 TM4C129 系列芯片特性图

2. 传感器选型

IMU 惯导传感器件

姿态数据主要包括飞行器本身的高度、位置、速度、加速度和偏航数据。MPU-9250 作为主器件,将气压计 BMP280 作为从器件连接到 MPU-9250 上,便构成 IMU 惯性导航单元。BMP280 是 BOSCH 公司旗下的一颗低功耗数字气压传感器,同时支持温度和气压测量,温度分辨率高达 0.01℃,相对气压精度为 ±0.12hPa,传感器功耗低至 2.7μA。MPU-9250 和 BMP280 实物如图 17.3 所示。

图 17.3　MPU-9250(左)和 BMP280(右)实物图

MPU-9250 性能参数如下。

(1) 电压　2.4~3.6V。

(2) 电流　<13mA。

(3) 体积　3mm×3mm×1mm。

(4) 引脚　宽度 0.20mm,引脚中心间距 0.4mm。

(5) 测量维度　加速度:三维;陀螺仪:三维;电子罗盘:三维。

(6) 量程　加速度:用户可编程(±2g,±4g,±8g,±16g);
　　　　　角速度:用户可编程(±250,±500,±1000°/s)。

(7) 分辨率　加速度:$6.1×10^{-5}g$;角速度:$7.6×10^{-3}°/s$。

(8) 稳定性　加速度:0.01g;角速度:0.05°/s。

(9) 姿态测量稳定度　0.01°。

(10) 数据输出使用 I^2C 接口,传输速度高达 400kHz。

(11) 数据接口:I^2C(直接连 MPU-9150,无姿态输出)。

BMP280 性能如下。

(1) 气压测量范围　300~1100hPa。

(2) 封装　2.0mm×2.5mm。

(3) 相对精度　±0.12hPa≈±1m。

(4) 绝对精度　±1hPa。

(5) 数据传输速度　I^2C(最高 3.4MHz),SPI(最高 10MHz)。

(6) 温度测量范围　-40~+85℃。

(7) 工作电压　1.80~3.6V。

(8) 消耗电流　2.7μA @1Hz 采样率(最大 157×2.7μA≈0.45mA)。

（9）测量速率　最高157Hz。

2. 光流模块

为实现飞行器稳定悬停功能，考虑到飞行器载重能力的限制，使用由ALIENEK公司推出的一款小型轻巧的高清多功能、低功耗光流模块，模块上集成了一个具有高精度低功耗性能的光学追踪传感器芯片PMW3901和一个高精度激光传感器芯片VL53L0X，PMW3901光流传感器负责测量水平移动，VL53L0X激光传感器负责测量飞行器高度。

在飞行高度大于VL53L0X激光传感器测量范围或者强光环境等激光传感器数据出错或不可靠时，使用气压计作为定高传感器。飞行高度在激光传感器的测量范围内时，采用激光传感器数据与气压计数融合的算法。通过两个定高传感器数据的融合，不仅能突破飞行高度的限制，还可以实现室内低空定高，甚至在强光的室外也能使飞行器高度精确稳定。ATK-PMW3901光流模块如图17.4所示。

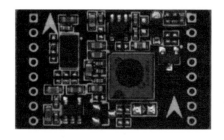

图 17.4　ATK-PMW3901 光流模块

ATK-PMW3901光流模块的参数如下。

（1）工作电压　3.3～4.2V DC。

（2）工作电流　20mA。

（3）通信接口　PMW3901传感器：SPI　通信速率2MHz；

VL53L0X传感器：IIC　通信速率400kHz。

（4）测量范围　PMW3901传感器：高度大于8cm；

VL53L0X传感器：高度为3～200cm。

（5）输出速率　PMW3901传感器：大于100Hz(>60Lux)；

VL53L0X传感器：30Hz。

（6）尺寸　长×宽＝27.5mm×16.5mm。

（7）重量：1.6g。

3. 通信模块选型

NRF24L01P 2.4G无线通信模块是一款由NORDIC公司生产的高性能无线收发模块，如图17.5所示，其工作在2.4～2.5GHz的ISM频段，该模块使用的芯片具有极低的电流消耗特性，当工作在发射模式下发射功率为0dBm时电流消耗仅为11.3mA，接收模式时电流消耗为12.3mA，掉电或待机模式下的耗电量更低。在配备PCB和IPEX两种天线机制

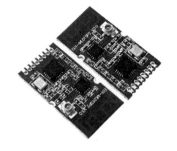

图 17.5　NRF24L01P 无线通信模块

下,该模块还具有传输距离远的特性。

由于该模块具有耗电量小、体积小、通信速率高、通信效率高等优点,被广泛应用于工业领域,具有良好的通信稳定性。与 WiFi 通信模块相比,NRF 通信效率高、响应快;相比 RF 无线模块的最高有效数据率有限而言,采用 NRF 则可以安全高速地进行数据传输,并且 NRF 自带数据校验功能。

在硬件设计时,考虑到插拔式连接容易松动引起接触不良,导致信号丢失或者断电重启等错误操作,因此选择将该模块用排针焊接在飞控板上,防止接触不良的现象出现。

该模块参数以及电气特性如下。

(1) 模块尺寸 12.8mm×25mm。

(2) 工作频段 2400MHz~2525MHz(可通过软件调节,1MHz 步进)。

(3) 接口方式 1mm×8mm×1.27mm。

(4) 工作电压 2.0~3.6V(DC)。

(5) 通信电平 0.7~5.2V。

(6) 发射功率 20dBm(约合 100mW)。

(7) 发射电流 130mA。

(8) 接收灵敏度 -96dBm。

(9) 实测发射距离 1800m(条件为空旷,晴朗,高度大于 2m,250kHz 空中速率,最大功率,天线增益 5dBi)。

(10) 通信接口 标准 SPI 接口(模式 0),建议通信速率不高于 8Mbps。

(11) 工作温湿度 -40~+85℃,10%~90% 相对湿度。

(12) 天线形式 PCB/IPEX。

(13) 空中速率 250K~2Mbps。

(14) 射频芯片 NRF24L01+。

4. 电源芯片选型

电源芯片负责对飞控板的所有器件和模块进行供电,电源芯片的性能直接影响到板载芯片能否稳定工作,数据能否正常传输。测量统计使用的几个主要芯片和模块在工作时的最大电流,结果如表 17.1 所示。

表 17.1 芯片电压电流

芯片或模块名称	工作电流/mA	工作电压/V
TM4C1294NCPDT	250	2.97~3.63
MPU9250	<13	2.4~3.6
BMP280	<1	1.71~3.6
ATK-PMW3901	20	2.6~3.5
NRF24L01	<150	1.9~3.6
SUM	<434	—

除这些模块之外,还会有一些用于发送提示的 LED 灯等耗能较小的器件,为了充分满足电路板的供电需求,选择 AMS1117-3.3 和 MP2359 稳压芯片为电源芯片。

AMS1117-3.3 稳压芯片的电气特性如下。

(1) 输入电压　最高 12V。

(2) 工作结温度　−40～125℃。

(3) 输出电压　3.267～3.333V。

(4) 最大电压差　1.3V。

(5) 电流限制　900～1500mA。

(6) 最大静态电流　10mA。

(7) 最小纹波抑制　60dB。

MP2359 是采用 CMOS 工艺开关内置 DC/DC 转换器的直流降压芯片。最大提供电流 1.2A,最大输入电压 24V,以下是 MP2359 的性能参数。

(1) 工作电压范围　4.5～24V。

(2) 内置 N 型驱动　Ron=0.35Ω。

(3) 输出电压范围外部电阻可调　0.8～15V。

(4) 反馈电压　0.8V±1.5%。

(5) 尖峰电流　2.0A。

(6) 开关频率　1.4MHz。

(7) 待机电流　0。

(8) 封装　TSOT23-6。

17.1.4　硬件电路设计

设计研发飞控板需要充分考虑传感器芯片和主控芯片的性能参数,合理设计原理图和 PCB 布局。根据微型四旋翼飞行器体积小、载重能力弱、搭载电池容量有限的特点,在设计前考虑以下几点设计原则。

(1) 减小电路功耗。在尽可能保证电路完整性的同时去除不必要的元器件。

(2) 原理图模块化设计,减少相互干扰。原理图设计时,应尽量做到模块化设计,可以按照功能划分,也可以按照元器件划分布局,不能造成线路的相互穿插。

(3) 高频电路有分布参数,放置位置和布线需特别处理。此电路中涉及的高频部分仅有一个 NRF24L01 无线通信模块,此模块频率为 2.4GHz,功率较大,需要对此模块进行按高频电路要求处理。

(4) 磁场效应的处理。飞行控制板将搭载 IMU 惯导,九轴传感器 MPU9250 是磁感应传感器,因此在电路设计过程中,该传感器周围不能有金属靠太近,要尽量减小电路中带来的磁场效应。

(5) 天线效应的规避。本设计中用到无线信号传输,如果有高频信号加入会造成信号干扰,因此在电路设计时尽量使导线电流通畅,避免电磁兼容性问题对无线信号的影响。

(6) 电路板大小适合机架。飞行器机架尺寸小,因此在设计过程中合理设计控制板的大小和形状,做到体积小、功能强。

(7) 电路板的安装方便。飞控板在设计时需要考虑如何在飞行器机架上的安装位置,合适的安装方式将减少不必要的安装器件,减少飞行器自身重量。

遵循电路设计原则,对电路进行模块化分类。飞行控制板具体可划分为主控

TM4C1294NCPDT 最小系统电路、IMU 惯导电路、模块 NRF24L01 接口电路、外围接口电路、电源管理电路、LED 灯和拨码开关等信号交互电路。

1. 主控 TM4C1294NCPDT 最小系统电路

控制器 TM4C1294 是飞行器的中央处理器，承担包括传感器数据读取、数据融合、PID控制、电机控制和无线通信，在飞行器的稳定飞行中具有重要作用。

主控 TM4C1294 最小系统电路主要包括主控芯片 TM4C1294、SWD/JTAG 调试接口、外部晶振电路、上电复位电路、去耦电容等。根据德州仪器公司给出的主控芯片官方手册中画出的原理图模型和芯片封装，该封装采用 128Pin-TQFP 封装，开发样板是 DK-TM4C129X 连接开发套件，如图 17.6 所示。

图 17.6 DK-TM4C129X 连接开发套件

在 TM4C1294 芯片的 VCC 网络引脚上接退耦电容(见图 17.7)，在 VDDA 网络引脚配置阻抗电容(见图 17.8)，下载调试接口如图 17.9 所示，最小系统电路如图 17.10 所示。

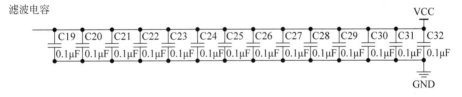

图 17.7 滤波电容电路

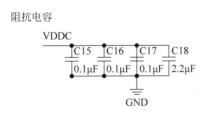

图 17.8 阻抗电容电路

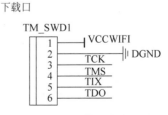

图 17.9 下载调试接口

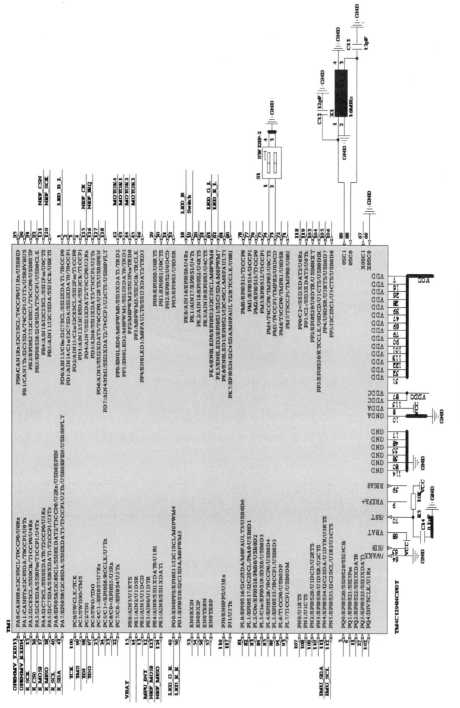

图 17.10 最小系统电路

图 17.10 中所采用的电容、电阻以及晶振均为数据手册的推荐值,拨码开关采用直插拨码开关,此开关虽然比贴片式拨码开关大,但是对其进行拨码操作更容易,焊接的直插引脚在受力时也更牢固。

2. IMU 惯导电路

IMU 惯导电路包含九轴传感器 MPU9250 和气压计 BMP280 两部分,可以将 BMP280 作为第三方芯片(主机为主控芯片 TM4C1294,从机为九轴传感器 MPU9250,BMP280 作为九轴陀螺仪 MPU9250 的从机接入)通过 MPU9250 的 AUX_DA 和 AUX_CL 引脚连接在 MPU9250 上(芯片引脚功能及封装如图 17.11 所示),MPU9250 和 BMP280 的传感器地址分别为 0XD2 和 0XEC,参考 MPU9250 和 BMP280 的数据手册,最后确定的 IMU 惯导电路如图 17.12 所示。

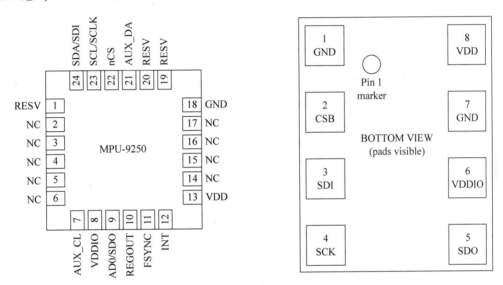

图 17.11　MPU9250 和 BMP280 引脚功能

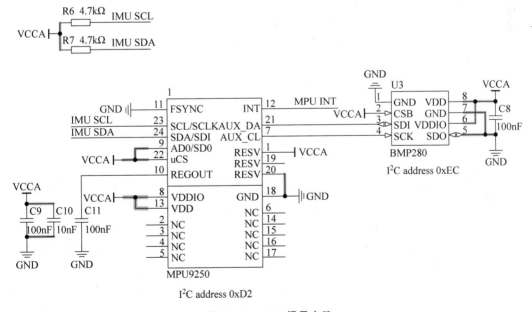

图 17.12　IMU 惯导电路

图 17.12 中惯导电路采用 VCCA(3.3V)直流供电,统一采用 I^2C 数据通信,注意 I^2C 数据引脚 SDA 与时钟引脚 SCL 上需接上拉电阻,阻值选 4.7kΩ。

3. NRF24L01 电路及扩展接口电路

飞行器使用的无线通信模块采用针插焊接方式,在设计时飞控板上需要预留无线通信模块的焊接接口。同样,使用到的光流模块也是采用接口式扩展连接的方式,其原理图如图 17.13 和图 17.14 所示。

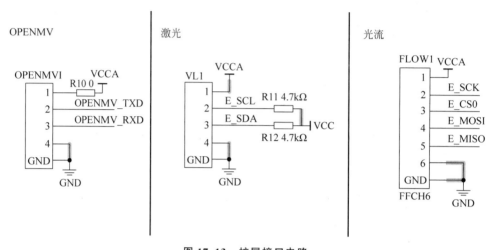

图 17.13 扩展接口电路

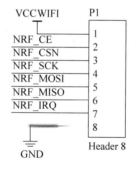

图 17.14 NRF 接口

4. 电源管理电路

微型四旋翼飞行器的电源输入为飞行器搭载的 7.4V 锂电池,电充满后实际输出电压值可达 8.4V。该电池输出分为两部分:一部分直接给电机使用;另一部分由飞控板使用。因此飞控板的输入电源为 7.4V,飞控板需要将 7.4V 电源调节到 3.3V,在稳压芯片 ASM1117-3.3V 的输入输出端放置钽电容滤波,通过电阻阻值控制输出电压值。为了能够直观地观测到电源的供电情况,在电源输出端设计添加一个 LED 指示灯,此灯亮表示电源工作正常。原理图设计如图 17.15 所示。

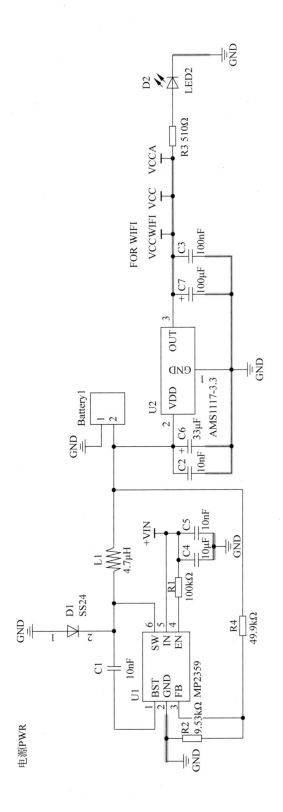

图 17.15 电源电路

17.1.5 PCB 布局排版及注意事项

1. 元器件布局布线

飞行器控制板 PCB 的绘制软件使用 Altium Designer 18,它是一款一体化的电子产品开发、PCB 设计软件,结合了原理图设计、电路仿真、PCB 绘制编辑、拓扑逻辑自动布线、信号完整性分析和设计输出。

首先,在原理图中选择器件的 PCB 封装,其次,将其导入到 PCB 文件进行布线绘图。PCB 外框为 4cm×4cm 正方形,考虑美观和手感在板子 4 个角各有一个半径为 2mm 的圆角。板上设定 4 个内径为 3.2mm 用于固定在飞行器上的安装孔,并放置电路板名称、版本号、飞行正方向箭头的丝印。设置的布线规则为电源走线 35mil,信号走线 9mil,绘制层数为两层。

PCB 布局规则如下。

(1) 尽量将所有元器件都应该布置在电路板的同一层。只有顶层元件很多布线困难的情况下,才将一些高度有限而且发热量很小的器件。例如,贴片式电阻、贴片电容、贴片 IC 等放在底层。

(2) 在保证电气性能的前提下,元件应放置在栅格上并相互平行或者垂直排列,使外观整齐美观,元件在整个板面上应均匀,疏密一致。

(3) 电路板上不同器件相邻焊盘之间的最小距离需要大于 1mm。

(4) 布线时,信号线和电源线应至少离电路板边缘 2mm,在没有形状要求的情况下,最好设置成方形。

PCB 布局技巧如下。

在 PCB 的布局设计前,应分析电路板涉及的器件,并根据其功能划分进行布局设计。对电路的全部元件进行布局时,要符合以下 4 个规则。

(1) 每个功能电路单元的位置根据电路的流动布置,使得布局有利于信号流通。

(2) 以每个功能单元的主芯片为中心,其他电容电阻等元件围绕该元件进行布局。

(3) 在高频电路中,应考虑元器件之间的分布参数。特殊元器件的位置在布局时要尽可能缩短高频元器件之间的连线,减少它们的分布参数以及相互间的电磁干扰。容易受到干扰的元器件不能离得太近,输入和输出应尽量远离。

(4) 易发热的元器件应散热,而发热较严重的元器件应尽量靠近电路板边缘。

PCB 布线规则如下。

(1) 在距离 PCB 板 1mm 的范围内通常不能布线,包括安装孔附近的 1mm 范围内也不能布线。

(2) 电源线尽可能的宽,最少不能低于 20mil,根据 PCB 加工厂家的精度要求,信号线宽最小不低于 6mil,线路间距最小不低于 6mil。

(3) 正常过孔内径 r 不应小于 8mil,外径大小根据公式 $R = 2 \times r \pm 2mil$ 计算。

电源线与地线应该呈现树形分布,走线应遵循钝角走线的规则,避免信号线出现锐角的夹角,保持信号流畅。

2. PCB 布局图

PCB 顶层设计图如图 17.16 所示,PCB 底层设计图如图 17.17 所示,PCB 机械 1 层设计图如图 17.18 所示,PCB 2D 效果图如图 17.20 所示,PCB 3D 顶层效果图如图 17.19 所示,PCB 3D 底层效果图如图 17.21 所示。

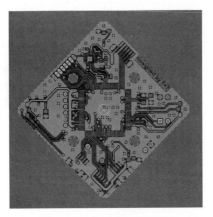

图 17.16　PCB 顶层设计图

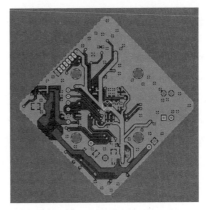

图 17.17　PCB 底层设计图

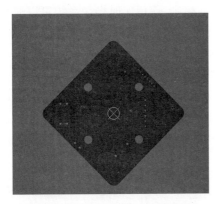

图 17.18　PCB 机械 1 层设计图

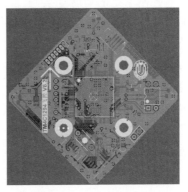

图 17.19　PCB 2D 效果图

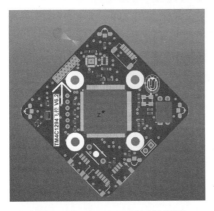

图 17.20　PCB 3D 顶层效果图

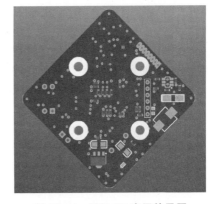

图 17.21　PCB 3D 底层效果图

17.2　飞控板软件设计

17.2.1　集成开发环境(IDE)的选择

飞行器软件集成开发环境众多,选择一款合适的开发平台有利于程序的编写和调试,更有利于其他开发者在此程序上进行二次开发。现在普遍使用的 C 语言开发环境主要有 Keil Software 公司的 KEIL-ARM、TI 公司的 Code Composer Studio（CCS）、IAR 公司的 IAR Embedded Workbench（IAR）等。KEIL 软件相比其他两款软件显得更加大众化，操作界面相对简单，网络资料众多容易学习，而且编译速度快，使用 JTAG 接口的仿真器即可安全稳定地调试，JLINK 仿真器如图 17.22 所示。

图 17.22　JLINK 仿真器

17.2.2　嵌入式操作系统的选择

飞行器控制系统的功能复杂，要求高度实时性控制，使用实时操作系统可以通过任务状态的切换减少处理器 CPU 的占用率，缩短程序的运行时间，更加及时地响应外部中断，从而使系统实时性更强，但是不恰当的使用可能会给程序带来额外的稳定性风险，所以选择一个简单易学、容易使用的实时性操作系统尤为重要。

微控制处理器上可以运行的系统有很多，FreeRTOS 操作系统开源程度更高，具有可裁剪式的内核。因此具有内核小、无成本、简单易学、普及度高等优点，可减少程序系统的开发周期。图 17.23 为 2017 年 *EEtimes* 杂志公布的嵌入式市场研究报告有关各种嵌入式操作系统的市场占有率。

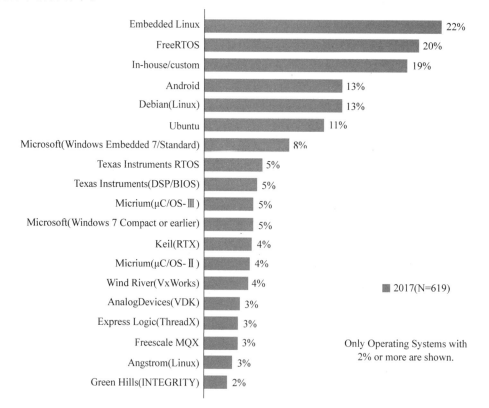

图 17.23　2017 年嵌入式操作系统市场占有率

17.2.3 TM4C1294 程序框架

程序代码的任务及函数关系如图 17.24 所示。

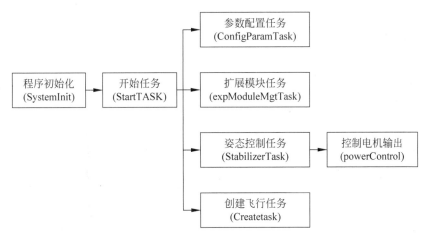

图 17.24 TM4C1294 程序框架

（1）程序初始化。该程序主要对硬件进行初始化,执行打开浮点运算、设置系统时钟、LED 灯初始化、初始化配置参数、按键初始化、电机初始化、NRF 初始化等操作,并且对各个模块和器件进行测试,测试结果通过 LED 灯亮闪频次体现,硬件初始化全部正常后,红灯的 LED 闪烁,周期为 1s。

（2）开始任务。此任务为临时任务,只运行一次,在任务功能完成后将被删除。开始任务的主要作用是创建其他功能任务,并对所创建的任务堆栈和任务优先级进行设置。

（3）参数配置任务。此任务主要作用是对微型四旋翼飞行器的初始化参数进行配置,微型四旋翼飞行器主控芯片 TM4C1294 内置 EEPROM 具有掉电存储功能,因此将飞行器数据写入到 EEPROM 内,在飞行器断电后再次启动时,飞行器通过参数配置任务读取EEPROM 中的数据,并对系统参数进行设置。

（4）扩展模块任务。扩展模块的主要功能是对扩展模块进行初始化。扩展模块任务在FreeRTOS 系统中周期性运行,检测扩展模块任务是否初始化并执行扩展模块初始化任务,扩展模块一旦初始化完成,该初始化程序将不再被执行。如果扩展模块在飞行器运行时发生故障,扩展模块任务将继续检测该模块,直到模块初始化完成并成功创建模块功能任务。

（5）姿态控制任务。姿态控制任务对微型四旋翼飞行器的姿态进行控制。该任务周期性地对传感器 MPU9250、BMP280 的数据进行采集,对原始姿态数据进行四元数和欧拉角计算,对飞行器的位置和速度进行预估计算,接收来自 NRF 的遥控数据,发送姿态数据和参数到遥控器,设置飞行器目标姿态和飞行模式,调整高度,读取光流数据,异常检测等。

（6）创建飞行任务。此任务的主要目的是通过飞控板上的两位拨码开关进行飞行任务选择,飞控程序内可开发多种飞行任务。目前拨码开关控制两种飞行方式,在拨码开关位于00 时,选择通过遥控器进行控制飞行;在拨码开关置于 01 时,选择脱离遥控器自主飞行。脱离遥控器后飞行器自主飞行需要在任务中添加飞行路线或路径规划。

17.2.4 姿态解算和 PID 算法流程

四旋翼飞行器的姿态解算和 PID 算法流程图如图 17.25 所示。

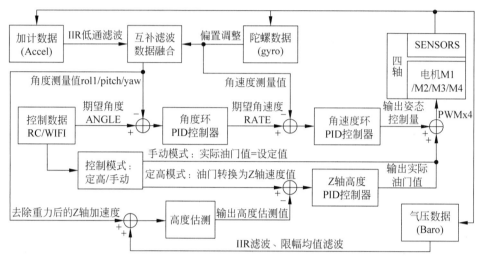

图 17.25 姿态解算流程图

四旋翼飞行器采用互补滤波算法进行姿态解算,姿态更新周期为 500Hz。MCU 控制器通过硬件 I^2C 读取 MPU9250 的加速度计和陀螺仪数据寄存器,然后对加速度计数据进行 IIR 低通滤波,对陀螺仪数据加偏置调整,并对加速度计数据和陀螺仪数据进行数据融合,输出姿态数据(即 roll、pitch、yaw)。

飞控算法使用双环串级 PID 控制,角度环 PID 控制器,更新周期为 500Hz。期望角度来自遥控器或者程序内设定,测量角度来自数据融合后的姿态数据,期望角度减去测量角度得到偏差角度,该偏差角度值用作角度环的输入,经过角度环 PID 后输出期望角速度,即外环(角度环)的 PID 输出作为内环(角速度环)的期望输入。

角速度环 PID 控制器,更新周期为 500Hz。测量的角速度是从陀螺仪数据导出的,并且期望的角速度减去测量的角速度会获得到一组偏差值,其被用作角速度环的输入值,经过角速度环 PID 后输出的姿态控制量,用于控制电机。

Z 轴高度的 PID 控制器,更新周期为 250Hz。在手动模式下,四旋翼飞行器的高度由遥控器油门直接控制。定高模式下,油门控制切换为 Z 轴速度模式。将气压传感器数据与 Z 轴速度数据相融合,融合数据用作高度测量值,高度期望值则来自 Z 轴设定值的积分,期望值减去测量值得到偏差值,偏差值用作 Z 轴高度 PID 控制器的输入,输出是油门的控制变化量,变化量加上油门基准值就是实际的油门值。

得到实际油门值和姿态控制数据,把油门值和姿态控制数据整合,整合周期为 100Hz,然后输出四组 PWM 波控制电机。

17.2.5 基于四元数的姿态解求解互补滤波算法

微型四旋翼飞行器的姿态解算算法采用四元数的互补滤波算法。姿态解算关键代码如下:

```
void imuUpdate(Axis3f acc,Axis3f gyro,state_t * state,float dt)
{ float normalise;
  float ex,ey,ez; float q0s,q1s,q2s,q3s;              / * 四元数的平方 * /
  static float R11,R21;                               / * 矩阵(1,1),(2,1)项 * /
  static float vecxZ,vecyZ,veczZ;                     / * 机体坐标系下的 Z 方向向量 * /
  float halfT = 0.5f * dt; Axis3f tempacc = acc;
  gyro.x = gyro.x * DEG2RAD;                          / * 度转弧度 * /
  gyro.y = gyro.y * DEG2RAD;
  gyro.z = gyro.z * DEG2RAD;
  normalise = invSqrt(acc.x * acc.x + acc.y * acc.y + acc.z * acc.z);
  acc.x * = normalise;
  acc.y * = normalise;
  acc.z * = normalise;                                / * 机体坐标系下的 Z 方向向量 * /
  vecxZ = 2 * (q1 * q3 - q0 * q2);                    / * 矩阵(3,1)项 * /
  vecyZ = 2 * (q0 * q1 + q2 * q3);                    / * 矩阵(3,2)项 * /
  veczZ = q0s - q1s - q2s + q3s;                      / * 矩阵(3,3)项 * /
  ex = (acc.y * veczZ - acc.z * vecyZ);
  ey = (acc.z * vecxZ - acc.x * veczZ);
  ez = (acc.x * vecyZ - acc.y * vecxZ);
  exInt += Ki * ex * dt ;
  eyInt += Ki * ey * dt ;
  ezInt += Ki * ez * dt ;
  gyro.x += Kp * ex + exInt;
  gyro.y += Kp * ey + eyInt;
  gyro.z += Kp * ez + ezInt;
  float q0Last = q0;
  float q1Last = q1;
  float q2Last = q2;
  float q3Last = q3;
  q0 += ( - q1Last * gyro.x - q2Last * gyro.y - q3Last * gyro.z) * halfT;
  q1 += ( q0Last * gyro.x + q2Last * gyro.z - q3Last * gyro.y) * halfT;
  q2 += ( q0Last * gyro.y - q1Last * gyro.z + q3Last * gyro.x) * halfT;
  q3 += ( q0Last * gyro.z + q1Last * gyro.y - q2Last * gyro.x) * halfT;
  R11 = q0s + q1s - q2s - q3s;                        / * 矩阵(1,1)项 * /
  R21 = 2 * (q1 * q2 + q0 * q3);                      / * 矩阵(2,1)项 * /
  vecxZ = 2 * (q1 * q3 - q0 * q2);                    / * 矩阵(3,1)项 * /
  vecyZ = 2 * (q0 * q1 + q2 * q3);                    / * 矩阵(3,2)项 * /
  veczZ = q0s - q1s - q2s + q3s;                      / * 矩阵(3,3)项 * /
  state - > attitude.pitch = - asinf(vecxZ) * RAD2DEG;
  state - > attitude.roll = atan2f(vecyZ,veczZ) * RAD2DEG;
  state - > attitude.yaw = atan2f(R21,R11) * RAD2DEG;
  state - > acc.z = tempacc.x * vecxZ + tempacc.y * vecyZ + tempacc.z * veczZ - baseZacc;
}
```

　　vecxZ、vecyZ 和 veczZ 是前一次欧拉角(四元数)的机体坐标参考系换算出来的重力单位向量。

　　acc.x、acc.y、acc.z 是机体坐标参考系上加速度计测出来的重力矢量。向量之间的误差可以用向量叉积(也叫向量外积、叉乘)来表示,ex、ey、ez 就是两个重力向量的叉积。

　　四元数微分方程中,q0Last、q1Last、q2Last、q3Last 分别为上一次的四元数值 q0、q1、

q2、q3；halfT 为测量的半周期；gyro. x、gyro. y、gyro. z 为陀螺仪角速度。

最后根据四元数方向余弦阵和欧拉角的转换关系，把四元数转换成欧拉角 pitch、roll、yaw 以及去除重力加速度后的 Z 轴加速度。

17.2.6　角度环 PID 和角速度环 PID 调节函数

使用的 PID 更新函数遵循标准 PID，数学公式如下：

$$U(t) = MV(t) = K_p e(t) + K_i \int_0^t e(\tau)\mathrm{d}\tau + K_d \frac{\mathrm{d}}{\mathrm{d}t} e(t)$$

将数学公式转换为 C 语言代码，其函数如下：

```
float pidUpdate(PidObject * pid,const float error);
```

其中，PidObject 为 PID 对象结构体数据类型，第一个参数为将被更新的 PID 结构体对象，第二个参数则是偏差（期望值-测量值），积分项为偏差对时间的积分，微分项则是偏差对时间的微分，然后函数里面有 3 个参数（pid-> kp、pid-> ki、pid-> kd）分别指该 pid 对象的比例项、积分项和微分项系数，每个 pid 对象都有属于自己的 PID 系数，PID 初始化 pid 对象时会设定一组默认的系数，同时这组系数是可以调整的，不同的飞行器需要调节这组系数来适应相应飞行器的系统。

角度环 PID 函数如下：

```
void attitudeAnglePID(attitude_t * actualAngle, attitude_t * desiredAngle, attitude_t *
outDesiredRate);
```

attitude_t 是一个姿态数据结构类型；actualAngle 是一个结构体指针，指向实际角度结构体变量（数据融合输出值）state-> attitude；desiredAngle 指向期望角度结构体变量（设置的角度）attitudeDesired；outDesiredRate 则是角度环的输出，指向期望角速度结构体变量 rateDesired。此处 PID 更新的分别是角度环的 3 个 pid 对象结构体，输入偏差为期望角度减去测量角度（actualAngle-desiredAngle）。

加速度环 PID 的函数原型如下：

```
void attitudeRatePID(Axis3f * actualRate,attitude_t * desiredRate,control_t * output);
```

其中，Axis3f 是一个三轴数据结构体类型；control_t 是控制数据结构体类型；actualRate 指向三轴陀螺结构体变量 sensors-> gyro；desiredRate 则指向角度环 PID 的输出 rateDesired；control_t 则指向 control 结构体变量；control 结构体包含了角速度环的输出数据——姿态控制量数据，这个数据用作控制电机。此处 PID 更新的分别是角速度环的 3 个 pid 对象结构体，输入偏差为期望角速度减去测量角速度（actualRate-desiredRate），pidOutLimit 函数用作限制姿态控制量的调整范围（−32 768～+32 767），防止调整量过大，难以控制。

17.2.7　Z 轴高度环 PID 的调节函数

高度环 PID 函数原型如下：

```
void altholdPID(float * thrust,const state_t * state,const setpoint_t * setpoint);
```

float 类型指针 thrust 指向实际油门值变量，实际油门值由两部分组成：定高油门基准值和 newThrust。油门基准 posPid. thrustBase 决定着飞行器定高飞行时的油门大小。detecWeight 函数用作检测飞行器重量,实现的原理为:每次起飞后,实时检测 Z 轴方向速度值,如果连续一段时间内 Z 轴速度都接近 0,说明此时的这个油门值可以让四轴接近悬停,再把这个值做适当处理,处理之后用作新的油门基准值。另一部分油门值 newThrust,来自 Z 轴 PID 的输出乘以一个油门放大倍数(方便调节 PID 参数)THRUST_SCALE。

　　Z 轴定高 pid 代码如下:

```
static float runPidZ(pidAxis_t * axis,float input,const setpoint_t * setpoint,float dt);
```

　　setpoint 结构体指针的 bool 型成员变量 isAltHold 用作标志当前控制模式,为 true 指示当前为定高模式,为 false 指示当前为手动模式;axis→preMode 则记录上一次的控制模式。如果上一次为手动模式,当前为定高模式,说明发生模式切换,则复位定高 PID(清除 pid 结构体对象之前的偏差项、微分项、积分项)。同时可以看到高度期望值 axis→setpoint 来自 Z 轴油门速度的积分,测量高度值来自气压计值和 Z 轴测量速度值的融合,经过 pid 更新后输出油门控制量,这个值乘以油门放大倍数 THRUST_SCALE 就得到了 newThrust。

17.2.8　微型四旋翼飞行器姿态控制

　　微型四旋翼飞行器为 X 模式的飞行方式,电机转向和姿态解算正方向(箭头指示正方向)如图 17.26 所示。

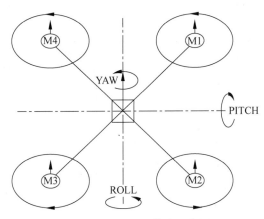

图 17.26　X 飞行模式示意图

　　油门控制量(control→thrust)值增大会使四旋翼飞行器升高,这个值减小则会使四旋翼飞行器下降。control→roll、control→pitch、control→yaw 为 PID 输出的姿态控制量。油门控制量和姿态控制量相互整合后控制电机,代码如下:

```
void powerControl(control_t * control)        /*功率输出控制*/
{
    s16 r = control→roll / 2.0f;
    s16 p = control→pitch / 2.0f;
    motorPWM.m1 = limitThrust(control→thrust - r - p + control→yaw);
    motorPWM.m2 = limitThrust(control→thrust - r + p - control→yaw);
    motorPWM.m3 = limitThrust(control→thrust + r + p + control→yaw);
    motorPWM.m4 = limitThrust(control→thrust + r - p - control→yaw);
```

```
    if(motorSetEnable)
    {
        motorPWM = motorPWMSet;
    }
    /*控制电机输出百分比*/
    motorsSetRatio(MOTOR_M1,motorPWM.m1);
    motorsSetRatio(MOTOR_M2,motorPWM.m2);
    motorsSetRatio(MOTOR_M3,motorPWM.m3);
    motorsSetRatio(MOTOR_M4,motorPWM.m4);
}
```

17.2.9 遥控器协议

遥控飞行器飞行的功能实现需要制定和遥控器的通信协议。通信协议见表 17.2,该协议使用 32 字节固定帧长度协议格式,校验采用 NRF 自带的校验功能,因此在数据帧内不设置校验字节。实际使用过程中,18 字节用于传送信息,表中空位表示尚未使用,如果需要传送更多信息,可以在通信协议中添加协议字节含义并添加相应的处理函数。该协议只在飞控板上的拨码开关置于 00 时,即允许遥控器控制飞行器时起作用。

表 17.2 飞行器和遥控器通信协议

字位数	遥控到飞行器	飞行器到遥控
0	摇杆数据	pitch 姿态
1	摇杆数据	roll 姿态
2	摇杆数据	yaw 姿态
3	摇杆数据	height 高度
4	请求数据指令	X 高位
5	修改参数指令	X 低位
6	PID 数值	Y 高位
7	PID 数值	Y 低位
8	PITCH_trim	—
9	PITCH_trim	—
10	ROLL_trim	指令标志位
11	ROLL_trim	PID 数值
12	—	PID 数值
13	—	PITCH_trim
14	—	PITCH_trim
15	—	ROLL_trim
16	—	ROLL_trim
17	—	修改命令完成应答 0x55
18~31	—	—

为了方便遥控器和手机在定高模式下实现一键起飞和一键降落,并且能够通过油门摇杆控制飞行器的飞行高度,将油门摇杆的量程 0～100 分为五段,分别是 0～10、11～35、36～65、66～90、91～100,油门摇杆采用的是默认回中及在静态无人操作时的数值为 50,因此不同数值赋予不同的含义。

0~10：一键降落,当油门摇杆向下拉到最低时,飞行器执行降落动作。

11~35：高度向下调节,当油门摇杆位于偏下的位置时,飞行器高度下降,但不执行落地指令。

36~65：高度保持,油门摇杆在此量程内时,飞行器保持原有高度。

65~90：高度向上调节,当油门摇杆位于偏上位置时,飞行器高度上升,但不执行一键起飞指令。

91~100：一键起飞,当油门摇杆向上达到最大值,飞行器执行一键起飞指令,程序中设定默认飞行高度为80cm。

17.3 飞控板系统调试

17.3.1 飞行器系统开发过程

微型四旋翼飞行器对实时性要求非常严格,需要严格管理控制系统任务的运行时间,优化用户体验。系统开发包括硬件电路设计和软件设计,为了思路更加清晰,开发更加快捷,调试更加有效,一般遵循嵌入式开发的有关流程,软硬件往往需要统筹考虑,理清需实现的功能及清晰的开发思路是关键,逐步推进设计作品的开发进度,嵌入式系统调试流程图如图17.27所示。

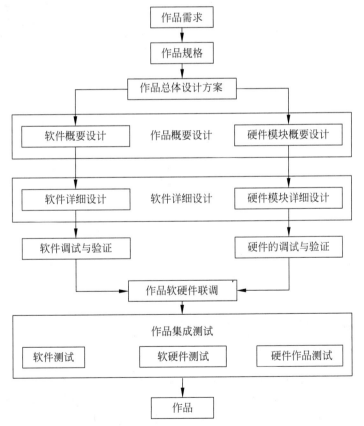

图17.27　嵌入式系统调试流程图

17.3.2 微型四旋翼飞行器的 PID 调试

系统调试是飞行器起飞前的重要过程。由于 PID 参数是否合理直接影响微型四旋翼飞行器的飞行效果,所以在微型四旋翼飞行器试飞之前,一定要对 PID 参数进行调节。

1. 搭建微型四旋翼调试平台

微型四旋翼飞行器调试时需要搭建测试平台。测试平台是为了确保微型四旋翼飞行器在调试时既安全又自由。如图 17.28 所示是搭建的简易调试平台。用一根绳子穿过微型四旋翼飞行器,确保小四旋翼的重心位于细绳的下方,飞行器静止时尽可能水平。将细绳的两端固定在两把椅子的腿上,移动椅子,将细绳拉直,以确保微型四旋翼飞行器可以旋转 360°而不碰到椅子。这样,简易的微型四旋翼飞行器 PID 调试平台便搭建完成。

图 17.28 简易调试平台

2. PID 调试要点

用遥控器控制飞行,通过观察现象决定 PID 参数数值的大小。P 是系统平衡的回复力;I 是消除误差,具有辅助 P 的作用;D 是阻尼,具有抑制超调和干扰的作用。

调试时一般先调节 P,将 I、D 的值设为 0,找到临界振荡的 P 值,然后减小一点 P 值,增加 D 值消除振荡阻尼,最后增加 I 值消除静态误差。要不要加 I 根据飞行器稳定时的实际误差大小情况而定。调试定高 PID 时,需要 P 和 D 同时调。调试过程中使用二分法逼近最佳值是迅速找到最佳参数的方法。

在 PID 参数调节完成后,便可以将飞行器脱离细绳的控制放置在空旷有网保护的场地试飞,首次试飞可能不太稳定,仍然需要对 PID 参数进行微调,飞行器可以稳定悬停于一个高度,并且在外力拉动的作用下,飞行器有恢复到原点的能力时,飞行器系统 PID 调试完成。

17.3.3 调试过程中可能遇到的问题

一般拿到制作好的空 PCB 板,首先用万用表量一下每个电源芯片的输出是否有短路。焊接顺序是先焊电源部分,并测量焊好的电源电压输出是否正常。其次再焊接芯片,最好焊一片测量一次电源电压正常再焊下一片芯片,这样就可以避免全部焊接完成后发现电源电压输出不对而定位故障困难的问题。

飞控板调试过程中遇到众多问题中,以下是最常见的部分问题。

1）问题描述（一）

飞控板硬件首次制作完成后上电测试，发现飞控板无法写入程序，编译软件 KEIL 显示无法找到 CPU。

解决过程以及办法如下。

（1）测量飞控板稳压 3.3V 是否有输出。用万用表检测了电源电路和最小系统电路的 3.3V 电压，若电压有跌落，可能负载有短路，检查芯片焊接是否有因焊锡过量短路现象。如果怀疑芯片底下板上引脚有短路只能将芯片用热风枪吹下，将引脚和焊盘的焊锡清理干净，随后重新焊接。

（2）飞控板稳压 3.3V 输出正常，用万用表检查芯片每个 3.3V 和 GND 引脚都与焊盘焊接良好。

（3）示波器检查外接晶振能起振。

2）问题描述（二）

在进行模块测试时，MPU9250 数据读取不正确，变化规律不符合线性关系，气压计的海拔高度和温度数据不正确。

解决过程以及办法：大多数都是焊接问题。MPU9250 采用 QFN-24Pin 封装，焊接时最好采用钢网涂抹焊锡膏加热焊接，若锡膏不均匀或过多芯片引脚焊接就会出问题，将其用热风枪吹下，清理干净，再次焊接。

3）问题描述（三）

程序在 FreeRTOS 系统中运行时序不确定，姿态控制定时周期时间随机。

解决过程以及办法：在 FreeRTOS 官网上学习例程和移植教程，要特别注意 TM4C1294 系列芯片采用的中断机制及 RTOS 的临界区规则不同，导致系统任务的优先级设置规则不同，该芯片的 16 位优先级控制寄存器内，仅有高 3 位是任务优先级位，并且最低优先级不能为 0，因为 0 数值在 RTOS 系统中默认为空闲任务的优先值。需学习系统任务优先级设置，更改任务的优先级。

17.4 遥控器板硬件设计

17.4.1 总体硬件设计

飞行器的总体硬件框图如图 17.29 所示，其中虚线框内为遥控器部分的硬件结构。

遥控器部分的主要功能如下。

（1）采集摇杆 ADC 的数据，以获取摇杆的进程；采集摇杆按钮的状态，用来控制遥控器 LCD 界面状态机的状态。

（2）通过 SPI 接口连接 NRF 通信模块与飞行器之间进行通信，将遥控器数据发送到飞行器端，并接收飞行器端的数据。

（3）使用 UART3 驱动串口屏，制作 UI 界面，实时显示飞行器回传数据的显示界面和调试参数的界面。

（4）通过 SPI 接口驱动 MicroSD 卡，存储参数与飞行数据。

遥控器采用小巧的 STM32F103C8T6 作为主控芯片，工作频率为 72MHz，足够对摇杆进行采样并发送控制信息，实现实时性较高的通信，同时外部接口数量较多且较为全面，可以与多个外设进行对接,芯片具有大容量的 Flash 内存,便于操作系统的运行,并且可以使用 Flash 模拟 EEPROM 进行数据的存取,实现更多的需要保护数据的存储功能。

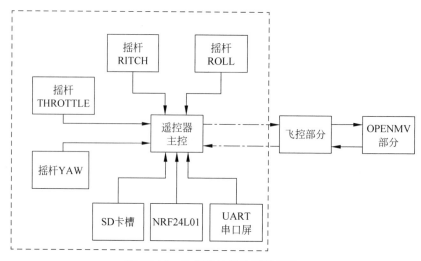

图 17.29　飞行器的总体硬件框图

除了主控芯片,还选择加入了几个外设以及模块来扩展遥控器的性能,分别是 NRF24L01 无线通信模块、MicroSD 卡槽以及 Usart GPU 串口屏。其中 NRF24L01 无线通信模块使用 SPI 接口驱动,用于遥控器与飞行器之间的通信,此模块工作于 2.4GHz 频段,并自带重发与校验功能,能够实现高速准确的全双工通信。MicroSD 卡是为以后的开发更多功能预留的,虽然主控芯片本身拥有大容量的 Flash 内存,但 SD 卡可扩展的存储空间远远超过主控芯片,为未来开发飞行器的航行记录仪和飞控在线 PID 调参做准备。Usart GPU 串口屏则用于操控者与飞行器的交互 UI 界面,操控者可在界面上查看到飞行器的回传数据、飞行参数、操纵摇杆数据、修改参数等,串口屏本身具有主控,刷新速度快并且功能封装齐全,故此串口屏的开发潜力巨大。

此外,为了增加遥控器的续航能力,使用了 3S(7.4V)锂电池,并在电路中增加多块 AMS1117 电源芯片,为遥控器提供足够大的电流,为了放置电池以及遥控器的操作手感,使用 3D 打印技术制作外壳。

硬件系统主要包括主控芯片最小系统、无线控制接收模块、供电系统、MicroSD 卡槽、串口屏、摇杆电路等几个部分,见图 17.30。各部分的主要功能介绍如下。

(1)主控芯片是核心部分,起到协调控制各个外设以及数据计算处理的作用。

(2)无线控制接收系统用于与飞行器通信并进行远程操作。

(3)供电系统为整个系统提供电能,稳压芯片将电压控制在适合芯片工作的电压范围,并且使用了独立 5V 芯片提供足够的电流驱动 LCD 屏。

(4)MicroSD 卡槽用来驱动 MicroSD 卡为未来开发记录数据功能做准备。

(5)串口屏是人机交互的重要组成部分,主要功能是为操作人员提供可视化界面,显示飞行器的姿态、高度以及偏移量等数据,并配合进行修改参数操作。

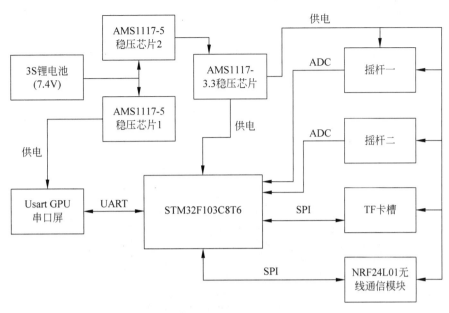

图 17.30 遥控器设计框图

17.4.2 器件选型

1. 处理器选型

遥控器板处理器是此系统中最重要的核心部分。处理器负责读取各个按钮与摇杆的状态来获取操作者的操作指令,并且控制无线通信模块与飞行器进行通信,将摇杆的控制数据传给飞行器,同时接收飞行器回传的 PITCH、ROLL、YAW 等姿态数据以及高度数据,同时操控 LCD 屏幕以波形图的形式显示相关动态数据,并操控屏幕获取飞行器的 PID 数据后,使用摇杆进行 PID 参数修改再回传给飞行器。除此之外还有驱动 MicroSD 卡进行数据写入与读取。因此处理器需要满足以下要求。

(1) 3.3V 供电,各 I/O 口电压 3.3V。

(2) 至少 2 个 UART 接口。

(3) 至少 2 个 SPI 接口。

(4) 至少 4 路 ADC 转换。

(5) 最高工作频率不低于 72MHz。

(6) Flash 内存不低于 128KB。

基于上述考虑,本章设计的微型无人机系统的遥控器板选用意法半导体公司出产的 STM32F103C8T6 芯片作为遥控器板的处理器,如图 17.31 所示。

此芯片基于 ARM 32 位的 Cortex-M3CPU,为中等容量增强型芯片,有 64KB 的闪存程序储存器,并有 20K 字节的 SRAM。

芯片内置经过出厂调校的 8MHz 振荡器,CPU 频率 72MHz,两个 12 位模数转换器,多达 10 个转换范围为 0～

图 17.31 STM32F103C8T6

3.6V的输入通道,只需 1 μs 转换时间。支持 USB、CAN、SPI、I^{2}C 和 USART 通信接口。37 个快速 I/O 端口,几乎所有端口都可容忍到 5V 信号。支持 SWD 单线调试和 JTAG 接口。通信接口共有 9 个,2 个 I^{2}C、3 个 USART、2 个 SPI、一个 CAN 和一个 USB 2.0 全速接口。

2. 屏幕选型

UART 串口在单片机中是最普遍的一种接口,几乎所有单片机都支持,串口开发在单片机开发中作为一种基础中的基础,具有非常广泛的资料普及度和用户基础。屏幕实物如图 17.32 所示。

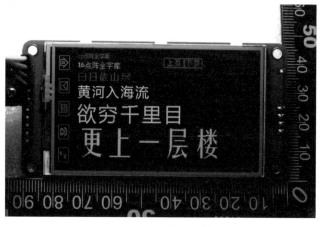

图 17.32　屏幕实物

本系统中遥控器板配用屏幕为 UsartGPU 的串口屏,型号为 GPU28CTP。

分辨率为 400×240 像素,主板尺寸为 90mm×45mm,是一款支持触摸、支持曲线、背光调整,还支持终端显示的全功能产品,主要性能如下。

(1) 模块尺寸:90mm×45mm。

(2) 分辨率:400×240 像素。

(3) 工作电压:5V。

(4) 通信电压:3.3V。

(5) 接口方式:UART(波特率:115 200)。

3. 通信模块选型

NRF24L01P2.4G 模块在四旋翼无人机通信方面使用颇多,具有较好的性能和工作稳定性。考虑到外部拔插接口容易松动,因此本设计采用贴片封装的 NRF24L01 模块。

17.4.3　硬件电路设计

本硬件电路设计需要注意以下 5 点。

(1) 因 PCB 板安装在 3D 打印的外壳上,故元器件尽量全部放置在顶层,方便调试。

(2) 因遥控器拿在手上操作,会有晃动,故将 NRF24L01 模块直接焊在板上,而不用接插件插拔模块,增加通信可靠性。另外,布线时 NRF24L01 模块的天线周围不放置元器件和敷铜(包括底层),以免引起不必要的干扰。

(3) LCD 屏的四角用立柱支撑安装,屏下可留给 PCB 板放置元器件和布线使用。PCB

板四周留出与 3D 打印外壳衔接安装的固定孔。

（4）电池以插拔方式安置在 PCB 板与 3D 打印外壳之间的夹层里，电池与 PCB 板接口用插头连接便于取下充电，接口处布线要足够宽以通过足够大的电流。

（5）在摇杆下安排一键降落按钮，以便发生紧急情况时容易操作飞行器降落。

1. 外设模块电路设计

如图 17.33 所示的 SPI 接口用来焊接 NRF24L01 无线通信模块，从而实现遥控器板与飞行器的无线数据传输。NRF24L01 无线模块的传输速度最大可以达到 2Mbps，传输信号距离最远可达 30m。

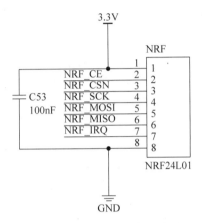

图 17.33　NRF24L01 接口电路

SPI(Serial Peripheral Interface)串行外设接口是早年间由摩托罗拉公司提出的一种同步串行数据传输标准，被广泛使用在很多器件中。

SPI 接口也被称为 4 线串行接口，是一种高速全双工的通信总线，以主/从方式工作，其中数据传输的过程由主机来初始化。4 条串行线分别如下。

- SCLK：主机提供的串行时钟，用来对数据传输进行同步。
- MOSI：主机输出从机输入数据线。
- MISO：主机输入从机输出数据线。
- SS：模块片选线，由主机输出，低电平时有效。

同一时刻，在一个 SPI 总线上可以出现多个从机，但只能有一个主机，主机通过拉高或拉低片选线来选定要通信的从机，这就要求从机的 MISO 口具有三态特性使未被选通时该口线为高阻态。

如图 17.34 所示的 SDCARD-M 为 MicroSD 卡接口，该接口安排在遥控器板的下方板边缘的位置，方便 MicroSD 卡的插拔。

MicroSD 卡采用 4 线 SPI 方式驱动，比较适合高速存储。其中 R31、R32、R33 为上拉电阻，C66 为退耦电容，防止电源部分的纹波对 MicroSD 卡正常工作造成影响。

蜂鸣器驱动电路使用一个三极管组成开关电路，以控制蜂鸣器电源的接通，如图 17.35 所示。图中 BEEP1 为有源蜂鸣器，有源蜂鸣器指的是内部自带振荡电路的蜂鸣器，一接上电就会自己振荡发声。图中的 Q1 是用来扩流驱动的。BEEP 信号直接接在 MCU 的一个 I/O 口上，此 I/O 口可以用 PWM 输出控制其发出不同的声音。蜂鸣器在遥控器上起到提示和报警的作用。

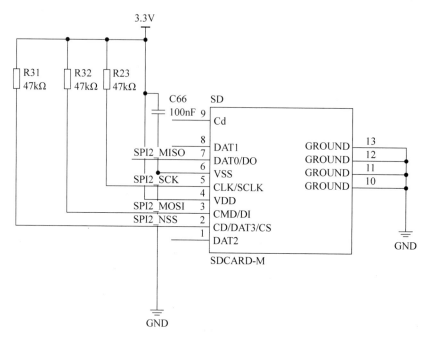

图 17.34　MicroSD 卡驱动电路

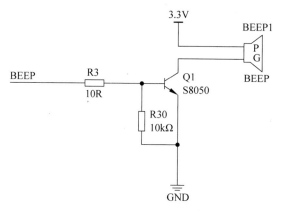

图 17.35　蜂鸣器驱动电路

图 17.36 为遥控器板所用的摇杆器件的原理图,每个遥感器件内部均有两套滑动变阻器,通过两路 ADC 来采集滑变电阻采样点的电压,从而判断摇杆的进程位置。

2. 电源管理模块电路设计

遥控器板的电源模块基本需求如下。

(1) 遥控器所用的 UsartGPU 串口屏是使用 5V 电压供电,锂电池 7.4V 经过 AMS1117-5V 模块线性降压输出 5V,独立供串口屏使用。

(2) 使用另一片 AMS1117-5V 转换为 5V 电压,再经过 AMS1117-3.3 转换成 3.3V,用于供给主控芯片、摇杆 ADC、烧录口、MICROSD 卡槽、NRF24L01 无线通信模块等。AMS1117-3.3 稳压电路如图 17.37 所示。

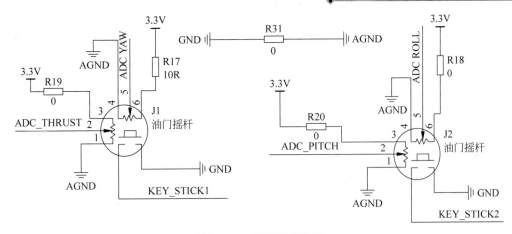

图 17.36 摇杆驱动电路

（3）经过一个单刀双掷控制电源开关，使用一个分压电路采集电池电量送入 MCU 的 ADC 采样口，如图 17.38 所示。

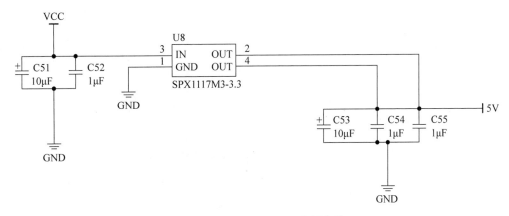

图 17.37 AMS1117-3.3 稳压电路

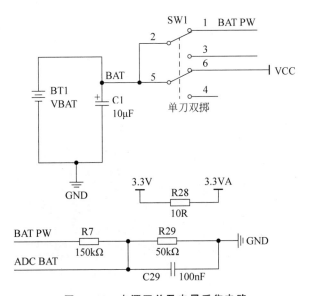

图 17.38 电源开关及电量采集电路

17.4.4 PCB 布局排版及注意事项

1. PCB 布局

遥控器 PCB 制作的布局一般需要注意以下几点。

（1）PCB 板的外形及大小要设计成适合用双手把握住进行操控，摇杆的位置适合双手大拇指的放置。

（2）为避免干扰，应将射频的无线通信模块（NRF24L01）放置在 PCB 板的上边缘一角，为了防止信号的衰弱以及模块贴紧板面焊接短路，模块下方设置免敷铜区。

（3）按照电路信号的工作时序，合理安排各个功能电路单位的顺序位置，尽可能使布局便于信号的顺畅流通。以核心器件为中心，元器件应该均匀、整齐、紧凑地排列。

（4）输入输出端使用的导线应该最好不要相邻平行，以免发生反馈耦合。

（5）布线线宽主要取决于导线通过的电流大小，线拐弯处一般用 45°折线。在布置电源线和地线时，应该尽可能地使用宽线，宽度一般应达 2～3mm。

（6）尽量垂直布置 PCB 板两层的线，以防相互干扰。

2. PCB 设计图

图 17.39 是 PCB 顶层布局图，图 17.40 是 PCB 底层设计图，图 17.41 是 PCB 仿真图。

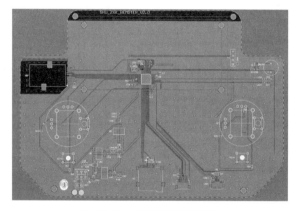

图 17.39　PCB 顶层布局图

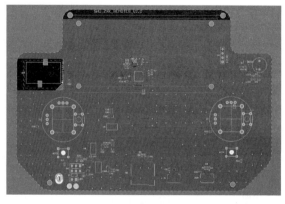

图 17.40　PCB 底层设计图

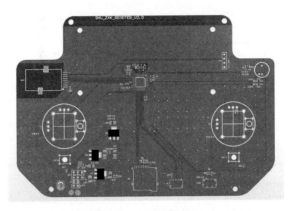

图 17.41　PCB 仿真图

17.5　遥控器板软件设计

17.5.1　总体软件设计

遥控器软件设计的对象主要有两个：一是使用 STM32F103C8T6 作为处理器的遥控器主控程序，绝大部分功能都在此部分完成；二是使用 GPUMaker 对串口屏自带的处理器进行编程。使用的编译环境为 Keil5，使用 C 语言进行编程。

遥控器主控的主要基础功能如下。

（1）通过 4 路 ADC 采集两个摇杆上 4 个滑动变阻器产生的电压值，从而获取摇杆的行程位置。

（2）通过 2 个 I/O 口采集 2 个为屏幕操作使用的摇杆按钮状态。

（3）通过 SPI 4 线驱动无线通信模块 NRF24L01，实现高实时性与准确度的通信。

（4）通过 USART 串口实现与屏幕之间的通信。

（5）通过 SPI 接口实现 MicroSD 卡的数据写入与读出。

（6）为实现上述基础功能搭建一个运行流畅的 FreeRTOS 操作系统。

总体软件设计流程图如图 17.42 所示。

串口屏的主控为 STM32F0 系列的芯片，厂商已经在芯片中内置了一个串口屏的固件，可以连接计算机进行顶层开发，计算机上运行 GPUMaker 软件。其功能齐全，支持许多格式的字体、图片及各种组件（曲线、界面、按钮）的使用。屏幕程序流程图如图 17.43 所示。

其主要的基础功能如下。

（1）根据遥控器板的指令进行相应的显示字符串操作。

（2）根据遥控器板的指令进行相应的图片显示。

（3）根据遥控器板的指令调用曲线指令，实现回传数据的实时显示。

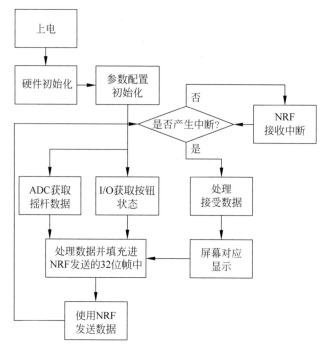

图 17.42　总体软件设计流程图

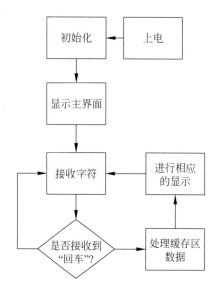

图 17.43　屏幕程序流程图

　　遥控器板主控程序编程加入开源的实时操作系统 FreeRTOS。实时操作系统能够同时支持多个任务运行且可以按照任务调度器的工作方式进行分类。FreeRTOS 属于实时操作系统的一种,FreeRTOS 在结构上十分精巧,可以运行在资源非常有限的微控制器中,当然,不局限于微控制器。但从文件数量上来看 FreeRTOS 要比 UCOS Ⅱ 和 UCOS Ⅲ 小得多。FreeRTOS 任务控制流程图如图 17.44 所示。

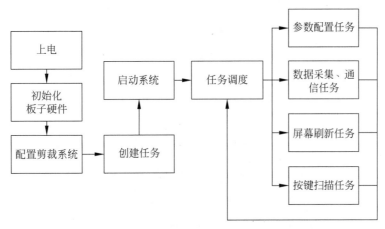

图 17.44　FreeRTOS 任务控制流程图

17.5.2　软件程序设计

这次软件编写使用的是 Keil 编译器,主要内容有主控时钟配置、摇杆配置、ADC、NRF24L01 驱动、屏幕的串口配置、MicroSD 卡驱动以及任务分配。

1. 时钟配置

在此次设计中使用了一个频率为 8MHz 的外部晶振,STM32F103C8T6 时钟树如图 17.45 所示。

通过选择宏定义 SYSCLK_FREQ_72MHz 来引导编译,倍频配置后,系统时钟的工作频率被设为 72MHz。每次开机时钟配置初始化时,会运行系统配置函数 SystemInit(),具体的函数调用顺序如下: startup_stm32f10x_hd.s(启动文件)→SystemInit()→SetSysClock()→SetSysClockTo72(),由于定义了 SYSCLK_FREQ_72MHz,因而在执行 SetSysClock()函数时,会选择进入 SetSysClockTo72()函数,以设置系统时钟为 72MHz。

以下汇编程序部分为 RESET 服务函数,其中有引导运行系统时钟配置函数。

```
Reset_Handler   PROC
                EXPORT  Reset_Handler           [WEAK]
                IMPORT  __main
                IMPORT  SystemInit
                LDR     R0, = SystemInit
                BLX     R0
                LDR     R0, = __main
                BX      R0
        ENDP
```

FreeRTOS 系统时钟配置函数为 delay_init(),此函数作用是初始化延时函数以及操作系统时钟频率。根据 configTICK_RATE_HZ 设定溢出时间赋给 reload,reload 为 24 位寄存器,最大值为 16 777 216。其中:

```
SysTick -> CTRL| = SysTick_CTRL_TICKINT_Msk; //开启 SYSTICK 中断
SysTick -> LOAD = reload;                     //每 1/configTICK_RATE_HZ 秒中断一次
SysTick -> CTRL| = SysTick_CTRL_ENABLE_Msk; //开启 SYSTICK
```

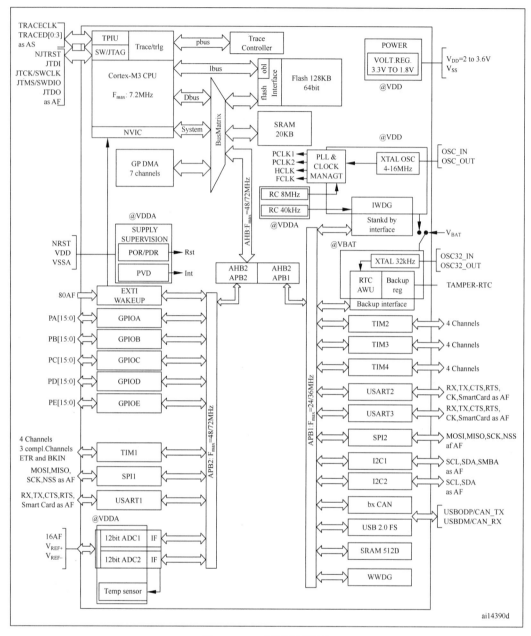

图 17.45 时钟树配置图

　　最终将板子的系统时钟设置为 72MHz,将 FreeRTOS 的时钟设置为 1000Hz。

2. USART 接口配置

　　USART 接口是最为常用的数据接口之一,配置过程简单,使用极为方便。该接口使用 TX 和 RX 两条线进行通信,配置的主要参数就是接口波特率。使用 USART 接口需要先进行其 I/O 口的配置,再进行 USART 口的专门配置。USART_InitStructure 为配置的结构体,在这里为了对接屏幕,USART_BaudRate 波特率设为 115 200,接下来是设置 USART_WordLength 字长 8 位、USART_StopBits 停止位 1 位、USART_Parity 奇偶校验设置成无奇偶校验位、USART_Mode 使能工作模式为接收和发送等内容。

配置好后的 USART3 接口,使用以下函数发出不同的字节来控制串口屏的显示:

```
USART3_PutStr_Noenter(char * str);     //不含换行符
USART3_PutStr_Withenter(char * str);   //含换行符
```

由于串口屏拥有缓冲区,在接收到换行字符后才会执行,故可以一次传输多条指令,最后一条再加上换行符。

3. NRF 模块以及 SPI 接口配置

SPI 接口是使用比较多的一种接口,通常用在数据量大、速度要求比较快的通信中。SPI 的常用的 4 条线分别是 MOSI(主输出从输入)、MISO(主输入从输出)、NCS(片选端口)、SCK(时钟引脚,主芯片输出给模块)。

在本次设计中主要使用在 NRF24L01 模块与主控芯片的连接。NRF24L01 的 SPI 接口最高速率为 10MHz,实际使用按照其空中传输速率 2MHz 通信。图 17.46 是 NRF 的工作流程图。

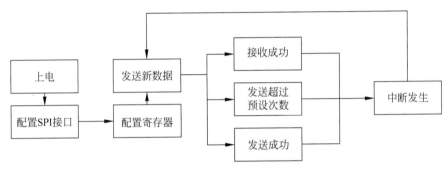

图 17.46　NRF 的工作流程图

SPI 配置具体的配置如下:工作模式设置成双线全双工模式,本机为主模式,一个字符数据长度为 8 位,空闲时为低电平,第一个边沿有效,时钟上升沿采样,NCS 配置成 SPI_NSS_SOFT,最后加函数 SPI_Init(SPI1,&SPI_InitStructure)完成初始化。因 NCS 设置为软件控制片选,这里对应要求设置相应 I/O 口为上拉输出模式。SPI 接口波形示意图如图 17.47 所示。

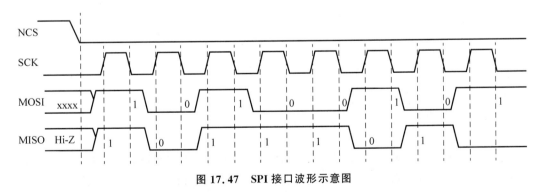

图 17.47　SPI 接口波形示意图

此处需要讲解一下通信的模式,NRF 器件的引脚 8 为输出的外部中断引脚,在以下 3

种情况下会发生中断。

(1) 收到应答发送成功。

(2) 发送无应答后进行多次重发达到最大重发次数后仍无应答。

(3) 成功接收到数据。

故此处通信处理器需要启用一个外部中断来处理数据,选择中断引脚 PC13,

```
GPIO_EXTILineConfig(GPIO_PortSourceGPIOC,GPIO_PinSource13);
```

选择中断通路 EXTI_Line13,并通过设置 EXTI_Trigger_Falling 为中断下降沿触发,初始化好后便可进入设置好的中断服务函数。

初始化 NRF24L01 除了设置 SPI 还有配置模块内部的一些寄存器,配置时需要将片选引脚拉低(NRF_CE_LOW()),等到配置结束后再拉高(NRF_CE_HIGH())。

具体配置主要流程:定义地址长度,设置频道号码,设置发送参数(0dB 增益,2Mbps 速度,并开启低噪声增益),设置通道零的自动应答(成功收到数据后会回传应答),使能并写入接收地址,设置重发时间间隔。重点讲解以下几个步骤。

```
SPI_NRF_WriteReg(NRF_WRITE_REG + RF_CH,CHANAL);
```

设置 RF 通道号为 CHANNAL,根据频道设置不同射频频率,范围为 2.400GHz～2.525GHz,每个频道占用的带宽小于 1M,在调试过程中发现过近的频道也会有串扰,所以,如果还有别人在同一个地方使用 NRF,尽可能把各自 NRF 器件的频道设置得间隔大一些。

```
SPI_NRF_WriteReg(NRF_WRITE_REG + EN_AA,0x01);
```

使能通道的自动应答,在成功收到数据后会回传一个应答。如果没有收到应答,就进行重发,在达到最大重发次数后将会拉高外部中断引脚表示发送失败。

程序初始化时还使用了一个函数用于检测 NRF24L01 与芯片连接是否完成,作为遥控器是否可以正常使用的判别,具体代码如下:

```
u8 NRF24L01_Check(void)
{
    u8 buf[5] = {0XA5,0XA5,0XA5,0XA5,0XA5};
    u8 i;
    SPI2_SetSpeed(SPI_BAUDRATEPRESCALER_16);
    NRF24L01_Write_Buf(NRF_WRITE_REG + TX_ADDR,buf,5);
    NRF24L01_Read_Buf(TX_ADDR,buf,5);
    for(i = 0;i < 5;i++){
        if(buf[i]!= 0XA5)break;}
    if(i!= 5){
        return 1;}
    else return 0;
}
```

这部分代码原理是程序通过 MOSI 端口写入 NRF24L01 的寄存器 5 个数据,数据都是 0XA5,之后再通过 MISO 端口读回相应寄存器的值,若 5 个值都是正确的,则判断 NRF 模块连接成功。

飞行器与遥控器的通信协议如表 17.3 所示。

表 17.3　NRF24L01 通信协议

帧位数	遥控器到飞行器	飞行器回传
1	BUFFERIN[0]遥感数据(throttle)	PITCH 姿态
2	BUFFERIN[1]遥感数据(yaw)	ROLL 姿态
3	BUFFERIN[2]遥感数据(pitch)	YAW 姿态
4	BUFFERIN[3]遥感数据(roll)	HEIGHT 高度
5	请求数据指令	偏移量 X 高位
6	修改参数指令	偏移量 X 低位
7	某种 PID	偏移量 Y 高位
8		偏移量 Y 低位
9	PITCH_trim	保留
10		保留
11	ROLL_trim	指令标志位
12		某种 PID
13		
14		PITCH_trim
15		
16		ROLL_trim
17		
18		修改命令完成应答 0X55

　　NRF24L01 上行帧(遥控器到飞行器)使用了 12 字节,下行帧(飞行器回传)使用了 18 字节。

　　1) 上行帧

　　前 4 位为摇杆的实时数据。为了实现遥控器加锁的功能在填充前 4 位时对一个代表锁状态的判断位 Lock_state 进行了判断,如果在解锁状态,就将 4 位遥控器指令赋值,如果在上锁状态,就将 bufferout[0]~bufferout[3]全部清零。

　　第 5 位是一个请求数据指令,代表遥控器端需要的数据类型,发送此位后飞行器端会回传相应的数据回来,分为 PID 参数与偏移量参数。此位设置了缓冲功能,设置了全局可以调用的结构体 send_adjust_state.request,在检测到请求数据操作时将此变量置位,此变量再赋给静态变量 request_flag,每次发送前填充第 5 位时候会取 request_flag 标志的值,在没有接收到飞行器应答信号前此位置不会被重置,这可以确保遥控器请求到数据。

　　第 6 位是修改参数命令,代表了想要修改的参数的类型。此位同请求数据指令一样设置了缓冲,确保在接收到应答后才会消除修改命令。根据将 send_adjust_state.PID_Change 置为不同的数来表示要修改的参数类型。

　　第 7、8 位为所要修改成的参数,根据不同的修改标志位,发送不同的修改数据。参数的传输使用了 int16 的数据类型进行传输,因 float 类型会占用 4 字节,故采用了转换方法,将 float 类型的数乘以 1000 后可以成功保留小数点后 3 位,再转换成 int16 类型的数,数据大小在 int16 可以表示的范围内。接收端接收该数据后只需要再除以 1000 并转换成 float 类型就可以准确地得到保留小数点后 3 位的单精度浮点数。

　　第 9~12 位是专门给飞行器姿态偏移量参数发送预留的位置。

2）下行帧

前 4 位为飞行器的姿态数据与高度，经过处理后分别按照 1 字节大小进行回传；后面 4 位为飞行器自定的坐标系在 X、Y 方向上的偏移量，每个方向的偏移量都是 2 字节；之后从第 11 位开始为指令标志位、PID 位以及 PITCH 与 ROLL 的偏移量；最后 1 字节是一个修改参数成功的回传应答标志位(0x55)。

4. 摇杆 ADC 配置

摇杆使用了 4 路 ADC 转换以得到摇杆的行程。初始化使用 DMA 通道传输的 ADC，初始化函数为 Adc_Init(void)，以下具体讲解。

DMA(Direct Memory Access，直接内存存取)传输是一种快速传送数据的机制。传输动作本身是由设置好参数的 DMA 控制器来执行和完成的。使用 DMA 高速对摇杆进行采样，不占用处理器过多的资源。完整的 DMA 传输过程必须包括 DMA 请求、DMA 响应、DMA 传输、DMA 结束 4 个步骤。此处将 ADC1 的内存地址设为传输起始地址，将 adc_value 的内存地址作为传输目的地址。

STM32F103C8T6 芯片的 12 位 ADC 是一种采样电压进行逐次逼近的模拟数字转换器。各通道的 A/D 转换可以使用单次模式、连续模式、扫描模式或间断模式执行。ADC 的结果可以按照左对齐或右对齐的方式存储在 16 位的数据寄存器中。模拟看门狗的特性能够允许应用程序检测其输入电压是否会超出用户设定的高/低阈值。ADC 时钟图如图 17.48 所示。

以下对挑选部分 ADC 的配置进行简单讲解。

```
ADC_Cmd(ADC1,ENABLE);            //使能设定好的 ADC1
ADC_DMACmd(ADC1,ENABLE);         //使能指定的 ADC1 DMA
```

ADC 最大频率不能超过 14MHz，调用 RCC_ADCCLKConfig(RCC_PCLK2_Div6) 设置 ADC 分频因子，则 ADC 时钟 72MHz/6＝12MHz。

被采样电平可能有干扰，需对采样值作均值滤波，只要多次采集取平均值即可，设采样次数 64 次，一个通道转换一次耗时 $21\mu s$，4 个通道计算得出总共使用时间：

$$4\times21\times ADC\_SAMPLE\_NUM(64)＝5.4ms$$

5. MicroSD 卡驱动

T-Flash 卡是市面上最小的闪存卡，适用于多项多媒体应用。MicroSD 卡产品采用 SD 架构设计而成，SD 协会于 2004 年年底正式将其更名为 MicroSD，已成为 SD 产品中的一员。MicroSD 卡驱动方式有 SD 与 SPI 两种，两种方式在卡上引脚的排列也不同，MicroSD 卡引脚定义见图 17.49。

初始化 MICROSD 卡的步骤如下。

选择使用 SPI 接口驱动。先将 SPI 的速度设置成较低值(速度不超过 400kHz)，待初始化结束后再将 SPI 的速度提高。

设置 SPI 函数是 SPI_ControlLine()(注意此处为低速设置，初始化后需重新设置速度)，拉低片选引脚 SPI2_CS_L()选中此卡，运行足够的循环时钟等待卡上电稳定，发送至少 72 个脉冲，让 SD 卡本身初始化完成，代码如下：

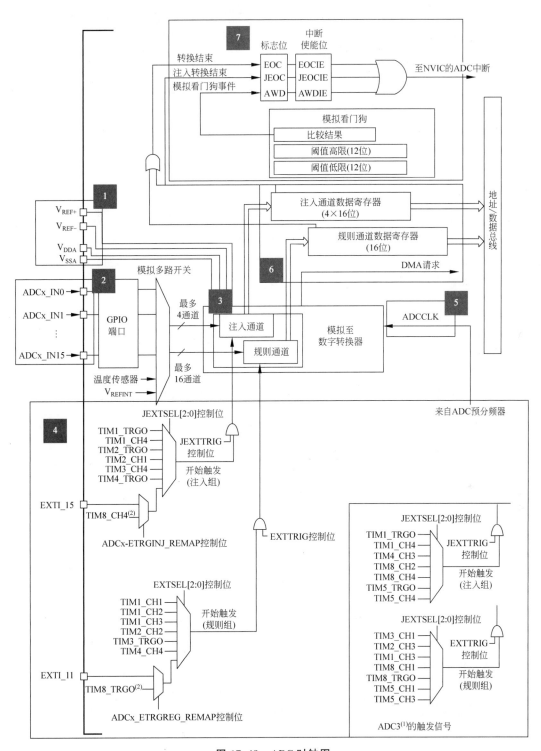

图 17.48　ADC 时钟图

Pin	SD	SPI
1	DAT2	X
2	CD/DAT3	CS
3	CMD	DI
4	VDD	VDD
5	CLK	SCLK
6	VSS	VSS
7	DAT0	DO
8	DAT1	X

图 17.49　MicroSD 卡引脚定义

```
For(i = 0;i < 0xf00;i++);
For(i = 0;i < 10;i++)
{
  SPI_SD_RWByte(SPI2,0xff);
}
```

发送 CMD0 命令将卡复位到 idle 状态。

```
SD_SendCommand(CMD0,0,0x95);
```

成功后发送 CMD8 命令获取卡的版本信息,之后卡回传 4 字节的数据。

```
SD_SendCommand(CMD8,0x1aa,0x87);
```

经过 8 个时钟后发送 CMD55+ACMD41 初始化,返回 0x01 代表成功。

```
SD_SendCommand(CMD55,0,0);
```

之后使用 CMD58 指令获取 OCR 信息,卡的初始化就完成了。

```
SD_SendCommand_NoDeassert(CMD58,0,0);
```

6. 任务分配

FreeRTOS 最开始创建的开始任务在创建完 4 个任务后将自己删除。

```
void startTask(void * param);        //创建的开始任务
```

剩下的 4 个任务承担了遥控器所有的功能职责。

（1）xTaskCreate(commanderTask,"COMMANDER",100,NULL,4,NULL);

创建飞控指令发送任务:此任务主要工作是维持遥控器与飞行器之间的通信,以及计算来往的数据,接收飞行器回传的数据并将它们送到记录显示部分,根据操作者的操作来设置发送帧的数据并将其发送出去,此任务优先级为 4,是优先级最高的任务。

（2）xTaskCreate(keyTask,"BUTTON_SCAN",100,NULL,3,NULL);

创建按键扫描任务:此任务主要工作是定时扫描遥控器上按钮的状态,优先级为 3,仅次于通信任务。

（3）xTaskCreate(displayTask,"DISPLAY",300,NULL,1,NULL);

创建显示任务:此任务的主要功能是运行显示功能,显示页面的状态机就放在此任务中,除了切换显示界面实时显示一些数据之外,根据操作者的操作查看数据、获取参数、修改参数等操作也在其中运行,以及捕捉遥控器摇杆按钮的操作做出相应的动作。

（4）xTaskCreate(configParamTask,"CONFIG_TASK",100,NULL,1,NULL);

创建参数配置任务:此任务主要功能是在遥控器初始化时对其进行参数配置,可设置修改芯片 Flash 中保存读取的一些重要数据,包括飞行器三轴偏移量、飞行模式、计算数据参数、各种 PID 参数、NRF 通道号等。

17.5.3　串口屏软件设计

界面友好的串口屏开发软件 GPUMaker,可以很方便地启用字库、图片、控件等一系列功能。GPUMaker 启动界面如图 17.50 所示。图 17.51 是串口屏配置界面。

图 17.50　串口屏开发软件启动界面　　　　图 17.51　串口屏配置界面

串口屏操作主界面如图 17.52 所示,串口屏有一系列显示命令,此处不做过于详细的讲解,只挑选几个例子功能进行讲解。

文字显示、图片显示、曲线控件三部分是主要用到的部分。

文字显示语句的格式为:

DS12(0,0,'显示字符串',15);

其中,(0,0)为显示字符左上角的开始位置;15 为使用的颜色为白色;函数名中的数字 12 为字体的点阵大小。

图 17.52　串口屏操作主界面

图片显示需要先将所用的图片导入工程专用的文件夹 PIC,并且编号,之后使用对应函数进行调用即可,图片显示语句的格式为:

```
PIC(x1,y1,N);
```

其中,(x1,y1)为图片放置的位置;N 为图片的编号。

曲线控件的使用需要两种语句,第一种是创建曲线控件的语句:

```
DQX(x1,y1,xp,yn,xn,yp);
```

参数说明如下。

(x1,y1)——曲线显示位置的左上角坐标。

Xn——定义曲线横向有 xn 个格。

yn——定义曲线纵向有 yn 个格。

xp——定义曲线横向每格有 x 点宽。

yp——定义曲线纵向每格有 y 点高。

创建曲线界面后,使用第二种送入一个数据点语句:

```
Sn;
```

送入数据并刷新,其中 n 为曲线的数据点(0~255),如果曲线已经写满,将会全体向左平移,继续显示。

批界面指令:

```
SPG(批界面序号);
```

批界面指令使用前,先将批界面语句存入计算机数据库,单击"上传页面信息"就可以将批界面语句传入串口屏中。之后单片机只需要发送一个批界面命令 SPG(批界面序号),即可显示该界面,无须将大量复杂的 UI 单独语句都放置在单片机内存,再用串口传到串口屏。

17.6　遥控器板功能调试

17.6.1　预期功能

(1) 遥控器能通过摇杆控制飞行器飞行,左手是油门和偏航,右手控制俯仰和横滚动作。

(2) 遥控器能通过摇杆控制飞行器一键起飞,松开遥控器摇杆后,飞行器稳定在某个高度悬停,用摇杆能够控制飞行器上升或者下降一定高度。

(3) 能使用摇杆控制飞行器的开关锁状态,并且在屏幕上能明显地显示出锁状态,在关锁状态下,摇杆被锁定。

(4) 能实时显示飞行器的回传数据,包括三轴的姿态数据、高度和光流检测到的 X、Y 方向的偏移量,并以波形和数字两种形式同时实时动态显示。

(5) 能通过摇杆和按钮获取飞行器当前使用的几种 PID 参数,并显示在屏幕上查看,要求 PID 值精确到小数点后两位。

(6) 能操作摇杆与按钮实时修改屏幕上显示的 PID 参数值,通过长按按钮将改好的 PID 参数值发送给飞行器,飞行器应答后在屏幕上显示修改成功的字样。

(7) 遥控器有失联安全保护机制,在 NRF 通信中断一段时间后飞行器自动降落。

(8) MicroSD 卡能记录 PID 参数和存放飞行数据,并且 SD 卡里的数据可以读入计算机查阅及对飞行数据进行分析。

17.6.2　调试过程与问题

1. 遥控器板的功能调试

遥控器的程序调试包括对板子上各个器件的单独调试,其中有处理器核心电路部分的调试、NRF24L01 初始化、串口通信的调试、MicroSD 卡初始化。

处理器最小系统电路部分的调试要注意在 PCB 板制成并焊接芯片后,遥控器板主控需要预先烧录 BOOTLOADER 的引导程序,再烧录测试程序。有时为了验证是否是电源部分问题需外接飞线一块电源小板,加入供电电路后测试效果,图 17.53 为排除供电原因的飞线调试图。

遥控器通过运行通信任务和飞行器之间进行数据的发送接收,在中断中进行处理,从缓存区读取数据。为了减少信号传输的地线屏蔽、信号感应干扰以及防止贴面短路,NRF 射频贴片器件下面的双面 PCB 板都不敷铜,图 17.54 为 NRF 焊接图。

驱动串口屏启用了 USART3 串口,配置串口的 I/O 口、波特率、数据位、停止位,设置好接收中断,完成串口的初始化。测试串口使用 TTL 转 USB 模块的 CH340 模块连接计算机,处理器连接 JLINK 调试工具通过设置断点和单步运行串口发送和接收程序,计算机端运行串口调试助手软件验证处理器的串口程序的发送和接收功能工作是否正常。

图 17.53　飞线调试图　　　　　　　　　　　　图 17.54　NRF 焊接图

　　排查 MicroSD 卡套上接线的问题时,如怀疑引脚接线有问题可通过飞线(见图 17.55)来验证。用万用表检查每根线都连接良好后,MicroSD 卡放入卡槽,设置断点运行程序如能成功初始化 MicroSD 卡,并且写入数据后断电重新读出了相应的数据,MicroSD 卡 SPI驱动的硬件和程序才验证完成。

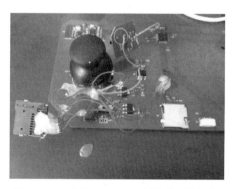

图 17.55　验证 MicroSD 卡驱动时的飞线

　　2. 串口屏调试

　　这部分调试分成两步:一是使用遥控处理器连接 TTL 转 USB 的 CH340 模块与计算机上的串口调试助手进行通信,验证遥控处理器的串口是否可用;二是将串口屏通过 TTL转 USB 的 CH340 模块与计算机上的串口调试助手进行通信调试。

　　第一种方法验证了遥控处理器发出的字符串完全正确,并且能够正常接收数据帧。

　　第二种方法成功验证了串口屏的好坏,以及输入相应的字符串后串口屏对应的响应是否都正常。

　　特别注意在调试显示批界面时,与普通的单语句执行占用的时间有一定差异,如果不加延时,会看到在切换批界面时出现批界面显示不全的情况,这时在每一个批界面后面加200ms 的延时等待,这个时间足够完整地显示出批界面。

3. 遥控器和飞行器联合调试

在 NRF 调试成功后,下一步要将遥控器的摇杆数据放入发送数组,并及时处理接收数组中对应的数据,将飞行器姿态数据显示在串口屏上,图 17.56 为飞行器姿态曲线查看界面。

为了防止遥控器的误操作,在遥控器中加入了锁定的功能(解锁见图 17.57、上锁见图 17.58),屏幕上会显示当前锁状态的字样和图标,在飞行器的飞控板程序里加入了一个检测 NRF 连接的机制,一旦与遥控器连接中断,一个计数器就开始递减,递减到零后仍然未连接,就会启动飞行器自动降落程序。

如果数据受到干扰在请求后却没有收到对应的数据,就继续发送请求数据指令,直到收到正确的数据为止,获取参数后的参数显示界面如图 17.59 所示。

图 17.56　飞行器姿态曲线查看界面

图 17.57　串口屏解锁界面

图 17.58　串口屏上锁界面

图 17.59　获取参数后的参数显示界面

同理,在遥控器发送 PID 修改参数命令时也会碰到通信不畅,故在飞行器的回传帧中加入了一位接收应答位,修改成功后此应答位会置为 0x55,遥控器收到 0x55 代表发送的参数已经收到,在屏上显示 PID 参数修改成功的提示。

17.7　图像处理板硬件设计

17.7.1　控制系统整体设计

系统主要涉及两部分的设计：图像处理板的软硬件和手机 App 的软件。

飞控板与图像处理板之间采用串口通信，传输姿态数据俯仰角、横滚角、偏航角、高度数据和图像识别坐标，传达手机发送的控制信息。

图像处理板与手机端的数据传输方式为无线 WiFi，在不使用路由器的前提下，以手机创建 AP 热点。图像处理板的 WiFi 模块在初始化之后会自动链接至手机热点，并监听 Socket 端口，手机连接至图像处理板的 TCP 服务器端口建立握手连接后，双方就可以互相发送数据。整体框图如图 17.60 所示。

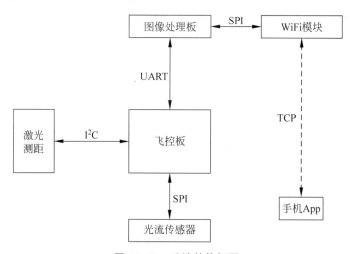

图 17.60　系统整体框图

飞行器系统硬件由飞行控制部分和图像处理部分组成。各部分之间的通信方式如图 17.60 中连接线所示，通信协议在后文的软件设计中会详细解释。

手机部分作为与操作者的人机交互部分，作用是显示飞行器回传数据和发送控制指令。图像处理电路板部分具备图像识别功能，提供 OpenMV 齐全的 Micro Python 图像处理函数，通过组合实现各种特殊图像的识别和定位，识别到的物体位置信息可通过串口通信发送到飞行控制板，用于在目标物体上方的定点悬停。同时图像处理板能够通过无线 WiFi 模块与手机通信，将数据汇总发送到手机端，又将手机发来的数据转发到飞控板端。

17.7.2　图像处理板电路设计

1. 图像处理板整体设计

图像处理板模块部分除通信端口外，还需要有蜂鸣器、激光笔、摄像头 FPC 连接器、WiFi 通信模块。主控采用 STM32F765 处理器，蜂鸣器和激光笔用来声光交互。摄像头 FPC 连接器可以连接更换不同型号的摄像头，实际使用中根据用途往往需要不同的摄像头模组，例如室内用短焦、室外用长焦或者鱼眼广角镜头。WiFi 模块用于提供与手机通信的无线连接,为组网提供硬件支持。

图像处理板的硬件整体结构设计如图17.61所示。主控芯片与WiFi模块以SPI相连,UART串口用于与飞控相连,I/O口与激光笔、蜂鸣器相连,DCMI接口与摄像头OV7725相连。设计中综合考虑整体布局的模块距离和电气稳定性,考虑电源模块的构图布局和电源芯片选型。

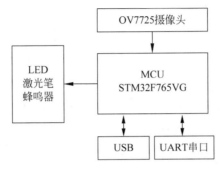

图17.61　图像处理板硬件框图

2. 处理器选型

主控芯片的选择上需要具备以下性能要求。

(1) 3.3V供电,各I/O口电压3.3V。

(2) 至少一个SPI接口。

(3) 至少具有一个UART/USART的通信接口。

(4) 至少具有一个USB调试接口。

(5) 至少具有一个DCMI摄像头接口。

(6) 最高工作频率不低于160MHz。

(7) Flash内存不低于1024KB。

综上考虑以上的性能要求,选择ARM公司的Cortex-M7内核的STM32F765ZIT6芯片,216MHz的工作频率,2MB的Flash内存。外部接口也非常丰富,具有CAN总线、I^2C、SPI、UART/USART、USB OTG等常用通信方式。STM32F765ZIT6封装图如图17.62所示。

图17.62　STM32F765ZIT6封装图

3. 电源电路设计

电源模块采用USB供电或外接5V供电,电源芯片使用SPX1117M3-3.3电源芯片,SPX1117的5V输入电压为USB输入的VCC电压或者外部提供的VIN输入电压,经过

SPX1117 的稳压芯片可以输出 3.3V 电压用于芯片和 WiFi 模块供电。输出放置一大一小电容进行滤波,如图 17.63 所示。

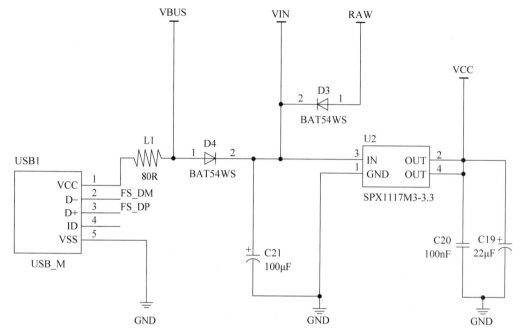

图 17.63 电源模块电路

4. 蜂鸣器和激光笔电路设计

蜂鸣器和激光笔采用 MOS 场效应管驱动。激光和蜂鸣器可以用来指示图像识别情况,若识别到目标蜂鸣器发出响声;当飞行器悬停在目标正上方时,发出激光打在目标上提示。该部分电路设计如图 17.64 所示。

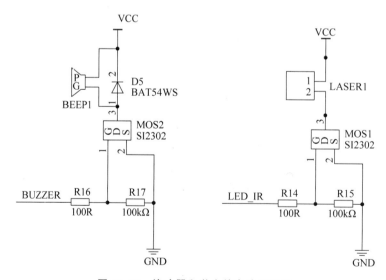

图 17.64 蜂鸣器和激光笔电路原理图

5. WiFi 模块选型

方案一是使用 ESP8266 无线串口模块,ESP8266 的低功耗模组对于无人机设备是非常有优势的。ESP8266 与图像处理板用串口 UART 通信,开发时使用 Arduino 的开发环境即可对其修改内部程序实现无线透传,也可以通过串口调试助手使用 AT 指令设置。电路设计上只需要绘制电源供电和串口部分即可,相对扩展较为简单,可实行性较高。ESP8266 模块如图 17.65 所示。

图 17.65　ESP8266 模块

方案二是使用国内开发的另一种 M8266 WiFi 模块。其基于乐鑫 ESP8266 芯片提供了一款基于 SPI 接口的高速 WiFi 模块,占用单片机资源较少。M8266 WiFi 模块如图 17.66 所示。

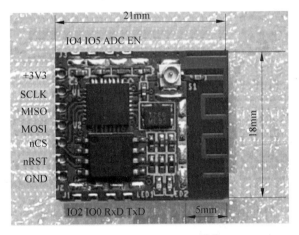

图 17.66　M8266 WiFi 模块

方案三是使用 FCC 认证的 ATWINC1500 WiFi 模组,它是通过 SPI 通信控制的扩展 WiFi 模块,可以有高达 48Mbps 速度的传输视频流。使用 Micro Python 的 BSD Socket 网络接口,通过 TCP/UDP 发送和接收数据,开发过程会变得相对简单,简化了开发流程和时间成本。WiFi 模块需要 3.3V 供电和一个 SPI 接口和两个使能接口,但 WiFi 模块功耗较高。ATWINC1500 模块如图 17.67 所示。

图 17.67　ATWINC1500 模块

根据 WiFi 模块原理图和接口说明,使用芯片的 SPI2 通信口,以及两个时钟频道作为模块的两个使能信号,设计出处理器与 WiFi 模块的接口电路图如图 17.68 所示。

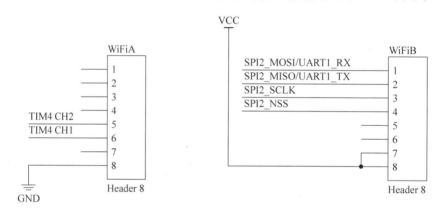

图 17.68　处理器与 WiFi 模快的接口电路图

在 PCB 绘制的过程中将两排引脚的间距严格按照模块的间距设计,后期的使用可实现即插即用,飞行器在完全自主飞行时,为节省功耗可以选择拔除 WiFi 模块不与手机通信。

6. 摄像头模块接口设计

OV7725 一般标配 3.6mm 镜头,也可以根据需要更换广角镜头、鱼眼镜头等,也可以安装红外滤光片,滤除杂光纠正色偏。OV7725 模块自带 FIFO 芯片,支持输出 RGB565、YUV、YCbCr 等输出数据格式。OV7725 摄像头如图 17.69 所示。也可选用更小更轻便的摄像头 OV7725FPC,如图 17.70 所示。

电路设计原理图如图 17.71 所示,单片机采用 DCMI 和 I^2C 的方式与摄像头连接。

DCMI 接口的 PCB 布线需要注意,原则上 DCMI 走线尽可能不走过孔,并且每根线尽量等长。各电容滤波尽可能靠近引脚,电源滤波先通过大电容再通过小电容。

图 17.69 OV7725 摄像头

图 17.70 OV7725FPC 摄像头

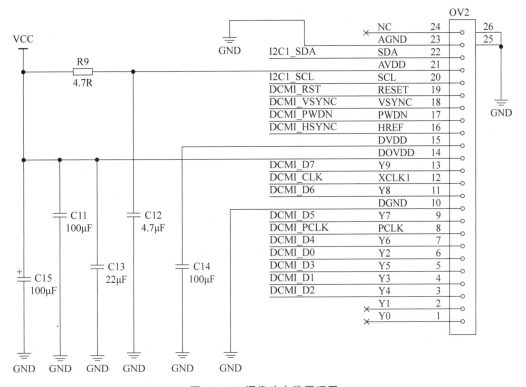

图 17.71 摄像头电路原理图

17.7.3 硬件电路 PCB 布局

PCB 设计如图 17.72 所示,板尺寸为 $4cm \times 4cm$,固定孔的间距为 $2.4cm \times 2.4cm$(匹配飞行器机架安装孔位)。留了蜂鸣器和激光笔的安装位置,两排 8 空排针是 WiFi 的插口,即插即用。通信接口除 WiFi 的 SPI 接口外还有一个串口,用于与飞行控制板通信。供电模式可以通过 USB 供电并可用于程序调试,或用 5V 外部直流供电,该外部供电由飞控板电路提供,而飞行控制板的电源则来自电调的 5V 输出。

图 17.72 图像处理板 PCB 图

17.8 图像处理板软件设计

17.8.1 固件烧录及开发环境

图像处理板第一次使用需要烧写固件。计算机预先安装 DFU 下载工具(DfuSe Demo v3.0.5),如图 17.73 所示。图像处理板通过 USB 与计算机相连。将电路板的 BOOT0 做上拉处理(用杜邦线或镊子短接上高电平),上电后进入 DFU 模式,插入 USB 后计算机会自动安装驱动,在成功烧写 DFU 固件后,单片机重启后即可与 IDE 连接。本设计使用 OpenMV IDE,该 IDE 可通过 USB 实时查看缓存区图像数据。

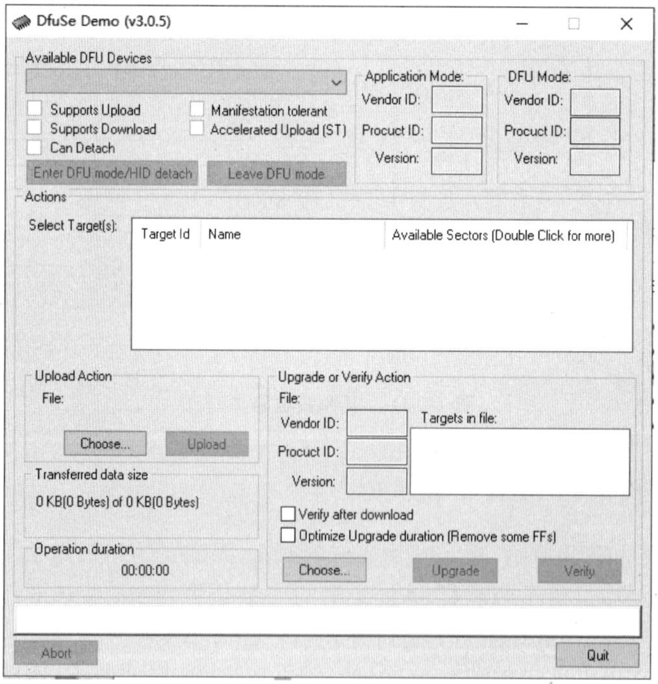

图 17.73 DfuSe 烧录器

17.8.2 软件主流程

图像处理板的软件主要流程如图 17.74 所示。

（1）初始化摄像头模块、WiFi 模块、激光笔、蜂鸣器模块、串口。

（2）Socket 服务器端口监听，等待连接端口。

（3）TCP 成功连接后，采集一帧图像。

（4）调用图像处理和目标识别函数，对图像进行识别和定位，转换为坐标信息。

（5）串口接收来自飞行器的姿态数据。

（6）Socket 发送图像数据帧头、发送图像、转发姿态数据、接收控制指令。

（7）串口发送图像识别坐标信息，转发来自手机的控制指令。

（8）回到步骤（3）采集图像。

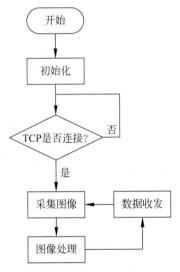

图 17.74 软件总体流程图

17.8.3 图像处理端 Socket 程序设计

图像处理板与手机端通信方式为 WiFi 无线连接，手机作为移动热点，图像处理板连接至手机 WiFi 热点后进行 TCP/IP 连接，图像处理板作为服务器端，手机作为客户端。端口号默认为 8080。Socket 的主要特点是使用简单而且容易被移植，数据丢失率较低。

Socket 建立连接主要分为以下 3 个步骤。

（1）服务器（Server）监听。Server 创建 Socket，将它绑定到一个 IP 和 Port 上，并设置为监听的模式，这时 Server 会实时地监听当前网络的连接状态，等待来自 Client 的连接请求。

（2）客户端（Client）请求。Client 创建 Socket，并对 Server 发送连接的 Request，为了连接 Server 端 Socket，Client 需要对连接的目标 Server 的 Socket 进行准确描述，包括 Server 的 IP 和 Port，这是 Client 向 Server 发送请求成功连接的前提。

（3）两者确认连接并通信。处于监听状态的 Server 的 Socket 监听到 Client 的连接请求时,会对其做出响应给 Client,表示已接收请求,随着 Client 对此确认,两者至此就建立起连接,可进行网络通信。此时,Server 的 Socket 仍然处于监听的状态来响应其他 Client 的连接请求。

启动 Socket 服务器的核心代码如下:

```
def MyWifi_init():
    print('connect wifi…')
    wlan = network.WINC()
    wlan.connect(SSID,key = KEY,security = wlan.WPA_PSK)
    print(wlan.ifconfig())
    s = usocket.socket(usocket.AF_INET,usocket.SOCK_STREAM)
    s.bind([ HOST,PORT ])
    s.listen(5)
print( 'Waiting for connections..')
    client,addr = s.accept()
    client.settimeout(None)
    return s
```

上述程序段流程如下。

(1) 初始化 WiFi 模块。

(2) 连接到手机 AP 热点。

(3) 打开 Socket 流并实例化,以服务器 Server 方式打开。

(4) 绑定端口号并监听端口,等待用户 Client 建立 TCP 连接。

(5) 接收 Client 的连接,设置为非阻塞模式。

在完成连接之后,在主循环的程序中要进行数据收发。首先指定收发格式和帧结构。图像处理板与手机相互传输数据的协议如表 17.4 和表 17.5 所示。发送数据帧头'data',下一步发送姿态数据,发送'Pict'表示下一步发送的数据为图像数据。相应的手机端编写接收状态机程序,按照帧头的字符信息的提示,使用不同的接收方式来接收图像处理板的数据。

由于 Micro Python 的 Socket 库经过了简化,会遇到数据阻塞的问题,尤其是在接收数据时使用 client.recv() 函数会遇到阻塞异常,所以将安卓端的发送线程与接收线程合并。当安卓手机接收到图像处理板发送的数据后,再向图像处理板发送控制指令,保证图像处理板的发送流程已经走完,缓存区的数据已经被使用清理,就不会发生阻塞的情况。手机双线程发送和接收会使图像处理的接收缓存区进入阻塞,导致系统大循环的速度急剧下降,识别帧率受到很大的影响,改成单线程后会有极大的改善。

表 17.4　发送数据属性

数据类型	变量名称	属　　性
String	'data'	表示姿态数据帧头
String	data_fly[]	内有姿态数据
String	'pict'	表示图像数据帧头
String	cframe	压缩图像

表 17.5　手机发送数据变量

数据类型	变量名称	属　　性
char	Recv[0]	0xaa 帧头
char	Recv[2]	0x55 帧头
char	Recv[3]	Pitch Control
char	Recv[4]	Roll Control
char	Recv[5]	Height Control

Socket 程序主要流程如下。

（1）发送'data'表示接着发送的是姿态数据。

（2）发送姿态数据 data_fly[]。

（3）发送'pict'表示接着发送的是图像数据。

（4）发送压缩图像数据 cframe。

（5）接收手机控制指令，并存储指令，转换数据类型，等待转送至串口。

删除了部分冗余程序段后的核心代码如下：

```
client.send('data')  #发送帧头
client.send(str(len(str(int(data_fly[ 0 ])))) + str(int(data_fly[ 0 ]))\
        + str(len(str(int(data_fly[ 1 ])))) + str(int(data_fly [ 1 ]))\
        + str(len(str(int(data_fly[ 2 ])))) + str(int(data_fly[2]))\
        + str(len(str(int(data_fly[ 3 ])))) + str(int(data_fly[3]))\
client.send('pict ')     #发送帧头
client.send(cframe)      #发送压缩图像数据
a = client.recv(7)       #接收指令
```

17.8.4　串口收发程序设计

设置串口波特率为 9600，8 个数据位和 1 个结束位，Micro Python 使用串口没有中断模式，只有查询串口缓存区是否可读。与 WiFi 的 Socket 协议相同，图像处理板要求飞控程序不可高速定时发送姿态数据，必须在图像处理板已经将上一个循环的姿态数据读取之后，才可再次发送姿态数据。保证在图像处理板软件完成一个程序循环时只接收到一组心跳包，这样就可以有效避免阻塞问题，更加稳定的运行。

核心代码如下：

```
def get_data_from_fly(data_fly):
    while(uart.any( )):
        uart_buf_get[ 0 ] = uart.readchar()
        if(uart_buf_get[ 0 ] == 0x80):      #帧头检测
            uart_buf_get[ 1 ] = uart.readchar()
            if uart_buf_get[ 1 ] == 0x70:   #帧头
                uart_buf_get[ 2 ] = uart.readchar()
                uart_buf_get[ 3 ] = uart.readchar()
                uart_buf_get[ 4 ] = uart.readchar()
```

```
                uart_buf_get[ 5 ] = uart.readchar()
                uart_buf_get[ 6 ] = uart.readchar()
                uart_buf_get[ 7 ] = uart.readchar()
                if uart_buf_get[ 7 ] == 0x60:♯帧尾
                    data_fly[ 0 ] = (uart_buf_get[ 2 ]) * 1.5 - 180
                    data_fly[ 1 ] = (uart_buf_get[ 3 ]) * 1.5 - 180
                    data_fly[ 2 ] = (uart_buf_get[ 4 ]) * 1.5 - 180
                    data_fly[ 3 ] = (uart_buf_get[ 5 ])
                    Break
                else:
                    break
            else:
                break
    return data_fly
```

以上程序核心流程如下。

（1）判断 UART 缓存区是否可读，如果 uart.any( ) 返回 1 则认为有新数据进入，若返回 0 则认为无可读的新数据跳出协议循环。

（2）判断第一位数据是否为表示帧头的 0x80，若是帧头，则判断第二个帧头数据，若不是帧头 0x80，则认为缓存区无正确可读数据存在，跳出协议程序主循环。

（3）与前一步类似比较第二帧头是否为 0x70，若是 0x70 则开始按顺序保存相应的接收数据，否则退出接收程序。

（4）校验帧尾数据是否等于 0x60，若是则认为接收数据为正确数据，将数据保存到相关变量 PITCH、ROLL、YAW、HEIGHT，以待发送至手机端 App。

17.8.5　激光笔蜂鸣器驱动程序设计

无人机需要设计作为人机交互的视觉听觉反馈，用来表示无人机图像处理的结果。例如当画面中出现目标物时，开启蜂鸣器回馈识别信息。当目标物出现在视野的正中心时，会点亮激光笔，光点如能照在目标物上则表示识别任务成功。

蜂鸣器程序写在 SHUMV_V2_0.py 文件中，复制到图像处理板的文件系统中即可使用 import 引入该类。可以方便快捷地调用，同样的原理可以实现几个指示灯的配置。可通过使用 buzzer.on() 和 buzzer.off() 来打开或关闭蜂鸣器，方便程序的使用和二次开发，也可按照这种开发流程添加自己的特定库文件，实现各种功能的开发。

以下是蜂鸣器和激光笔打开或关闭的端口定义：

```
from pyb import Pin
class Buzzer:
  def init(self):
    MyMapperDict = {'Buzzer'  :  Pin.cpu.E2}        ♯创建映射表
    Pin.dict(MyMapperDict )                         ♯载入映射表
    self.pin =   Pin('Buzzer',Pin.OUT_PP)           ♯设置为输出状态
  def on(self):                                      ♯开启函数
      self.pin.value(1)
  def  off(self):                                    ♯关闭函数
```

```
        self.pin.value(0)
class Laser:
    def init(self):
        MyMapperDict = {'Laser': Pin.cpu.C2}        # 创建映射表
        Pin.dict(MyMapperDict)                       # 载入映射表
        self.pin = Pin('Laser', Pin.OUT_PP)          # 设置为输出状态
    def on(self):                                    # 开启函数
        self.pin.value(1)
    def  off(self):                                  # 关闭函数
        self.pin.value(0)
```

17.8.6 图像识别程序设计

本设计意在搭建一个无人机视觉开发框架,在完成之前的硬件整体框架和通信部分都搭建调试完之后,需要编写一个图像识别的 demo 用于验证整个系统的可行性。该部分需要实现功能的代码如下:

```
def img_progress(img):
  for blob in img.find_blobs():
    if(0 < float(blob.h() / blob.w()) < 5):          # 判断长宽比是否符合规则
        if(0 < blob.density() < 1) :                  # 判断密度是否符合规则
            sum_x = blob.cx()                         # 保存坐标数据
            sum_y = blob.cy()
            img.draw_rectangle(blob.rect(), thickness = 200)   # 框选出目标物
            delta_x = int((sum_x - img.width()/2)/2)  # 除二处理,方便发送
            delta_y = int(sum_y - img.height()/2)
            target_position[0] = delta_x
            target_position[1] = delta_y
            if( - 20 < delta_x < 20 and - 20 < delta_y < 20):
                # 判断位置是否在正下方
                mybuzzer.on()                         # 打开蜂鸣器
                mylaser.on()                          # 打开激光笔
        else :
            mybuzzer.off()                            # 关闭蜂鸣器
            mylaser.off()                             # 关闭激光笔
            target_position[0] = 0
            target_position[1] = 0
  return
```

该部分核心代码的流程如下。

(1) 识别视野中的红色色块。

(2) 判断色块的密度是否符合预定规则。

(3) 判断长宽比是否符合规则。

(4) 将符合条件的目标用矩形框和中心十字标记。

（5）判断视野中色块的位置是否处于正下方。

（6）若处于视野正下方则点亮激光笔、开启蜂鸣器。

（7）若不是处于视野正下方则熄灭激光笔、关闭蜂鸣器。

对应的流程图如图 17.75 所示。

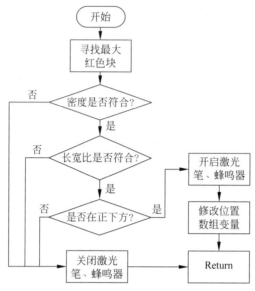

图 17.75　图像识别程序流程图

17.9　图像处理手机端软件设计

17.9.1　安卓开发环境搭建

开发手机 App 使用 Android Studio 开发软件。Android Studio 是谷歌推出的一个用于开发和调试 Android 集成开发工具。

在安装该开发环境时，安装 Java JDK，该 JDK 是 Java 开发的核心，内部包含了 Java 需要的运行环境、常用基础类库和各种工具。

安装完成后需要进行环境变量的配置，需要添加的环境变量如表 17.6 所示。

表 17.6　环境变量配置

变 量 名	变 量 值
JAVA_HOME	C:\Program Files\Java\jdk1.8.0_131
Path	%JAVA_HOME%\bin;
CLASSPATH	%JAVA_HOME%\lib\dt.jar;%JAVA_HOME%\lib\tools.jar

Java JDK 安装配置完成之后安装 Android Studio，安装结束在欢迎界面中打开 Android Studio 项目，如图 17.76 所示。

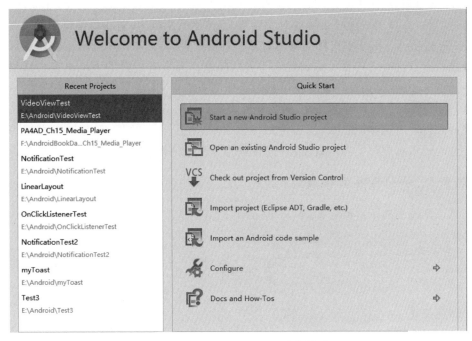

图 17.76 Android Studio 欢迎界面

17.9.2 手机 App 需求分析

手机 App 在进入运行界面后,输入服务器 IP 地址和端口,建立与图像处理板的 TCP 连接,以无线 WiFi 方式连接四旋翼飞行器,完成对四旋翼飞行器的飞行控制,能接收和查看无人机数据和图像处理板的图像识别数据信息。主要功能需求包含以下部分。

(1)控制飞行。利用手机 App 的屏幕触控操作,能够在前后左右和上下维度控制四旋翼无人机的飞行,或切换使用手机的陀螺仪重力传感器来实现同样的功能,丰富操作者的控制体验。

(2)实时显示姿态数据。通过手机 App 界面实时显示出飞行器的各种数据,用于查看飞行器上的传感器是否工作正常。

(3)实时查看图像识别结果。图像处理板将识别到的目标位置发送手机,手机在接收的图像上标出该位置信息,将图像识别结果可视化,可判断该环境下识别阈值是否需要重新调整。

根据上述需求相应地对系统性能也有一定的要求。

(1)实时性。由于需要手机 App 控制无人机飞行,所以整个控制按键和通信程序必须要求有低时延的特性。若程序出现卡顿和延时,则会出现短暂无人机失控的可能,所以必须要求传输的指令是实时的。

(2)可靠性。整个系统必须有较好的抗干扰能力,双向通信都必须是稳定可靠的,保证程序不会进入卡顿的 BUG 状态,所以在调试阶段,必须去除一切可能导致系统延时甚至崩溃的漏洞存在,通过足够多的测试能找出并消除潜在漏洞。

(3)简洁性。为了给使用者提供一个操作便捷的无人机控制器,必须保证界面是简单的，不可出现过多控件，考虑使用者可能在使用期间将目光锁定在无人机上，而无法确定手指的位置，所以在触摸按键时会触发振动反馈，且按键间距较大，防止误触带来的意外。

（4）可移植性。由于手机移动终端有很多种类型，屏幕大小以及分辨率都不相同，设计手机终端控制软件时一定要考虑到软件的移植问题。为了避免换了手机出现控件错位，界面乱序的情况，在定位控件位置时使用相对坐标而非绝对坐标。

（5）封装性。为了支持再开发，函数和流程的设计必须高度封装和简洁，方便二次开发者对代码进行修改或功能扩充，包括绘制参数波形、上传 PID 数据、保存图像数据等，所以很多定义的函数和类都要做函数封装，按照功能需求进行调用。

17.9.3 手机控制流程设计

手机控制应用的工作流程如图 17.77 所示。

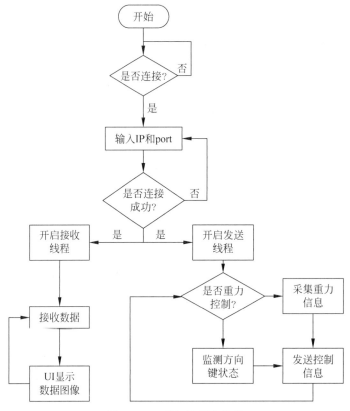

图 17.77 手机控制主流程

（1）进入程序，初始化欢迎界面，提示需要连接服务器。

（2）监测连接服务器按钮控件是否被按下，若是则跳转至输入 IP 和端口号的登录界面，若不是则继续监测控件状态。

（3）IP 和端口号输入，若可以连接并连接成功跳转至控制界面，则开始 Socket 服务，若 TCP 未连接成功，则显示连接失败，重新尝试连接。

（4）进入控制界面后，开启接收线程，接收并显示姿态数据，分别显示 Pitch、Roll、Yaw、Height 姿态数据。接收图像数据并显示图像，开启发送线程，发送控制数据。

（5）监测"重力控制"选择开关状态，若被勾选，则使能陀螺仪重力传感器，将角度信息赋给控制数据；若未被勾选，则监测控制按键状态。

（6）识别被按下的按钮，并修改对应的控制数据变量，监测高度控制进度条的位置和对应数据，将高度控制数据写入变量，用于发送至图像处理板，以控制飞行器飞行。

17.9.4　人机交互界面设计

1. 登录界面

在 App 软件开启后，在主界面输入图像处理板 IP 地址和端口号，按下连接服务器的按键，开始连接图像处理板的服务器 TCP 端口。实现本操作的前提是图像处理板已经完成初始化并连接至手机的无线热点，可通过安卓手机的热点配置查看连接设备的 IP 地址。

2. 控制界面

手机 App 在成功连接到图像处理板的服务器 TCP 端口后，就可以跳转至控制界面，控制界面包括多种控件，例如按钮控件、选择开关和进度条控件。对比传统的摇杆控制飞行器的遥控器，以天地飞遥控器为例子，遥控器包含左右摇杆两部分，左侧摇杆用于控制飞行的高度和偏航，右侧的摇杆用于控制飞行的横滚和俯仰。手机控制界面采用类似的控制模式，最左侧长进度条模拟左侧的高度摇杆，右侧的控制按键用于左右平移的控制，中间的图像部分用于显示图像回传信息，如图 17.78 所示。

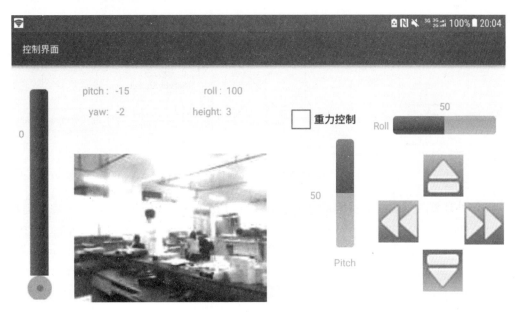

图 17.78　手机 UI 控制界面

下面分别依次介绍各部分的功能和使用方法。

（1）高度控制条。通过滑动可以锁定在 1～100 的数值，用于控制飞行器起飞、上升和下降。

（2）Pitch 值显示。用于显示飞行器反馈的 Pitch 姿态数值。

（3）Roll 值显示。用于显示飞行器反馈的 Roll 姿态数值。

（4）Yaw 值显示。用于显示飞行器反馈的 Yaw 姿态数值。

（5）Height 值显示。用于显示飞行器反馈的 Height 高度数值。

（6）图像显示。用于显示图像处理板的回传图像，并实时刷新。

（7）重力控制选择开关。用于使能陀螺仪重力传感器，非勾选的情况下，可使用右下角控制按钮控制。在被勾选的情况下，手机会使能陀螺仪传感器，并将实时角度信息保存，发送至图像处理板用于控制飞行，使操控者不必担心按键出错，更好地观察无人机的姿态和飞行方向。

（8）重力传感器 Pitch 显示条。用于显示重力传感器的 Pitch 角度信息。

（9）重力传感器 Roll 显示条。用于显示重力传感器的 Roll 角度信息。

（10）飞行控制按钮。触摸屏控制飞行器的前后左右，按下时会变成黄色，并且具有振动反馈。

17.9.5　手机端 Socket 通信

四旋翼飞行器的图像处理板与手机客户端之间的通信用 WiFi 的通信方式。手机本身的移动热点作为一个站点，一方面可以提供路由的功能，节省了 WiFi 路由器；另一方面，手机的移动热点可以供多个单片机连接，可以作为一个中心站点，为以后多个飞行器互相联通组网提供备用方案。Socket 通信模型如图 17.79 所示。

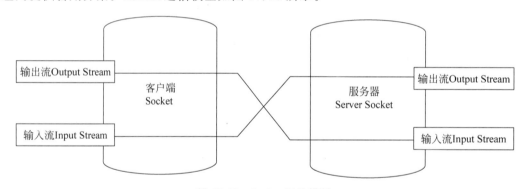

图 17.79　Socket 通信模型

图像处理板与手机终端系统是通过基于 TCP/IP 的 Socket 实现连接的，图像处理板是 Server，手机终端为 Client，Client 根据 Server 指定的 IP 和 Port 建立起 Socket 连接，从 Server 获取到输入流来读取姿态数据和图像信息，把姿态数值及图像显示在 Control 界面。Client 利用 Socket 连接到 Server 建立了 Socket 以后，程序就不会对 Server 和 Client 进行区分，而是直接通过两者的 Socket 进行通信。

下面梳理图像处理板的发送流程，如图 17.80 所示。

（1）发送'data'表示接下来发送的是姿态数据。

（2）发送姿态数据 data_fly[]。

（3）发送'pict'表示接下来发送的是图像数据。

（4）发送压缩图像数据 cframe。

相应的手机接收流程按照图像处理板的发送流程对应操作。

（1）判断输入流是否为空，若为空则进入下一次循环，若不为空则开始读数据。

（2）读取长度为 4 字节的字符串，判断为'data'还是'pict'。

（3）若是'pict'则将流中的数据,读取后使用 BitmapFactory. decodeStream()函数将数据流转化为 bitmap 格式,用于显示。

（4）若是'data'则按照格式读取 data 数据长度信息。

（5）根据上一步读取的长度信息,按照指定长度读取数据。

（6）UI 显示图像数据和姿态数据。

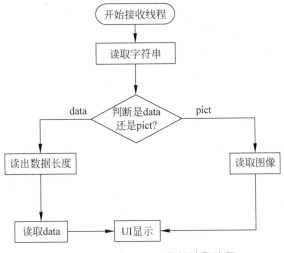

图 17.80 手机 Socket 数据读取流程

手机接收程序核心部分代码如下:

```
try{
        ins = socket.getInputStream();                    //接收图像
        if(ins != null){
                bis.read(buf,0,4);                        // 将 buf 转换为 String 字符串
                String type = new String(buf);
                if(type.equals("pict"))
                    { bitmap = BitmapFactory.decodeStream(bis);}    //解码为 bitmap
                else if(type.equals("data")){
                    bis.read(buf_len,0,1);
                    String pitch_len = new String(buf_len);
                    byte[]buf_pitch = new byte[pitch_len];
                    bis.read(buf_pitch,0,Integer.valueOf(pitch_len).intValue());
                        …
                        }
                }
```

17.9.6 重力传感器控制

安卓手机的传感器一般分为基于硬件的传感器和基于软件的传感器。基于硬件的传感器一般是通过一些物理组件来实现功能的,这些传感器需要通过测量指定的环境属性来获取相应的属性数据,例如,地磁场强度、重力加速度和方位角度信息的变化。而那些基于软件不依赖物理设备而模仿硬件的传感器,通常是通过其他一个或多个的硬件传感器来获取间接数据,并且在有些情况下会调用一些虚拟传感器和人工传感器等。例如,重力传感器和线性加速度传感器就是这种基于软件传感器的典型例子。

安卓平台支持的所有传感器类型都在 Android 的传感器类中,都是由 Sensor 类来表示。它属于 android.hardware 包下的类,从命名中可以看出是与硬件相关的类。而传感器的 API 不复杂,包含一个接口和 3 个类,它们分别是接口 SensorEventListener、类 Sensor、类 SensorManager、类 SensorEvent,可以根据安卓官方文档的简述分别解释一下这 4 个API 的用途。

(1) SensorEventListener。通过这个接口可以创建两个回调函数来监听传感器的事件通知,例如传感器的值出现变化。

(2) Sensor。用来创建一个指定特殊的传感器的实例,这个类提供的方法可以让使用者选择一个传感器的功能。

(3) SensorManager。可以通过这个类来创建一个传感器服务的实例,提供的各种方法可以访问传感器注册列表或获取方位信息、解除注册传感器事件监听等。

(4) SensorEvent。系统可以通过这个类来创建一个传感器的事件对象,提供了一个传感器的事件信息,包含原生的传感器数据、触发传感器的类型、数据的精度、事件类型以及事件被触发的时间等。

本设计代码中的关于重力传感器的核心代码如下:

```
SensorManager sensorManager ;                          //新建 sensor 的管理器
Sensor sensor ;                                        //传感器
float X_lateral ;                                      //X 方向角度
float Y_lateral;                                       //Y 方向角度
sensorManager = (SensorManager) getSystemService(SENSOR_SERVICE);
//获取手机里面的传感器
sensor = sensorManager.getDefaultSensor(Sensor.TYPE_ACCELEROMETER);
//选择获取重力传感器
sensorManager.registerListener(mySensorEventListener, sensor, SensorManager.SENSOR_DELAY_
GAME);         //监听函数,重力传感器对象,工作频率
SensorEventListener mySensorEventListener = new SensorEventListener() {
    public void onSensorChanged(SensorEvent event ) {
        if(event.sensor.getType() == Sensor.TYPE_ACCELEROMETER ){
            X_lateral = event.values[ 0 ]              //保存 X 轴数据
            Y_lateral = event.values[ 1 ]              //保存 Y 轴数据
            progressBar31.setProgress(X_lateral );     //用进度条显示 X 轴数据
            progressBar32.setProgress(Y_lateral );     //用进度条显示 Y 轴数据
            }}}
```

上述代码流程为新建 sensor 的管理器,使用 sensorManager 获取手机传感器。通过getDefaultSensor()函数调用手机加速度计传感器。开启监听函数,初始化传感器对象和工作频率,其中 SensorManager.SENSOR_DELAY_GAME 为最快采样频率,因为感应检测Sensor 服务的使用频率和工作时长都与手机电池的功耗有关,同时也会影响到处理器的处理速度,所以同时考虑电池功耗和处理速度的平衡。设置感应 Sensor 的检测延迟时间是非常值得考虑的一个重要因素,需要根据应用场景的实际需求来做适合情景的合理设置。同

时要满足控制飞行器的采样频率不能采样太慢,反应延时。在监听函数中采集重力加速度
计的 X 轴和 Y 轴的角度信息,并用进度条实时显示角度变化信息。将手机向左倾斜时,X
轴为正值;向右倾斜时,X 轴为负值,将手机向前倾斜时,Y 轴为负值;将手机向后倾斜时,
Y 轴为正值。为了方便显示在进度条中,将数据进行偏移和缩放处理,将 X 轴和 Y 轴的数
据均变成 1～100 的整型数据,便于发送和控制飞行。

17.9.7　高度控制

参考遥控器由手柄来控制飞行器高度时,将油门推至某一固定高度后,松开手柄应该将
油门或高度控制值锁定在一个固定的数字上,考虑到在手机中实现同样的功能,选择使用
seekbar 这种控件来实现遥控器高度控制的同种功能。

seekbar 是 ProgressBar 的一个子类,可以用来当作 Media 的进度调整和指示工具等。
这次用它来设计一个能够控制飞行高度,并在下方显示此时飞行器的高度值的拉动条。同
时,将普通的 seekbar 旋转 90°,变成竖立的状态。读取 seekbar 的当前值并显示在左侧,将
数值保存到控制数据数组,将其发送至飞行器,用于控制飞行高度。

该程序核心部分代码如下:

```
VerticalSeekBar seekBar31;                              //定义一个 seekbar
seekBar31 = (VerticalSeekBar) findViewById(R.id.vertical_Seekbar1);   //绑定到 UI 的 seekbar
seekBar31.setOnSeekBarChangeListener(seekBar31Change);      //监听 seekbar31

private SeekBar.OnSeekBarChangeListener seekBar31Change = new
SeekBar.OnSeekBarChangeListener()
{
    ThrottleControl = progress;                          //读取 seekbar 中的值
    textView_throttle.setText(String.valueOf(ThrottleControl));    //显示 seekbar 的数据值
    Send_byte[4] = (byte) ThrottleControl;               //将高度控制传递到指令数组
    throttleChangeFlag = true;                           //油门控制标志为真
  }
```

上述核心程序段的流程如下。

(1) 定义一个新的 seekbar。

(2) 将此 seekbar 与 UI 设计中的 seekbar 绑定。

(3) 开启 seekbar 监听,读取 seekbar 的当前位置。

(4) 在文本框中同步实时显示 seekbar 位置对应的数值。

(5) 将 seekbar 读取到的数字转换后保存到控制指令的数组中。

(6) 将油门控制的 Flag 置为 True,用于流程中判断是否需要改变飞行高度。

17.9.8　按键控制

在不使用重力控制的情况下,使用按键控制飞行方向。为了能够实现在每个按键按下
时,手机终端立即可以通过 WiFi 发送相应指令到图像处理板,每个 Button 控件都必须绑定
监听程序。

以向前按钮代码为例：

```
imageButton31 = (ImageButton) findViewById(R.id.imageButton31);        //绑定 UI
imageButton31.setOnTouchListener(imageButton31Touch);                  //监听前进按钮
private OnTouchListener imageButton31Touch = new OnTouchListener( ) {
public boolean onTouch(View v,MotionEvent event ) {
    if( event.getAction() == MotionEvent.ACTION_DOWN ) {
        ForwardFlag = true;                                            //前进标志置为高
        BackFlag = false;                                              //后退标志置为低
        imageButton31.setImageResource(R.drawable.forwarddown);        //改变背景
        vibrator.vibrate(new long[ ]{ 0,20 }, -1);                     //振动反馈}
    if(event.getAction( ) == MotionEvent.ACTION_UP) {
        ForwardFlag = false;
        imageButton31.setImageResource( R.drawable.forward );          //改变背景
        }
    return false; }};
```

上述程序代码中，先将按钮与 UI 中的按钮绑定，开启监听功能。监听中，若监测到按键被按下，则将相应的标志位置位，并且在视觉和触觉上都添加反馈，即按键会变为黄色高亮，伴随手机短促的抖动反馈。抖动反馈是为了防止操作者操作飞行器时无法判断手指的位置，而无法确定是否按压到按键。

使用同样的函数和代码调用，编写出其余控制左移、右移和后退的控制按键，在对应的监听函数中分别改变各方向的标志位。在发送指令的线程中对标志位进行判断，改变发送指令帧中相应位的数据，发送控制指令。

按键状态机的核心程序代码如下：

```
if(!checkBox31.isChecked()) {                           //判断此时没有打开重力传感器
    if(ForwardFlag) {Send_byte[2] = (byte)0x64; }       //前进
    if(BackFlag) {Send_byte[2] = (byte)0x0a;}           //后退
    if(right) {Send_byte[3] = (byte)0x0a;}              //右移
    if(left) {Send_byte[3] = (byte)0x64; }              //左移
    if(ForwardFlag || BackFlag || right || left||throttleChangeFlag)
    //有按下的按钮
        {stopcar = true;}                               //有过按钮操作,发送平移后发送悬停
    else{                                               //没有按下的按钮发送一次停飞指令
            if(stopcar)                                 //有过按钮操作
                {Send_byte[2] = (byte)0x32;             //50%中间值,悬停
                Send_byte[3] = (byte)0x32;}}            //50%中间值,悬停
```

上述代码流程如下。

（1）判断"重力控制"是否被勾选，若是则进入重力控制，若否则进入按键控制。

（2）依次判断前进后退左移右移的 flag 标志的状态，对控制指令帧写入对应参数。

（3）判断是否有有效控制，若是则清空标志位，发送飞行器悬停指令，防止持续前进发生失控。只有持续按下时才会发送移动指令，否则以悬停结束。

17.10 图像处理板系统调试

四旋翼飞行器的底部俯视图如图17.81所示。飞行器底部安装的是两块电路板,右侧是挂载WiFi的图像处理板,左侧部分是光流板,用于识别飞行器的位移和高度信息。

无人机的侧视图如图17.82所示,4个桨用黑色的防撞圈保护,飞行器的支撑脚用4根减震柱子,是综合考虑强度和结构稳定性,使用了柔软的海绵柱作为起落架,减震效果优于3D打印材料的结构。

图17.81 无人机底部图　　　　　图17.82 无人机侧视图

飞行器默认的飞行状态是定高模式,起飞后默认定高在80cm左右的位置。将手机控制高度的变量范围分割成5段,分别对应不同的功能,如表17.7所示。

表17.7 高度进度条控制方式

高度进度条变量范围	控制功能
0~10	自动降落
10~30	飞行器高度下降
30~70	飞行器高度不变,定高
70~90	飞行器高度上升
90~100	飞行器起飞

对应的操作流程如下。

(1) 开机后确认各方面数据发送正常,并有数据回传。

(2) 将高度控制进度条推进至90~100,飞行器执行自动起飞。

(3) 将高度控制杆回拨到30~70,飞行器定高在80cm。

(4) 将高度控制杆推到70~90,飞行器将上升飞行。

(5) 控制杆拉回30~70,飞行器在当前位置悬停。

(6) 将高度控制杆拉到10~30,飞行器将上升飞行。

(7) 控制杆推回30~70,飞行器在当前位置悬停。

(8) 将控制杆拉到最低在0~10,飞行器执行原地自动降落。

飞行演示如图 17.83 所示,实现手机控制飞行、定点悬停、查看飞行数据和摄像头图像、摄像头能够识别红色色块并且点亮激光笔。

图 17.83　飞行演示

## 第18章

巡线机器人

本章的任务是设计基于四旋翼飞行器的巡线机器人,能够巡检电力线路及杆塔状态。巡检流程为:起飞→杆塔 A→电力线缆→绕杆塔 B→电力线缆→杆塔 A,然后稳定降落;巡检中当发现线缆上异物(黄色凸起物)用声或光提示,并拍摄所发现线缆异物上的条形码图片存储到 SD 卡,在经过杆塔 B 上时发现并拍摄二维码图片存储到 SD 卡,任务结束在地面显示装置上显示,并能用手机识别黄色凸起物上的条形码和杆塔 B 上的二维码内容;巡线机器人中心位置需安装垂直向下的激光笔,巡线期间激光笔始终工作以标识航迹,且轨迹应落在地面虚线框内;在巡线机器人某一旋翼轴下方悬挂一质量为 100g 的配重,然后巡线机器人在环形圆板上自主起飞,并在 1m 高度平稳悬停 10s 以上。巡线场地示意图如图 18.1 所示。

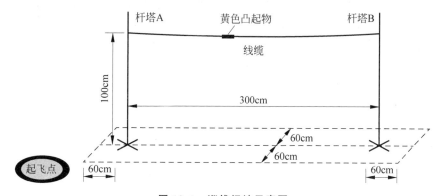

图 18.1 巡线场地示意图

18.1 方案论证

根据要求,完成所有任务的关键是飞行器能沿着线路非常平稳地飞行和悬停。决定设计一架基于光流模块定位完成巡线任务的四旋翼飞行器,该飞行器包括飞控板、视觉模块、超声波模块、光流及激光定高模块、激光测距模块和电动云台,其中飞控板上还包括九轴传感器和气压计。利用自主设计的视觉模块(OpenMV4)完成条形码和二维码的识别、拍摄及存储,并利用显示装置读取 SD 卡,显示拍摄到的条形码与二维码图片,用手机识别、显示条形码与二维码所含信息内容。

18.1.1 硬件设计方案选择

1. 飞行器定高方案的论证与选择

(1) 方案一:激光定高。使用 PMW3901 模块上的激光测距传感器 VL53L0X,精度较高,测量最远距离 2m,精度±3%,响应时间小于 30ms,激光波长 940nm,I^{2}C 接口。但激光测距容易受目标反射率、环境光的影响。

(2) 方案二:超声波定高。超声波定高数据更新速度没有激光测距模块快,精度也没有激光测距高,探测距离最大 5m,数据接口只需要编写相应的串口发送与接收程序,计算资源耗费较小,对探测目标要求较少,不受环境光影响。

为了测量飞行器与杆塔之间的距离,飞行器上已经安装了一块使用软件 I^{2}C 接口的激光测距传感器 VL53L0X,由于需要优先保证飞控的计算资源,因此本方案选择使用超声波测距模块 KS103 来定高,通过与气压计数据进行融合来提高精确度和稳定性,即按 KS103 测得数据的 80%与气压计定高数据的 20%比例进行融合,保证飞行器能够平稳地保持高度,并且当飞行器下部遇到杆塔底座时不会有显著的弹跳上升。

2. 飞行器巡线定位方案的论证与选择

(1) 方案一:依靠光流定位移动。使用 PWM3901 光流模块测得的 X、Y 轴移动数据控制飞行器定点飞行。光流模块是室内定位的标配,数据更新速度较快,但如果地面纹理或光线强弱不理想,移动数据会有累积误差。

(2) 方案二:依靠视觉模块和超声波识别线缆与飞行器间距控制飞行器移动。视觉模块数据更新速度较慢,超声波在近距离时也有盲区,且线缆较细飞行器晃动时较易探测不到,使用时识别定位程序也较为复杂。

综合以上两种方案,最终选择方案一,在飞行过程中如果有光流产生的累积误差可以由激光测距模块通过测量杆塔 B 的位置来重新修正。

3. 飞行器机架选择

(1) 方案一:根据飞行范围较狭小,任务要求拍摄条形码和二维码识别,所以选择较小轴距的四轴飞行器更容易实现。选择 125 轴距飞行器套件,此套件使用 2S 电池,以及配套的无刷电机和电子调速器,优点是体积小巧,PID 调节容易。但由于只能搭载 7.4V 锂电池,安装了 OpenMV 模块、光流及定高模块后,经测试续航时间只有 90s。

(2) 方案二:选择 210 轴距飞行器套件。此套件采用 3S 电池,以及配套的无刷电机、电子调速器和分压板,安装了 3D 打印的传感器支架后,其底部可以容纳 3 个传感器模块,顶部支架可以安装至少一个模块,也可以配套设计电动云台的安装位置。全部装备安装后续航时间可达 5min。

综合比较以上两种方案,这次的任务需要电动云台、激光测距模块、光流模块、OpenMV 模块和超声波模块,而且需要 150s 以上的续航时间,最终选择方案二。

18.1.2 软件设计方案选择

1. 飞行器绕过杆塔 B 的方案论证与选择

(1) 方案一:将视觉模块固定安装,飞行器过杆塔 B 后自旋 180°控制飞行返回方向,这样就能将图像识别视觉模块的方向转向检测线缆继续寻找黄色标识物。但飞行器在移动中自旋会改变飞行器运动坐标系,精确修正当前坐标较困难,从而造成光流定位出错,飞行器会偏离航线,从而影响巡线任务的完成。

(2) 方案二:在飞行器左右两侧各安装一个视觉模块,从杆塔 A 飞向杆塔 B 时用左侧视觉模块检测黄色标识物,飞行器保持正方向不变侧移过杆塔 B 后,倒退飞行返回杆塔 A 时,用右侧视觉模块检测黄色标识物。此方案增加了飞行器的成本、功耗、载重量,还有两个视觉模块程序不完全一样需修改,飞控板程序需对两个视觉模块串口通信协议分别编程切换使用。

(3) 方案三:飞行器过杆塔 B 后电动云台控制摄像头旋转,这样使光流参考坐标相对固定后飞行器保持飞行坐标方向不变,从而不会影响运动坐标系,光流定位更加准确,更适用于该任务的完成。这种方法比较左右双摄像头方案的优势在于程序简单,飞行器负重较轻,成本较低。

综合以上三种方案,选择方案三。

2. 照片拍摄方案的论证与选择

(1) 方案一:直接拍照。识别到黄色色块时直接拍三张二维码照片,当激光测距模块检测到杆塔 B 时直接拍三张二维码的照片。该方案所需时间短,过程控制简单,但是拍摄到的二维码和条形码质量难以保证,手机识别率很低。

(2) 方案二:识别到条形码或二维码后拍照。当识别到黄色色块后飞行器悬停,视觉模块开始条形码识别,识别成功后再拍照。同样在检测到杆塔 B 并识别到杆上的二维码后再拍照,从而保证图片拍摄质量,手机扫码识别率也能大大提高。

经过大量测试得出结论,拍摄条形码选择方案二,拍摄杆塔 B 上的二维码选择方案一更适合。这是因为条形码识别需要近距离拍摄清晰图像,这时飞行器必须稳定。而飞行器通过激光测距模块检测到杆塔 B 之后通过调节自身与杆塔 B 之间的距离,在一定程度上能够保证拍到二维码图片的质量。

3. 照片格式的论证与选择

(1) 方案一:拍摄原始图像。原始图像即像素模式为 RGB 模式,也就是常见的彩色图像,彩色图像色彩信息丰富,但其像素计算量较大,增加了拍摄和识别时间。由于拍摄的照片为单色二维码与条形码,因此拍摄彩色图像并不划算。

(2) 方案二:拍摄灰度图。灰度图像即像素模式为灰度级模式,灰度图像色彩信息较为单一,保存图像时计算量小效率较高,也符合二维码与条形码的图像特性,因此灰度图比较适合该任务要求。

综合以上两种方案,选择方案二,并且将分辨率格式设置为分辨率更高的 VGA 格式,图片格式保存为 JPG,并将压缩质量设置为最高,从而优化了拍摄图片的质量,增加了识别率。

18.1.3 主要器件选型

1. 飞控板主控芯片

TM4C1294NCPDT 是 TI 公司的 32 位处理器,稳定性较好,采用 TQFP-128 封装,内核为 ARM Cortex M4F,最大时钟频率为 120MHz,程序存储容量 1MB,EEPROM 存储器大小为 6KB,数据 RAM 大小为 256KB,典型工作电压为 3.3V,有 8 个硬件 PWM 信号输出口,接口有 CAN、Ethernet、I²C、QSSI、UART、USB。

2. 光流模块

PMW3901 光流模块定点范围宽,光照要求低,输出速率高,并且集成了 VL53L0X 激光测距模块,可以同时获取高度值和光流数据,相比其他光流模块体积小、重量轻。

PMW3901 模块如图 18.2 所示。

3. 超声波模块

KS103 模块相比其他超声波模块输出方式更加多样(有 I²C 和串口),精度更高,探测范围更远(最远 11m,程序中选择 5m),探测速度及波束角可调。

KS103 模块如图 18.3 所示。

图 18.2　PMW3901 模块　　　　　　　　图 18.3　KS103 模块

4. 激光测距模块

VL53L0X 是目前移动机器人通用的低功耗激光测距模块,探测距离为 2m,采用了 ToF 技术,精度高,抗干扰能力强,能够使其失效的反射介质较少,使用 I²C 接口通信。VL53L0X 模块如图 18.4 所示。

5. 姿态解算模块

MPU-9250 使用 I²C 协议进行数据读取,内部集成有三轴陀螺仪、三轴加速度计和三轴磁力计,

图 18.4　VL53L0X 模块

输出都是 16 位的数字量,传输速率可达 400kHz/s。MPU-9250 自带的数字运动处理器硬件加速引擎,可以整合九轴传感器数据,向应用端输出完整的九轴融合演算数据,能非常方便地实现姿态解算,降低了操作系统的负担及开发难度。

18.1.4　系统原理框图

根据以上的硬件选择设计方案及传感器选型,设计出如图 18.5 所示的系统原理框图。

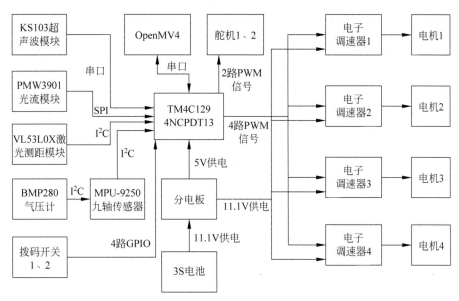

图 18.5 系统原理框图

18.2 理论分析与计算

18.2.1 FreeRTOS 操作系统的使用

飞控板是飞行器的控制核心,承担着传感器数据采集及各种数据的处理和控制工作。为了对庞大控制系统能随时添加或减少各种任务模块,使调度任务线程管理程序系统的编程方便,飞控板引入了免费的 FreeRTOS 操作系统,以实现内存管理和处理多线程多任务的进程管理,提高编程效率。

主要创建的任务有姿态任务和飞行指令任务。姿态任务创建语句如下:

```
xTaskCreate(stabilizerTask,"STABILIZER",450,NULL,4,NULL);      /*创建姿态任务*/
```

其中所包含的内容有获取 MPU-9250 数据、气压计数据、超声波定高数据、姿态解算、计算 PID 结果和计算并控制电机输出。

飞行指令任务一般一次创建 3 个并创建相应的任务句柄,创建语句如下:

```
/*创建自动起飞任务*/
xTaskCreate(TASK1_takeoff,"TASK1_takeoff",300,NULL,3,&TASK1_takeoff_Handle);
/*创建自动巡航任务*/
xTaskCreate(TASK1_goto,"TASK1_takeoff",300,NULL,3,&TASK1_goto_Handle);
/*创建自动降落任务*/
xTaskCreate(TASK1_land,"TASK1_takeoff",300,NULL,3,&TASK1_land_Handle);
```

以上 3 个任务在自身运行完毕之后会先释放下一个任务的信号量,之后将自身任务删除,这样能够实现 3 个任务串联运行的过程,即起飞—巡航—降落。在 3 个飞行指令任务中可以通过修改 PID 期望值让飞行器起飞、降落或移动到指定点。

以下是一个起飞任务的示例:

```
void TASK1_takeoff(void * param)
{
  while(1)
{
  if(xSemaphoreTake(start_TASK1_takeoff,portMAX_DELAY) == pdTRUE)   //收到信号量才开始执行
  {
    setCommanderKeyFlight(true);                //发出起飞指令,修改期望高度
    setCommanderKeyland(false);
    vTaskDelay(6000);                           //延时等待飞行器高度稳定
    xSemaphoreGive(start_TASK1_goto);           //发出巡航任务信号量
  }
  break;
}
vTaskDelete(TASK1_takeoff_Handle);             //任务结束后删除
}
```

18.2.2　串级 PID 控制

角度/角速度的串级 PID 控制算法可以增加飞行器的稳定性并提高它的控制品质,从而使得飞行器的适应能力更强。通过给予飞行器期望角度,代入外环角度环 PID 控制器,得到期望角速度,再将其带入内环角速度环 PID 控制器,并结合测得的实时角速度输出姿态控制量,控制量转换为 PWM 信号去控制电机,从而控制四轴飞行器平稳飞行。双环 PID 原理如图 18.6 所示。

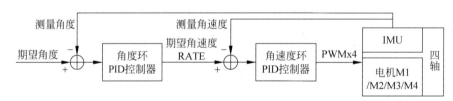

图 18.6　双环 PID 原理

PID 控制器是一种线性控制器,它根据给定值 $\mathrm{rin}(t)$ 和实际输出值 $\mathrm{yout}(t)$ 构成控制偏差值:

$$\mathrm{error}(t) = \mathrm{rin}(t) - \mathrm{yout}(t) \tag{18.1}$$

PID 的控制规律为:

$$u(t) = k_\mathrm{p}\left(\mathrm{error}(t) + \frac{1}{T_\mathrm{I}}\int_0^t \mathrm{error}(t)\,\mathrm{d}t + \frac{T_\mathrm{D}\mathrm{derror}(t)}{\mathrm{d}t}\right) \tag{18.2}$$

式中,k_p——比例系数;T_I——积分时间常数;T_D——微分时间常数。

以下程序为一环 PID 的更新函数:

```
float pidUpdate(PidObject * pid,const float error)
{
float output;
pid->error = error;                          //实际值与期望值之间的误差
pid->integ += pid->error * pid->dt;          //求误差的积分
//积分限幅
if(pid->integ > pid->iLimit)
```

```
{
    pid->integ = pid->iLimit;
}
else if(pid->integ < -pid->iLimit)
{
    pid->integ = -pid->iLimit;
}
pid->deriv = (pid->error - pid->prevError) / pid->dt;   //求误差的微分值
pid->outP = pid->kp * pid->error;
pid->outI = pid->ki * pid->integ;
pid->outD = pid->kd * pid->deriv;
output = pid->outP + pid->outI + pid->outD;              //求 PID 值输出
//输出限幅
if(pid->outputLimit != 0)
{
    if(output > pid->outputLimit)
        output = pid->outputLimit;
    else if(output < -pid->outputLimit)
        output = -pid->outputLimit;
}
pid->prevError = pid->error;
return output;
}
```

程序计算每次 PID 的更新值,其对应的 PID 计算公式为:

$$pidoutput = k_p e(t) + k_i \int_0^t e(\tau) d\tau + k_d \frac{d}{dt} e(t) \tag{18.3}$$

在程序中 pid→error 为实际值与期望值之间的误差,pid→dt 为 pid 两次函数更新的时间差,pid→integ 为误差的积分,由 pid→error * pid→dt 的累加和求出,pid→iLimit 用于给求出的积分限幅,pid→deriv 为误差的微分值。误差、误差的积分值、误差的微分值分别乘以 kp、ki、kd 再求和就能得到 PID 的输出。

18.2.3　定高数据融合

飞行器能够获得 3 个高度值,分别是光流传感器 PMW3901 上的激光测距传感器 VL53L0X 测得的高度值、气压计得到的相对高度值和超声波测得的高度值。根据实际需要定义了 3 种高度融合方式,分别是超声波和气压计融合,激光定高和气压计融合,以及单气压计定高,这 3 种高度融合公式如下:

$$FusedHeight = ks103\_distance * quality + relateHeight * (1 - quality) \tag{18.4}$$

$$FusedHeight = rangeLpf * quality + relateHeight * (1 - quality) \tag{18.5}$$

$$FusedHeight = relateHeight \tag{18.6}$$

其中 relateHeight 为气压计获取的相对高度;rangeLpf 为激光定高高度;ks103_distance 为超声波定高高度;融合比例 quality 设置为 0.8 左右较为适当,可以防止飞行器下方突然出现物体导致飞行器快速上升,增强了飞行器的稳定性。

程序通过 switch case 语句来进行选择 3 种高度融合方式:

```
switch(HEIGHT_DETECT_MODE)
    {
    case MODE_BARO:              //选择气压计融合
        fusedHeight = relateHight;
        break;
    case MODE_VX_BARO:           //选择激光定高与气压计融合
        fusedHeight = rangeLpf * quality + (1.0f - quality) * relateHight;
        break;
    case MODE_ECHO_BARO:         //选择超声波定高与气压计融合
        fusedHeight = ks103_distance * quality + (1.0f - quality) * relateHight;
        break;
    }
```

这 3 种高度融合方式各自使用的场合不同。超声波和气压计融合定高用于地面高度有
突变的场合；激光定高和气压计融合用于地面有吸音材料及有环境光影响的场合；单气压
计定高用于户外飞行高度较高的场合。

18.2.4　飞行器位置调节

飞行器要能检测到黄色凸起物，必须平稳定高飞行。飞行器根据对光流模块数据积分
得到的坐标值来建立坐标系，通过给定期望点坐标后，位置 PID 会引导飞行器飞向指定坐
标点，从而实现定点移动。但如果直接给 PID 算法输入期望点坐标，那么飞行器就会在 PID
的作用下立刻冲向期望点，使飞行速度无法控制而出现过冲现象，到达目标点后就不能立即
悬停，因此需要使用算法将期望点坐标慢慢移动到最终期望点的位置，这样飞行器就会平稳
地跟着期望点到达最终所期望的坐标点。光流期望坐标移动函数如下：

```
void TGT_goto(float TGT_X, float TGT_Y)
{
  float count_add = 0;
  float delta_tgt_x = 0;
  float delta_tgt_y = 0;
  delta_tgt_x = (TGT_X - last_tgt_x)/50;          //将移动距离 50 等分
  delta_tgt_y = (TGT_Y - last_tgt_y)/50;
  while(count_add < 50)
  {
  tgt_x_out += delta_tgt_x;                        //每次移动 1 等份
  tgt_y_out += delta_tgt_y;
  count_add++;
  vTaskDelay(50);                                 //等待 50ms
  }
last_tgt_x = TGT_X;                                //保存这次的期望坐标
last_tgt_y = TGT_Y;
}
```

程序计算出期望坐标与当前坐标的差，并且 50 等分，每 50ms 移动 50 等份中的一份，
`tgt_x_out` 和 `tgt_y_out` 为全局变量，在系统切换到姿态稳定任务时会被调用执行移动
指令。

18.2.5　飞控板与 OpenMV 通信协议

在设计的方案中飞控板和 OpenMV 模块之间使用串口通信,飞控板向 OpenMV 模块发送数据的情况较少,只有强制拍照和通知 OpenMV 模块超时时才会发送一条指令。而 OpenMV 模块会一直定时向飞控板发送信息。

以对条形码拍照为例,一帧数据共有 5 字节,去掉帧头(0x73)和帧尾(0x3c),使用 switch case 语句将全部数据保存到 UART5_RX_BUF 寄存器中,在最后一个 case 语句中进行数据拼接操作,得到 1 字节的标志位和 2 字节的黄色凸起物在 OpenMV 视野中水平方向上的偏移量。飞控程序每当飞行器从杆塔 A 向杆塔 B 移动一小段就会检查一下标志位的状态,当标志位为 0x01 时表示找到了黄色凸起物,但不在视野中央,需要使用偏移量调整飞行器的位置。当标志位为 0x02 时表示黄色凸起物在视野中央,调整完成,当标志位为 0x03 时表示成功识别到条形码并拍照完成。

飞控板与 OpenMV 模块通信协议如表 18.1 所示。

表 18.1　飞控板与 OpenMV 模块通信协议

飞控发送				
首位	第二位	作用	末位	
0x73 帧头	0x00	从杆塔 A 起始找黄色凸起物	0x3c 帧尾	
	0x77			
	0x02	从杆塔 B 返程找黄色凸起物		
	0x88	超时连拍三张条形码		
	0x04	拍第一张二维码		
	0x05	拍第二张二维码		
	0x06	拍第三张二维码		

OpenMV 发送					
首位	第二位	第三位	第四位	作用	末位
0x73 帧头	偏移量 dx 高八位	偏移量 dx 低八位	0x00	没有识别到黄色凸起物	0x3c 帧尾
			0x01	识别到黄色凸起物	
			0x02	条形码拍摄完成	

18.2.6　提高图片识别率的措施

手机扫描二维码和条形码的成功率取决于能识别到物体、拍摄到物体全景以及物体的清晰度。保障识别成功率主要采取了以下 3 个措施。

(1)能识别到黄色凸起物图像需要利用阈值化处理,通过设置凸起物阈值来实现特定凸起物识别,具体的阈值通过 OpenMV 中的阈值编辑器来确定。对得到的二值化图像再进行像素点个数的判断,以提高黄色凸起物的识别率。

(2)能拍摄到的全景是通过 OV7670 摄像头采集灰度图后,OpenMV 通过串口连续把视野中黄色凸起物中心点与图像中心的相对偏移量发送给飞控板,飞控程序不断读取偏移量,数据处理后控制飞行器不断向中心移动,通过闭环控制直至把黄色凸起物调整至图像中心。

（3）在保证飞行器飞行足够平稳的基础上，提高图像清晰度的方法经几种方案的测试结果比较确定后，将拍摄照片格式选取为 JPG，并将压缩质量调整至 100，拍摄照片分辨率选取为 VGA 格式，分辨率大小为 640×480 像素。

18.3 电路与结构件设计

18.3.1 硬件电路设计

1. 飞控板硬件电路设计

主控 TM4C1294NCPDT13 芯片配备 2 路双轴舵机接口，可以由飞控板直接控制舵机转动。

引出了 4 路 UART 串口，1 路 I²C 接口和 2 路 SPI 接口，具备丰富的扩展性。

设计了 4 位拨码开关用于模式切换，以应对各种复杂的飞行任务。

设置了一键起飞按键，可脱离遥控完成自主起飞。

预留了与遥控器通信的 NRF 无线模块的接口，调试时可以方便用自制的遥控器观察姿态数据和遥控飞行。

MPU9250 模块在 PCB 板芯片焊盘中心位置通过与一块正方形的接地敷铜焊接进行散热，避免 MPU9250 工作温度过高而使测量数据不准。

采用了双电源芯片供电，一块 3.3V 电源芯片给 1294NCPDT13、MPU9250、BMP280 供电，另一块 3.3V 电源芯片给光流模块、激光测距模块和超声波模块供电，防止其他大电流器件工作时造成电压不稳导致主控芯片受到干扰甚至发生复位。并且采用了小压差稳压芯片，不易产生发热现象，电源转换效率更高。飞控板正反面 PCB 板图如图 18.7 和图 18.8 所示。

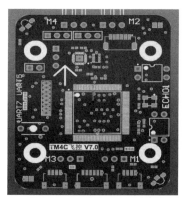

图 18.7 飞控 PCB 板图（正面）

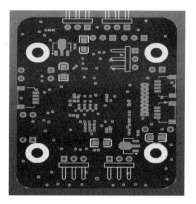

图 18.8 飞控 PCB 板图（反面）

2. 视觉模块（OpenMV）硬件电路设计

视觉模块根据开源的 OpenMV 硬件电路图设计制作，对电路进行了以下几个方面的改进设计。

（1）主控采用 STM32H7 高性能单片机，其主频为 400MHz，相较于 216MHz 的 STM32F7 有接近 150% 的帧率提升。

（2）相较于开源 OpenMV 的 BGA 封装感光传感器，改用采用软排线的摄像头模组，在减小体积的同时，避免了 BGA 手工焊接困难的问题，还可以根据实际需求更换不同功能的摄像头。

（3）调试接口采用了 USB Type-C 接口，其寿命和稳定性都有大幅提高，而且不易损坏。

（4）为了使设备工作更加稳定，在电源供电电路上选用了 4 个大容量钽电容，以确保图像信号的稳定、无杂波。

（5）采用双面元器件布局，以压缩 PCB 的体积，并采用双层板取代开源 OpenMV 的四层板设计，减少加工成本和制板周期。

（6）板子上配备了两个独立的大功率驱动电路，负责放大 I/O 的控制能力，其中一个用于驱动蜂鸣器，保证声音足够响亮，另一个备用，并配备 3 路 PWM 信号输出，用来为驱动舵机备用。

（7）为了在调试时不至于损坏计算机，在 USB 供电和 DC 供电之间使用了 2 个二极管和一个电感进行隔离。

（8）降压部分选择线性稳压，以确保输出的电源稳定、无波纹。

视觉模块 PCB 板图正反面如图 18.9 和图 18.10 所示。

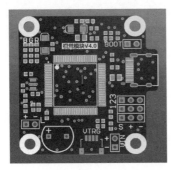
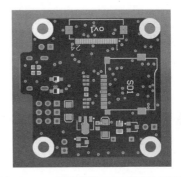

图 18.9 视觉模块 PCB 板图（正面） 　 图 18.10 视觉模块 PCB 板图（反面）

18.3.2 3D 打印件装配

1. 视觉模块云台

电动云台结构如图 18.11 所示，实物如图 18.12 所示。此电动云台 3D 打印件使用 SolidWorks 设计，安装有两个 9g 舵机，由于每个舵机的旋转角度经测试均小于 180°（大约只有 115°），因此需要两个舵机级联旋转才能将整个云台旋转 180°以上。下部的细连杆用来防止飞行器在飞行过程中因抖动引起拍摄的照片模糊，起到防抖加固的作用。

图 18.11 云台打印件结构图 　 图 18.12 云台打印件实物图

2. 激光测距模块支架

激光测距模块支架结构如图 18.13 所示,实物如图 18.14 所示。支架由两个打印件组成,分别是模块固定板和底板,它们之间使用塑料螺柱固定,激光测距模块可以由杜邦线从底板中穿过并捆扎固定,防止受螺旋桨桨片和气流影响。

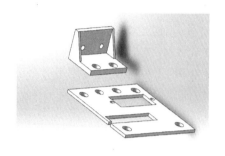

图 18.13　支架打印件结构图

图 18.14　支架打印件实物图

3. 飞行器底部传感器固定板

飞行器底部的传感器固定板结构如图 18.15 所示,实物如图 18.16 所示。只需一块打印件,就可以安装光流和超声波两个传感器,还作为视觉模块云台的支撑架,并预留了视觉模块的安装位置。设计时充分考虑了安装及穿线的便利性,使用韧性好、吸震能力强的碳素钢内六角螺丝固定。

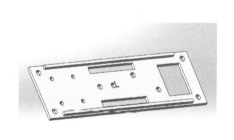

图 18.15　固定板打印件结构图

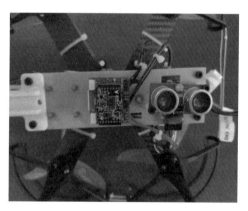

图 18.16　固定板打印件实物图

18.3.3　电路模块装配

飞行器的电路板部分共有 10 个模块,分别为飞控板、光流模块 PMW3901、超声波模块 KS103、激光测距模块 VL53L0X、视觉模块、分电板和 4 个电子调速器。飞行器主要模块安装位置图如图 18.17 所示。连接方式为光流模块与飞控板之间使用 SPI 连接,激光测距模块与飞控板之间使用 I^2C 连接,超声波模块与飞控板之间使用串口连接,视觉模块与飞控板之间使用串口连接。

分电板连接电池,其 4 个供电输出接口分别与 4 个电子调速器的正负极焊接,同时分电板也给飞控板提供 5V 的电源,4 个电子调速器的信号接口与飞控板的 4 个 PWM 波输出口使用杜邦线连接,所有杜邦线都加热熔胶封位固定。另外,两个舵机分别接在飞控板剩余的两个 PWM 输出口上。

图 18.17 飞行器模块安装位置图

18.4 软件设计流程

飞控板软件设计流程如图 18.18 所示,视觉模块软件设计流程如图 18.19 所示。

视觉模块对颜色的识别受环境光线及拍摄角度的影响较大,为了提高识别的可靠性,需考虑加入多层的滤波,即视觉模块识别到黄色凸起物,并将黄色凸起物距离图像中心位置的偏差量发给飞控板,但并不立即执行飞行器移动纠偏动作,而是仅当连续识别到若干次黄色凸起物,才触发后续程序,对凸起物距离视野中心的像素偏移量也是通过连续若干次的算术平均值计算后才得出的。

拍照任务包含了识别条形码和二维码。因为条形码的背景颜色为黄色,所以需要飞行器依靠颜色识别确定条形码位置,此时缓冲区的图像应为彩色图,分辨率为 320×240 像素。确定位置之后,为提高帧率需把缓冲区的图像设置为灰度图,分辨率为 640×480 像素。拍摄保存成 JPG 格式的图片,压缩质量设为 100,最大程度保证图片质量,提高扫描成功率。二维码的保存格式跟条形码类似,区别在于舍弃了当场识别后再拍照的任务,原因是因为二维码本身识别率较高,以及飞控程序自己已经可以通过激光测距较准确地找到二维码的位置。

悬挂重物悬停任务软件设计流程如图 18.20 所示。

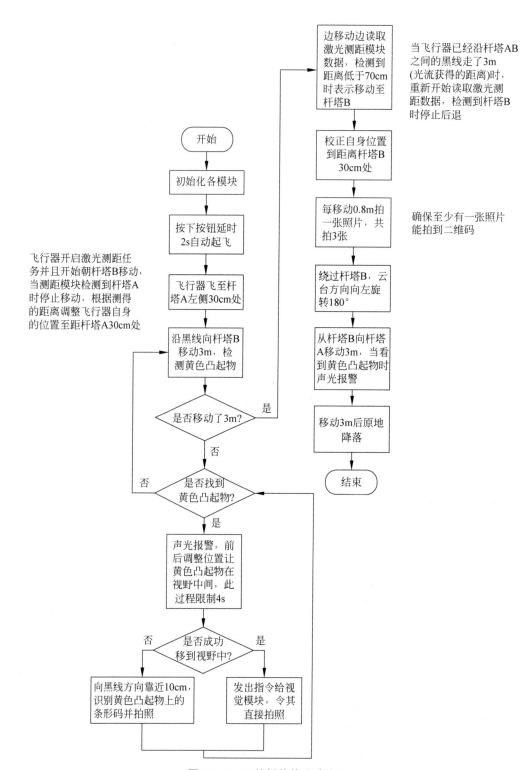

图 18.18 飞控板软件设计流程

检测黄色凸起物：利用IDE中的阈值编辑器选择合适的阈值进行凸起物识别。凸起物检测直接关系到后续任务的进行，因此要选择较宽的阈值范围

声光报警：触发条件是找到条形码。关键点是降低误识别率。采用滤波法去除干扰因素，能够很大程度地提高精度

拍照并保存任务：由于主芯片在运行时占用资源很大，从而造成帧率较低。因此采用较为简单的灰度图像处理可以增加芯片运行效率。而且在拍摄时也需要灰度图来提高照片质量，便于更高效准确地扫描

串口发送指令：当检测到黄色凸起物时，通过串口发送指令到飞控，使飞行器停止向前飞行，微调飞行器位置，以便OpenMV识别条形码。飞行器微调的幅度取决于黄色凸起物跟视觉中心的像素差乘系数

拍摄条形码：采用限时识别条形码的方案。限时识别，超时盲拍，这样的优势在于节省任务时间，增大任务完成度

拍摄二维码：二维码的位置相对固定，因此可通过飞行器的定点移动找到二维码的大概位置，再通过激光测距模块进行拍摄距离调整，最终盲拍即可

返程任务：返程任务只包括检测凸起物和声光报警

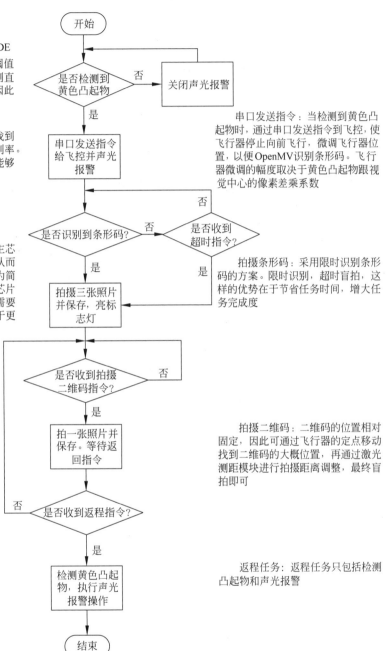

图18.19 视觉模块软件设计流程

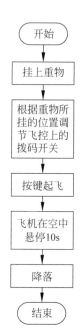

图 18.20　悬挂重物悬停任务软件设计流程

　　飞行器上的光流在高度低于 80cm 时反应不灵敏,因此飞行器在起飞过程中容易受到重物的影响偏离靶心,并且因为光流在低空获得的错误加速度导致飞到高空也无法修正回来。因此,程序中使用角度期望值补偿的方式使挂了重物的飞行器能够垂直起飞,也就是微调飞行器的期望角度来抵消重物的影响,这一微调的效果在飞行器完成起飞后悬停时会被光流消除,因此不会影响之后的悬停。

图书资源支持

感谢您一直以来对清华大学出版社图书的支持和爱护。为了配合本书的使用，本书提供配套的资源，有需求的读者请扫描下方的"书圈"微信公众号二维码，在图书专区下载，也可以拨打电话或发送电子邮件咨询。

如果您在使用本书的过程中遇到了什么问题，或者有相关图书出版计划，也请您发邮件告诉我们，以便我们更好地为您服务。

我们的联系方式：

教学资源·教学样书·新书信息

地　　址：北京市海淀区双清路学研大厦 A 座 701

邮　　编：100084

电　　话：010-83470236　010-83470237

资源下载：http://www.tup.com.cn

客服邮箱：tupjsj@vip.163.com

QQ：2301891038（请写明您的单位和姓名）

人工智能科学与技术
人工智能|电子通信|自动控制

资料下载·样书申请

书圈

用微信扫一扫右边的二维码，即可关注清华大学出版社公众号。